中共中央宣传部“宣传思想文化青年英才自主选题项目”成果

长城本体病害检测监测技术导则

张 涛 著

學苑出版社

图书在版编目（CIP）数据

长城本体病害检测监测技术导则 / 张涛著 .—北京：学苑出版社，2022.3

ISBN 978-7-5077-6384-3

Ⅰ . ①长… Ⅱ . ①张… Ⅲ . ①长城－文物保护－监测－中国 Ⅳ . ① K928.77

中国版本图书馆 CIP 数据核字（2022）第 039676 号

责任编辑： 周 鼎 魏 桦
出版发行： 学苑出版社
社 址： 北京市丰台区南方庄 2 号院 1 号楼
邮政编码： 100079
网 址： www.book001.com
电子信箱： xueyuanpress@163.com
联系电话： 010-67601101（营销部）、010-67603091（总编室）
经 销： 全国新华书店
印 刷 厂： 英格拉姆印刷(固安)有限公司
开本尺寸： 787×1092 1/16
印 张： 22.5
字 数： 305 千字
版 次： 2022 年 3 月第 1 版
印 次： 2022 年 3 月第 1 次印刷
定 价： 480.00 元

目录

第一章 引言 1

一、长城概况 1

二、长城分布及建造时间 1

三、长城砌筑方式及砌筑材料 4

四、古建筑无损检测、监测技术研究及应用进展 7

第二章 检测技术 10

一、材质成分及形貌检测分析 10

二、物理化学性能检测 14

三、力学性能检测 22

四、病害检测 34

第三章 监测技术 67

一、环境监测 67

二、本体监测 72

第四章 长城建筑材料成分检测 75

一、延庆土长城检测分析 75

二、居庸关云台检测分析 119

第五章 长城城墙的结构检测及安全评估 149

一、密云蟠龙山长城检测及安全评估 149

二、宛平城城墙结构检测及安全评估 189

第六章 长城病害检测及分析 288

一、项目概况 288

二、长城砖分类及成分 289

三、八达岭长城砖病害调研 290
四、长城砖的风化机理 303
五、保护建议 305
第七章　长城本体及周边环境监测方法 308
一、项目概述 308
二、八达岭智能监测技术方案 309
三、现场实施效果 317
四、监测数据分析 327
五、软件平台 344
六、小结 345
参考文献 347

第一章　引言

一、长城概况

从春秋战国时代起，长城成为中原列国和各王朝经常修建的一种军事防御工程，其主要目的为保护自己的领地不被外部势力侵犯，形状多为长墙式。由于北方草原游牧地区与中原农业种植地区的地理差异，因此游牧民族与农耕民族之间自然存在物品交换的需求。且草原的气候多变，游牧经济抵抗自然灾害风险能力弱，所以在封建社会始终存在着游牧文化与内地农业文化之间的冲突与交往。因而，中国历代王朝多在北方农牧交错带修筑长城，主要目的是使王朝内农耕地区避免或减少受游牧部族侵扰抢掠所带来的损失，从而使无序的抢掠转换为有序的边贸，长城使中国的农耕与畜牧两大地域在一定程度上得到了和谐共存。

在古代，长城也是彰显国家强盛的表现，“横漠筑长城，安此亿兆生”，秦始皇将统一前的秦、赵、燕三国长城整合连筑成一条万里长城彪炳史册，成为明代以前长城的象征。明长城是中国历史上费时最久、工程最大、防御体系和结构最为完善的长城工程，它对当时人民的生产生活、边远地区的开发及长城内外的交通联系都起到了很大的作用，充分体现了中国古代建筑工程的高度艺术成就和劳动人民的聪明才智。

二、长城分布及建造时间

目前，我国发现最早的长城遗址是战国中期的齐长城，从战国中期至明代，长城防御体系一直在不停完善。金界壕、清代柳条边的修建有别于传统的长城修建模式，虽然防御目的相似，但是不同的构筑方式和修建形式使得两者存在着巨大区别。

有关齐长城的建造历史在《左传》《史记》《水经注》等文献中均有记载，内容主要为齐长城修建的原因，描述齐长城的分布、长度等基本情况等。如：“齐宣王乘山岭之上筑长城，东至海，西至济州千余里，以备楚。”“泰山西北有长城，缘河经泰山千余里，至琅琊台入海。”

楚长城建筑中以关城为主体工程，多利用山河之险为城，形状大体是方形，在构筑形式及防御体系等方面与同时期其他长城有很大的区别。从春秋战国直到唐代均有关于楚国方城的记载，《括地志》中记载。《水经注》中记载：“楚盛周衰，控霸南土，欲争强于中国，多筑列城于北方，以逼华夏，故号此城为万城，或作方字。”“方城，房州竹山县东南四十一里，其山顶上平，四面险峻。山南有城，长十余里，名为方城。”

魏长城主要分布于黄河中游的陕西和河南两省，规模较小。文献中关于魏长城的记载主要集中在修建时间、地点、长度等方面，如《史记·秦本纪》中关于魏长城的记载：“孝公元年，楚、魏与秦接界。魏筑长城，自郑滨洛以北，有上郡。”《水经注》记载，魏惠王“使龙贾率师筑长城于西边”。

秦代长城中最具代表性的为秦昭王时期长城，但因该时期的长城为夯土修筑，因自然与人为破坏，墙体保存状况较差。《史记·匈奴列传》中记载了关于秦昭王时期长城的修建目的：“秦昭王时，义渠戎王与宣太后乱，有二子。宣太后诈而杀义渠戎王于甘泉，遂起兵伐残义渠。于是秦有陇西、北地、上郡，筑长城以拒胡。”关于秦昭王长城位置的记载，在文献中也相对较多。《宋史》卷三百五十《刘绍能传》及《元和郡县图志》卷三《庆州·马领县》均对秦昭王长城的位置有所描述，通过论证发现秦长城大部分位于甘肃境内，宁夏、陕西及内蒙古境内亦有分布。

燕长城的修建目的及建筑路线在《史记·匈奴列传》中有详细记载：“燕亦筑长城，自造阳至襄平，置上谷、渔阳、右北平、辽西、辽东郡以拒胡。”因为燕长城的修建规模及在历史发展中的地位不如其他长城重要，因此，历史文献中关于燕长城的记载不如秦昭王长城、赵长城等多。但现存的历史资料仍有对燕长城的修建背景、修建目的及分布走向等较为详细的信息记载。

赵国曾先后在南界和北界修筑了长城。《史记》中记载“十七年，围魏黄，不克。筑长城”，即赵肃侯十七年，赵国在南界开始修筑长城。赵武灵王十九年，“召楼缓谋曰：‘我先王因世之变，以长南藩之地，属阻漳、滏之险，立长城。’”这些文献说明了赵长城修建的时间、原因及地点。此外，在《九宫私记》中记载了赵国不仅在南界修筑

了防御魏国的长城，还在北界修筑了防御少数民族的长城。

秦始皇时期重新修缮和增筑战国秦、赵、燕三国北边的长城，以防止匈奴南犯，同时设九原郡。《史记·秦始皇本纪》中记载："又使蒙恬渡河取高阙、陶山、北假中，筑亭障以逐戎人。……三十四年，适治狱吏不直者，筑长城及南越地。"除《史记》外，《过秦论》《淮南子》等文献均有秦始皇长城修建过程的记载。

《史记》《汉书》等对汉长城修建的背景、修建时间等均有详细记载。《史记·大宛列传》记载："元狩二年，始筑令居以西，初置酒泉郡，以通西北国"等。《汉书·张骞传》记载："元鼎六年，遣从骠侯破奴，将属国骑兵数万以击胡，胡皆去。"东汉长城修建的文献记载主要集中在《汉书》和《后汉书》中，如《汉书·昭帝纪》《后汉书·王霸列传》中均有对东汉长城修建的原因和过程等内容的详细记载。

魏晋南北朝时期修建长城主要集中在北魏时期。关于北魏长城的记载，《魏书》记载的最为详细，对北魏长城修建的时间、地点及背景等情况均进行了详细的记录说明。如《魏书·孝静帝纪》记载："(武定元年)秋八月……是月，齐献武王(即高欢)召夫五万，于肆州北山筑长城，西自马陵戍，东至土隥。四十日罢。"

隋朝由于建朝时间较短，因此相关文献较少。但《隋史》和《元和郡县图志》中对隋长城也有部分记载，主要介绍了隋长城的修建时间、地点。如："是月，发稽胡修长城，二旬而罢。""隋长城，起县北四十里，东经幽州，沿袤千余里，开皇十六年因古迹修筑"。

唐朝的经济实力与军事实力在历史上均达到鼎盛时期。根据历史文献的记载，唐朝初期主要在前朝的长城基础上进行维修，且整个唐朝时期未大举修建新长城。《资治通鉴》《新唐书》《旧唐书》中均有对该历史的记载，内容基本相似。

壕界为金朝修建的主要防御工事。1135年，金熙宗下令在其北部边疆的一些重要隘口建立防御工事，挖掘壕堑，并将挖掘出的土堆成简易的土墙，屯驻军马予以防守。1194年，修筑的长城主要以土垒或版筑而成，以壕沟、主堤、副堤、边堡与壕堡相结合，史称"金界壕"，主要分布在今黑龙江、吉林、内蒙古、河北地区。关于金界壕的文献记载主要集中在《金史》中。

明长城东起鸭绿江畔，西至甘肃、青海，在各朝代长城的修建历史上修筑范围最大。明朝时期北部长城被划分为不同的段落，每一个段落均归专门的军事机构管辖。因此，关于明长城修筑的文献，许多都是按不同的军事机构所属的军镇进行记载的，内容上大致分为明长城墙体本体信息、修筑过程及防御运转体系三类。如《明宪宗实录》记载了明长城的本体信息,《明史·职官志》记载了明长城的防御运转方式等。

三、长城砌筑方式及砌筑材料

(一)长城砌筑方式

长城城墙的砌筑材料大部分是就地取材，修筑方式及长城城墙的结构大部分都是根据当地的气候条件而定，统观长城几千年的修筑历史，主要的构筑方法有如下几种类型。

1. 版筑夯土墙：版筑夯土墙是以木板作为模具，在木板中填充黏土或灰、石，填充一部分并夯实，夯实后继续填充，直至长城修筑完成。这是中国历史上最早采用的构筑城墙的方法，现存的长城遗址中，多数地区为夯土墙。不同的地区也有不同的夯筑方法，一些区域是用黏土等，内夹芦苇等纤维夯筑而成；一些地区则是用土、砂、石灰掺杂碎石夯筑。版筑夯土墙的高度约为底部厚度的一倍左右，墙体顶部的宽度约为墙高的四分之一至五分之一，城墙呈梯形，有明显的收分。夯土墙修建时原材料丰富，可就地取材，施工也很简便。因此在隋朝以前修建的长城，大多数为版筑夯土城墙。此外，汉代夯土城墙的夯层厚度在15cm左右，随着夯土技术及工具的进步，唐代和明代夯土层的厚度则在30cm左右，因此可通过夯层厚度确定长城年代。由于夯土城墙原料大部分为黏土，该原料黏合力不强，墙体容易遭受人为及自然环境的破坏。如玉门关处的夯土长城，墙体已被完全破坏，但至今仍然能发现相隔数米且有规则的木桩。

2. 土坯垒砌墙：土坯垒砌墙主要是将和好的黏土先做成土坯，将土坯晒干后，使用黏土作为黏结剂垒砌而成，砌好的墙面通常还会抹上一层黄泥作为保护层，如嘉峪关长城城墙，许多位置是用该方法垒砌而成。这种城墙的优缺点与版筑夯土墙的基本类似，但相较夯筑而言，垒砌施工更为方便，且建造时不需较多收分即可建造较高的城墙。

3. 青砖砌墙：唐代以后，随着烧砖技术的进步，人们开始采取用砖包砌，内填黄土的方法来修筑如城门及城门的城墙等较为重要的防御区域，但此时因烧砖技术还不

够成熟，青砖普遍较贵重。随着制砖技术的发展，到明代，砖的产量大增，砖价低廉，且青砖的质量也有了很大提高，民众也已普遍采用青砖砌墙。由于砖砌墙体强度及抵抗环境侵蚀的能力远高于版筑夯土墙及土坯垒砌墙。因此，青砖在此时也较为广泛地应用到长城等重要的军事防御工事中。现存的明长城遗址中，许多地段的长城城墙采用青砖砌筑。

4. 石砌墙：石砌墙是采用山石砌筑的城墙，有的加工成条石，也有直接使用未加工的石材进行砌筑，这种城墙能承受较大的垂直载荷，抵抗环境侵蚀及人为破坏的能力较强。由于长城多数是依天险而建，因此不少地段构筑在山脊上，所以石砌长城原材料易得，构筑方便。

5. 砖石混合砌筑：由于山石的抗压强度及抗折强度普遍强于青砖，且其抵抗环境侵蚀能力也较强，因此长城重要的关隘城门等地段，均可发现以条石作基础，上部再砌尺寸较大的青砖的建造方法。砖石混合砌筑的城墙，结构更加坚固，且由于青砖的密度较小，相较于石砌城墙而言便于砌筑，该类型长城的砌筑方法随着地势的变化也会相应地变化。

（二）长城砌筑材料

1. 土

不论何时建成的长城，在建造过程中，应用最广泛的原材料均为土。我国幅员辽阔，分布在各地的土因为形成的原因差异物理性能也会有所不同。并非所有土都适合作为长城墙体版筑时的原材料，影响因素主要有土本身的含水率及杂质含量。土的含水率过高会导致土的黏性升高，不利于土的筛选、塑形及版筑工具与夯层表面的分离。土的杂质含量过高则会影响土的可塑性，如果土中含沙量太大，使得土本身的孔隙度增加，在版筑时很难形成致密的夯层。

目前普遍认为土的来源是岩石通过风化作用形成的颗粒状物质所产生的，岩石的风化作用包括物理风化、化学风化及生物风化。物理风化是指温度、湿度、岩石含水率的变化使岩石的晶体出现收缩与膨胀，反复循环形成岩体晶粒间的微裂隙，从而使得岩体破碎与崩解。化学风化是指岩石的水溶解、酸雨腐蚀等化学作用对岩体所造成的破坏，生物风化主要指微生物在晶粒间的生长、植物的根系、动物的物理作用导致的岩体破坏。建造夯土墙体中所使用的土主要为残积土、坡积土、洪积土及冲积土。

2. 石

长城石砌墙体在建造技术及建造材料上与夯筑墙体、青砖垒砌墙体等有很大的不同。该类型的墙体主要修建于山石较多区域，这些区域原材料丰富，便于建造时的取材，且能借助天险减少工作量，我国内蒙古、陕西、辽宁等省内的燕北、秦、汉、北魏、北齐、明长城等都分布有大量的石砌墙体。这些石砌墙体所使用的石材均为直接开采或者捡拾的当地山石，石材的种类很多，花岗岩、石灰岩、砂岩、页岩、板岩等均有发现。

3. 砖

烧制砖最早在新石器时代被发现，在战国晚期人们逐渐掌握了烧制砖的制作工艺，但由于成本及技术的限制，明代以前的长城均较少用青砖进行建造，因此该部分主要对明代时期青砖的制作方法进行介绍。

历史上我国的砖砌建筑中主要使用的砖块主要为青砖。长城砖砌墙体的建造材料也主要为青砖，因此在砖窑中烧制长城用砖时，主要使用还原气氛进行土坯的烧制。在还原性气氛下，土坯中的铁化合物不能与空气中的氧气发生充分的氧化作用，因此土坯中的铁化合物经过反应后以 Fe_3O_4 和 FeO 的形式存在，从而改变了砖的颜色。如果在砖的烧制过程中有充足的氧气供给，则土坯中的铁化合物会与氧气发生氧化反应，从而形成红色的 Fe_2O_3，因此在氧化性氛围下烧制的砖颜色为红色。

《天工开物》中详细记载了古代的制砖技术，主要分为取土、掺水、制坯及烧制等环节。

取土制坯：在取土制作砖坯时，首先挖取地表土，挖取的土中掺杂有砂粒但含量不能过高，且有一定的黏性，土不易分散，即可作为比较好的制坯材料。向挖取的土中浇水，用人工或动物在泥土中反复踩踏至土为稠泥。将踩踏好的泥填满制作土坯的模具中，并用铁线切割掉多余的稠泥，使其表面平整，晾晒做好砖坯。

烧制：将晾晒好的砖坯装入砖窑内烧制。根据装坯量的不同，所需的烧制时间也不同，同一个砖窑装入量越大烧制时间越长。砖窑可用柴薪和煤炭作为燃料，使用柴薪窑，窑顶的侧面通常有三孔烟囱。当火力充足时，则停止加入燃料，并用泥土封住砖窑的烟囱，之后在砖窑的顶上浇水使砖呈现青灰色。

浇窑烧砖：在烧制砖时，需在砖窑的顶部做一个平田，平田的四周需稍高于中部，然后向平田中灌水。窑顶的水透过土层渗入窑室内，与窑内的还原性气氛产生化学作用。

$$Fe_2O_3+H_2O \rightarrow Fe_3O_4+H_2$$

使砖坯中的 Fe_2O_3 形成 Fe_3O_4，从而使砖的质地变得坚硬、颜色变为青灰色。

4. 黏合剂

长城砖砌段普遍使用石灰作为青砖之间的黏合剂。据考古发现，史前时期就有许多房屋建筑使用石灰作为建筑的踩踏面。仰韶文化晚期遗址中，发现居住面处有熟石灰的涂抹痕迹。随着烧制石灰技术的提升，春秋战国时期，石灰已作为常用的建筑材料在建筑中普遍使用。经过实验室成分分析，明代在使用白灰砌墙的过程中，必要时还加入糯米汁、桐油等有机物以提升石灰的黏结强度。

四、古建筑无损检测、监测技术研究及应用进展

由于古建筑的不可再生性，在对古建筑进行检测或监测时，应当优先使用无损或微损技术。无损检测技术是以不损伤被检对象为前提，对其施以声、光、热、电、磁等物理激励，利用材料内部结构变化或表面缺陷产生的异常反应，对建筑或材料内部结构及表面缺陷的空间分布、种类特征、数量尺寸等信息及其变化做出定性及定量评价。

（一）无损检测方法研究进展

目前国内外普遍使用超声波速检测法、红外热成像检测法、剥离阻力检测法、钻入阻力检测法、原位吸水性测试法、共振回声测试法、探地雷达检测法、回弹法、里氏硬度检测法等无损检测方法对石质或砖质文物的结构缺陷、病害程度、力学性能等进行检测，这些方法在实际应用实践中获得了良好的效果。

使用非金属超声波仪及探地雷达对城墙及地基保存状况进行了测试，发现城墙多孔玄武岩表面的裂隙会随着季节的更替而变化，探地雷达的结果显示了该区域的地基

状况。

使用了三维激光扫描仪、红外热成像仪和探地雷达，结合遥感技术，发现不仅可对大型建筑遗产承载单元的损伤进行监测，而且可检测到在这类建筑中使用的不同材料。

采用卡斯特瓶法测定了经过纳米氢氧化钙加固的多孔砂浆的吸水性能，确定了纳米氢氧化钙对砂浆材料吸水性的影响。

关于钻入阻力检测法，国内普遍用该方法对木质建筑进行检测，但实际上该方法在国外也被广泛应用于石质文物的检测中。

事实上，上述方法中的许多方法已经得到了实践证明并有效，大部分方法均已写入标准《石质文物保护工程勘察规范》WW/T 0063-2015 中。除上述方法外，还有一些测试方法如内窥镜检测法、粗糙度检测法等也在古建筑的无损检测中有一定应用，但由于目前的技术尚不成熟，因此还未在国内得到大力推广。

（二）监测方法研究进展

通过对国内外的文献及相应的标准整理后，发现对古建筑进行监测时，主要包括对建筑本体及环境两方面进行监测，其中本体监测的主要内容为整体及局部稳定性监测。环境监测的监测主要内容为气象环境监测、环境污染监测、其他环境威胁监测。相应的监测技术应用情况如下。

1. 整体及局部稳定性监测

整体及局部稳定性监测主要包括应力应变监测、沉降监测、水平位移监测、倾斜监测、挠度监测、裂缝监测等。

建筑本体的应力应变主要使用各类应力应变计直接进行监测；建筑的沉降普遍使用几何水准法、液体静力水准法、三角高程测量法进行监测，使用的仪器通常为光学水准仪、液体静力水准仪、全站仪等，其中水准法的测量精度高于三角高程测量法。

建筑本体的倾斜常用经纬仪、激光铅直仪、激光位移计等进行监测或检测。测试时根据建筑的具体位置选用不同的方法，如在建筑外部监测建筑倾斜时经纬仪有较好的适用性，而对建筑的垂直墙面进行监测时，通常使用激光铅直仪。对于建筑的水平位移通常使用激光铅直仪、全站仪进行监测。近年来无人机、遥感等技术也逐渐在古

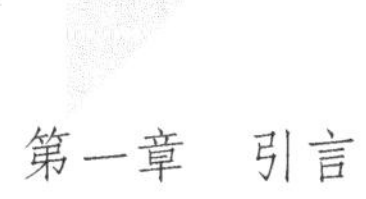

建筑监测、检测中得到应用，并取得了良好的效果。

关于建筑本体的挠度变化，目前常用的检测及监测仪器为挠度计、位移传感器等，这些仪器的适用性较好，适用于各种文物建筑监测。

建筑本体的裂隙监测方法较多，各类裂缝计、视频显微镜、游标卡尺、裂缝监测传感器等均有相关的应用报告。应根据不同的测试区域及环境选择合适的测试方法。

2. 气象环境及环境污染监测

古建筑区域内的气象环境如温湿度、降雨量、风速风向等的监测，大部分均直接使用气象仪，气象仪中可安装各种用途的传感器以实现特定要求的监测。

古建筑的环境污染包括噪声、大气质量、粉尘颗粒物、酸雨等。对于噪声，大部分研究者通过测振仪进行监测；对于大气质量及粉尘颗粒物的含量，采用空气质量监测仪可得到满意的结果，通常使用酸雨监测仪对酸雨状况进行持续监测。

3. 其他环境威胁监测

古建筑的其他环境威胁包括水文地质、地震动及地震响应、人流量等。地下水位、降雨量、蒸发量等水文地质信息通常使用水文监测仪进行监测，地震动及地震响应数据通常使用地震仪进行监测，人流量通常使用无线摄频记录仪实现人流状况的即时监测。

第二章　检测技术

现存的长城遗址中大多数路段由于人为及环境的原因均受到了严重的破坏。而对于缺损严重的城墙墙体，需首先确定长城建造时所用的原材料及建造工艺，再对相应的缺损部位进行修补，因此需采用合适的分析方法进行长城建筑材料的成分分析，确定后期修补所需的材料及配比。对于保存相对完好的城墙，应依据最小干预的原则对长城的病害种类、病害程度、建筑的安全性、建筑周边环境及振动进行检测，并对病害存在的部位进行相应的保护。故本章节主要对长城本体材质成分及形貌检测分析技术、长城建筑材料的物理性能及化学性能检测技术、长城本体病害的检测技术进行相应的介绍，以方便依据建筑情况选择合适的测试方法。

一、材质成分及形貌检测分析

由于各段长城的砌筑用材及砌筑方式不同，需分别对各段长城构筑材料的成分及形貌进行分析。长城本体的建筑材料主要为石、砖和土三类，其中在用砖砌墙体时，一般还需要灰浆等黏结材料，本节将展开介绍这几种建筑材料的成分形貌检测技术。

（一）石

石砌长城墙体的石材种类较多，主要有花岗岩、石灰岩、砂岩、页岩、板岩等。最简单、快速的现场无损方法是通过观察石材的颜色、纹理等并与常见石料图库来确定所用石材种类，从而确定石材的化学成分及矿物成分，但这种方法会受到人为因素干扰从而影响判断的准确性，更准确的方法是在实验室内对石材的结晶形貌、元素含量及矿物成分等进行精细检测。

根据标准《石质文物保护工程勘察规范》WW/T 0063-2015要求，石质文物岩矿鉴定、矿物成分分析、化学成分分析、矿物微观结构观测分析及生物分析可通过以下方式进行。

1. 岩矿鉴定

岩矿鉴定可综合使用薄片偏光显微岩相鉴定法和X射线衍射（XRD）定量法，以获得矿物的具体种类及成分。

2. 矿物成分分析

根据石材样品种类需使用不同的分析方法进行矿物成分分析。各种岩石本体样品均可通过XRD分析法获取矿物成分定量数据；对于岩石上附着的泥质胶结物，应研磨后通过悬浮法获取小于0.002mm的细小颗粒，再通过XRD分析法获取矿物成分定量数据；而对于岩石表面的化学沉淀物或析出的盐结晶，应通过XRD和差热-热重分析仪（STA）进行矿物成分分析与鉴定。

3. 化学成分分析

岩石的化学成分分析包括化学元素全分析及可溶性盐分析等，其中化学全分析一般包括自然状态下稳定常见的氧化物含量、含水率、烧失量等项目。其中氧化物含量主要包括SiO_2、Al_2O_3、Fe_2O_3、FeO、MgO、CaO、K_2O、Na_2O、TiO_2、CO_2、P_2O_5、Cr_2O_3、SO_2；含水率需要测定样品中的吸附水及结合水。可通过X射线荧光光谱仪（XRF）、能谱仪（EDS）、STA等进行表征。可溶盐分析项目一般包碳酸盐卤化物、硫酸盐、硝酸盐等，可通过离子色谱仪进行表征。

4. 矿物微观结构观测分析

对矿物的微观形貌进行分析时，可采用便携式视频显微镜进行原位无损微观分析。实验室中一般采用扫描电镜分析技术（SEM）观察新鲜和劣化岩石样品胶结物矿物成分、新矿物（如石膏）的形成、孔隙变化，生物分析检测也可通过该方法进行。

（二）土

建造长城时，砌筑方式影响着土的选用。如夯土长城一般使用粉土及黏性土，而砖砌、石砌长城各种类型的土（如碎石土、沙质土、腐殖土等）均有使用。由于土的强度较低，部分夯土类长城会掺杂一些碎石或植物枝条来增强夯土墙的强度。土壤成分用 XRD 检测，当需对土壤成分进行较细致区分时，如需区分蒙脱石类矿物与蛭石、绿泥石，以及区分水化埃洛石及伊利石时，可根据《土工实验方法》GB/T 50123–2019 的规定进行检测，试样制备方法如下。

先用饱和氯化镁处理土壤试样。称取 1g 左右粒径小于 0.15mm 的风干土试样，放入离心管中，加入 0.5mol/L 氯化镁溶液 50mL，用玻璃棒充分搅拌，然后用大于 3000r/min 的速度离心，弃去上部清液，重复氯化镁溶液处理过程一次。上述步骤完成后的样品分别用纯水和 95% 乙醇或丙酮洗涤，离心 2 次 ~ 3 次，将洗涤后的试样晾干磨细以备后续操作。

再用甘油处理试样。取上述试样 50mg 放入离心管中，加入 5% 甘油溶液 10mL，玻璃棒充分搅拌后，用大于 3000r/min 的速度离心，重复甘油处理过程一次后，将离心管倒立于滤纸上，吸尽剩余的甘油溶液。

土壤的微观形貌及粒径分布除可用扫描电子显微镜及视频显微镜观测外，颗粒粒径分布也可通过根据《土工实验方法》GB/T 50123–2019 的规定，采用筛析法测试，方法如下：

从风干、松散的土壤样品中，用四分法按下列规定取出代表性试样，将试样过 2mm 细筛，分别称筛上和筛下土的质量。取筛上试样倒入依次叠好的粗筛的最上层筛中，取筛下试样倒入依次选好的细筛最上层筛中，进行筛析。可使用振筛机辅助筛析，筛析时间 10min ~ 15min 为宜。

由最大孔径筛开始，顺序将各筛取下，在垫的白纸上轻叩并摇晃，筛至无土粒漏下为止。漏下的土粒全部放入下级筛内，并将留在各筛上的试样分别称量。

小于某粒径的试样质量占试样总质量百分数按下式计算：

$$X = \frac{m_A}{m_B} d_X$$

式中：

X——小于某粒径的试样质量占试样总质量的百分数（%）。

m_A——小于某粒径的试样质量（g）。

m_B——当用细筛法或密度计法分析时所取试样质量（粗筛分析时则为试样总质

量）（g）。

d_X——粒径小于 2mm 或粒径小于 0.075mm 的试样质量占总质量的百分数（%）。

以小于某粒径的试样质量占试样总质量的百分数为纵坐标，颗粒粒径为横坐标，在单对数坐标上绘制颗粒大小分布曲线。

级配指标不均匀系数和曲率系数按下列公式计算：

不均匀系数：

$$C_U = \frac{d_{60}}{d_{10}}$$

式中：C_U——不均匀系数。

d_{60}——限制粒径（mm），在粒径分布曲线上小于该粒径的土含量占总土质量 60% 的粒径。

d_{10}——有效粒径（mm），在粒径分布曲线上小于该粒径的土含量占总土质量 10% 的粒径。

曲率系数：

$$C_C = \frac{d_{30}^2}{d_{60}d_{10}}$$

式中：C_C——曲率系数；

d_{30}——在粒径分布曲线上小于该粒径的土含量占总土质量 30% 的粒径（mm）。

对土的微观结构观测分析、化学成分分析、生物分析等可参照前文的检测方法进行。

（三）砖

古建筑青砖的成分分析方法目前尚无统一标准，但青砖均由黏土烧制而成，其检测分析方法可参照土及石的检测方法进行。

1. 青砖矿物成分分析

青砖的矿物成分分析，可参照前文中土壤的矿物成分分析方法。

2. 化学成分分析

青砖的化学成分分析可参照前文中岩石的化学成分分析方法进行。

3. 微观结构及生物观测分析

青砖的微观结构观测分析及生物检测分析可参照前文中岩石的分析方法。

（四）灰浆

长城灰浆主要无机物成分为碳酸钙，根据文献记载及取样检测发现，在建造长城时灰浆中会掺入糯米浆、桐油等有机物，因此对灰浆成分分析时，除了检测无机物之外，还需检测灰浆中的有机物。

长城灰浆中无机物的矿物成分、化学成分、微观结构分析可参照前文进行。灰浆中的淀粉可通过碘—淀粉显色定性确定，桐油可通过皂化反应定性确定，淀粉及桐油的含量可通过烧失量确定。

二、物理化学性能检测

（一）色差计——色值测定

测量颜色最直接的方法为目测法，但是它受很多因素影响，因而有较多缺陷。色差计的工作原理是通过标准光源及观察角度，采集被测物体的反射光谱数据，从而得出被测物体的色度及色差值，是一种表征物体表面的色彩与光泽的检测仪器。色差检测主要是通过 International Commission on Illumination 制定的 L*a*b* 色空间原理来反映物体的颜色及色差。由于操作简便，价格便宜，在工业生产中被广泛应用，近年来也被文物保护工作者应用到文物修缮及保护中。

色差计是通过有色材料在可见光范围内（380nm ~ 730nm）的反射光谱定量测定色度值的仪器，测得的数值可用三维坐标系表示。所测数据中，L* 轴表示颜色的亮度，范围为 0 ~ 100；a* 轴表示色彩中的绿色和红色部分，负值表示绿色，正值表示红色，范围为 -150 ~ +100；b* 轴表示色彩中的蓝色和黄色部分，负值表示蓝色，正值表示黄色，范围为 -100 ~ +150。

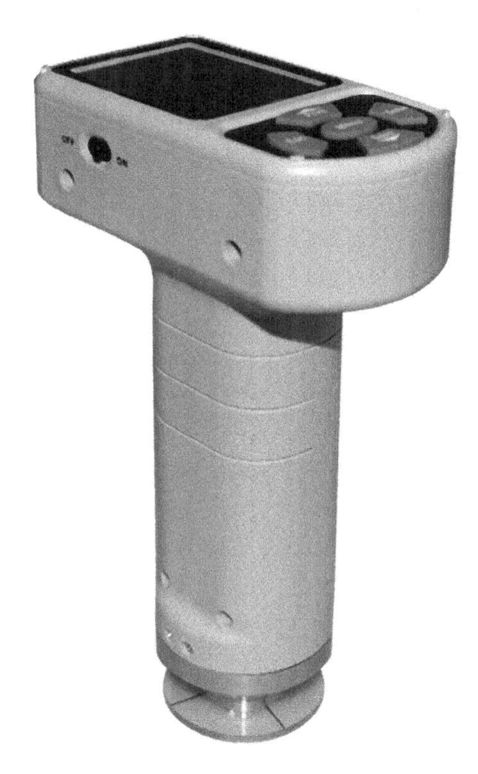

图 2-1　JZ-300 型色差计

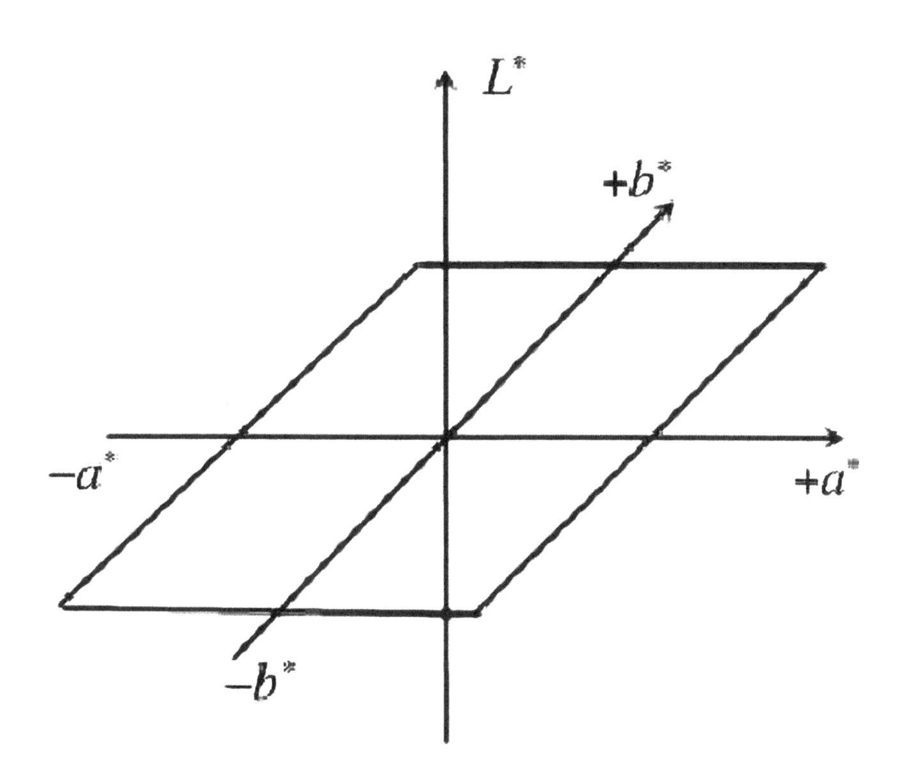

图 2-2　CIELAB 色空间

色差是指用数值来表示颜色的差别，当两种颜色分别用L*，a*，b*标定后，其总色差ΔE^*_{ab}可用下式进行计算：

$$\Delta E^*_{ab} = [(L^*_2 - L^*_1)^2 + (a^*_2 - a^*_1)^2 + (b^*_2 - b^*_1)^2]^{1/2}$$

式中：

ΔE^*_{ab}——测试前后的色差；

L^*_1，a^*_1，b^*_1——第一次测试的$L*$，$a*$，$b*$值。

L^*_2，a^*_2，b^*_2——第二次测试的$L*$，$a*$，b-*值。

（二）毛细吸水性能检测

物体毛细吸水性能的测试方法很多，目前应用最为广泛的测试方法为称量法（采样检测法）及卡斯特瓶法（原位检测法），称量法测试结果准确，适用于取样至实验室内进行检测，对于不可移动的砖、石文物不便使用该方法。卡斯特瓶法是一种可现场、无损测试文物毛细吸水性的检测方法，仪器外观为一个圆形的玻璃罩连接玻璃刻度管。测试时将玻璃罩黏合在文物上，通过读取刻度管上水的刻度确定被测试处的吸水量。卡斯特瓶的型号主要有两种，A型号的卡斯特瓶可测试垂直面的吸水性，B型号的卡斯特瓶可测试水平面的吸水性。两种卡斯特瓶的具体结构如下图所示。

《砖石质文物吸水性能测定—表面毛细吸收曲线法》WW/T 0065-2015规定了砖石质文物吸水性能的测定方法。标准中规定采样检测时采用称量法检测砖石的吸水性能，原位检测时采用卡斯特瓶法检测砖石的吸水性能，下面分别介绍这两种方法。

采样检测法

采集砖石或与文物材质相同、风化程度相近的砖体或石材，作为实验试样。将试样加工制成底面积为5cm×5cm、高度10cm ~ 20cm的长方体或底边直径为5cm、高度10cm ~ 20cm的圆柱体。具体实验装置如图2.4所示。采样检测法的具体测试方法及程序如下：

1. 将试样放入温度为105℃的烘干箱内烘干24h后，置于干燥器内冷却至室温，称其质量，结果精确到0.01g。

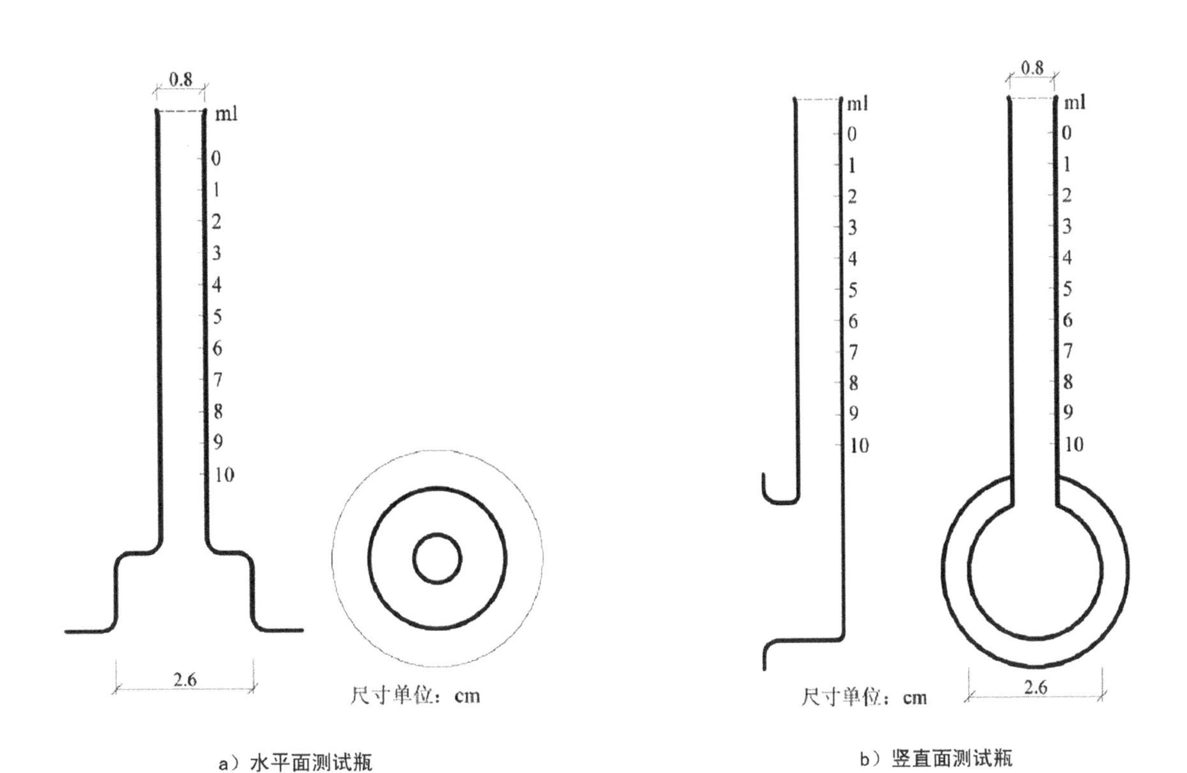

图 2-3　卡斯特瓶的两种型号

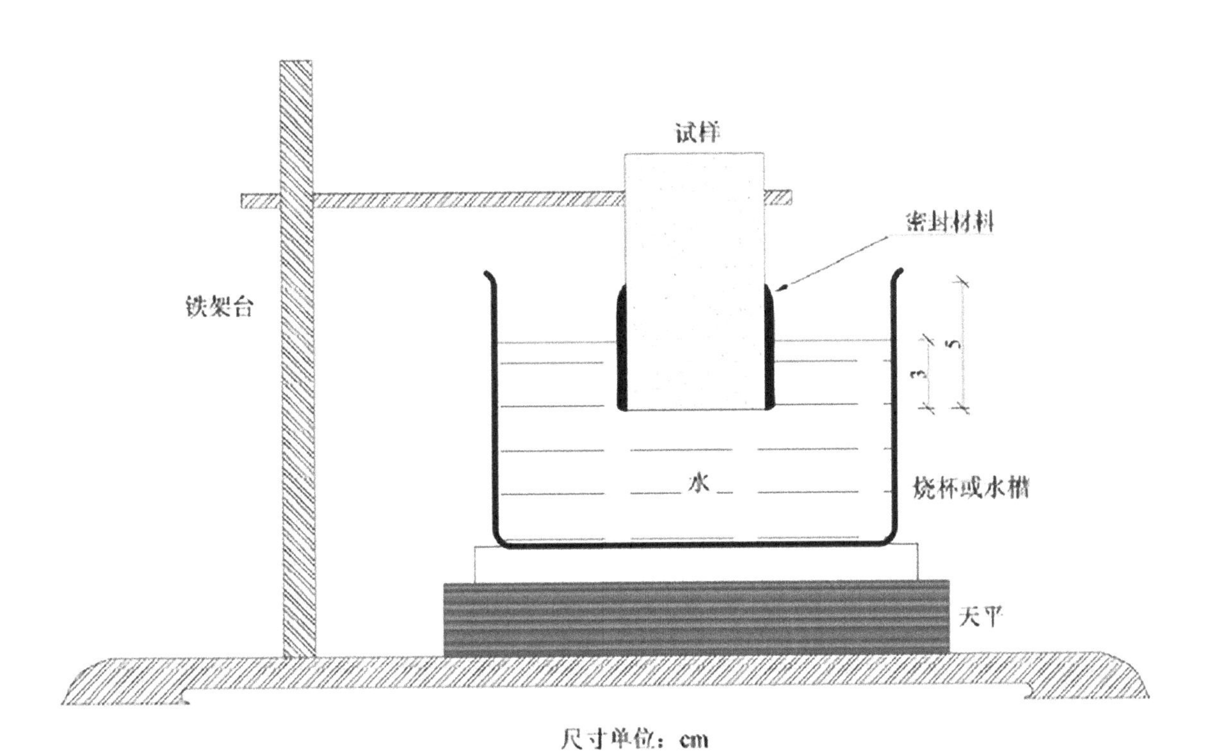

图 2-4　实验装置及试样固定示意图

2. 选取原始风化界面作为检测面，去除表面浮尘后，对试样底边以上 5cm ~ 6cm 范围内的外侧面涂蜡封护，以防止试样侧面吸水影响实验结果。试样底边处理方法如图 2-5 所示。

3. 试样固定后，向烧杯中注水，试样检测面应没入水面以下 3cm ~ 4cm，记录天平初始读数。

4. 注水完成即开始计时，测试前 10min，每隔 1min 记录一次天平读数；10min ~ 30min 内，每隔 5min 记录一次读数；0.5h ~ 1.5h 内，每隔 10min 记录一次读数；1.5h ~ 5.0h 内，每隔 30min 记录一次读数；5h ~ 10h 内，每隔 1h 记录一次读数；10h ~ 24h 内，每隔 2h 记录一次读数。24h 后或液面低于试样底边时结束测试，也可根据材料类别减少测试时间。一般砂岩或砖体等多孔材质的测试时间为 2 小时即可绘制出毛细吸水曲线。

5. 依据天平读数变化计算试样在各时间段内的吸水量，制作毛细吸水曲线、计算表面吸水系数。为保证实验数据的可信度，每组样品的数量不少于 3 个。

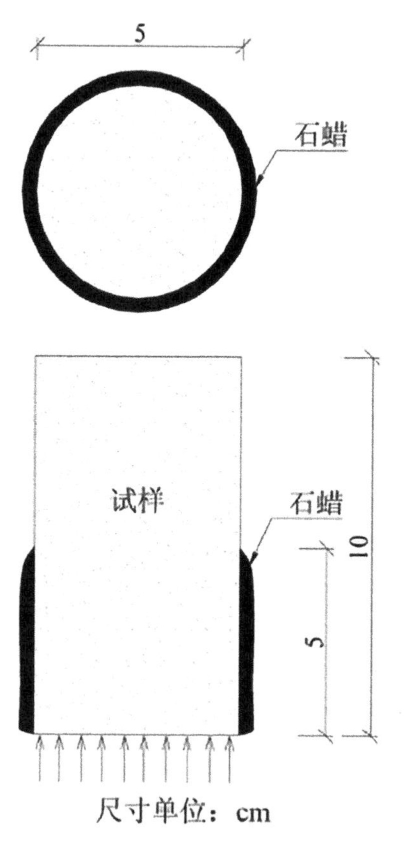

图 2-5　试样底边密闭隔水处理示意图

原位检测法

原位检测采用卡斯特瓶法进行，测试时需注意以下几点。

1. 选取较为平整的文物表面作为测定区域，清理区域内的浮尘等。采用密封材料（如 Bostik 胶或耐水橡皮泥等）将卡斯特瓶安装于文物表面，黏结层应平整、牢固、不漏水，且密封材料不得占用有效测试空间，以防止测试结果不准确。安装方式如图 2–6 所示。安装牢固后，从卡斯特瓶上口注去离子水至零刻度线（最高刻度位置），瓶内应无气泡、不漏水，否则重新换位安装。

2. 当注水达到 0 刻度线后，开始计时并采集液面刻度数据，数据采集时间间隔同“采样检测法”。当卡斯特瓶读数范围内的水全部被吸收，或测定时间超过 24 小时，则可终止实验。液面刻度读数应读凹液面的底面，刻度精度为 0.1mL，可根据材料的类别减少测试时间。

3. 实验结束后，拆除试验装置，并去除文物表面的密封材料。依据采集的吸水量数据，制作毛细吸水曲线、计算表面吸水系数。每个检测对象的检测点不少于 5 个，干燥地区应选择阴凉处并加盖遮挡物防止蒸发。

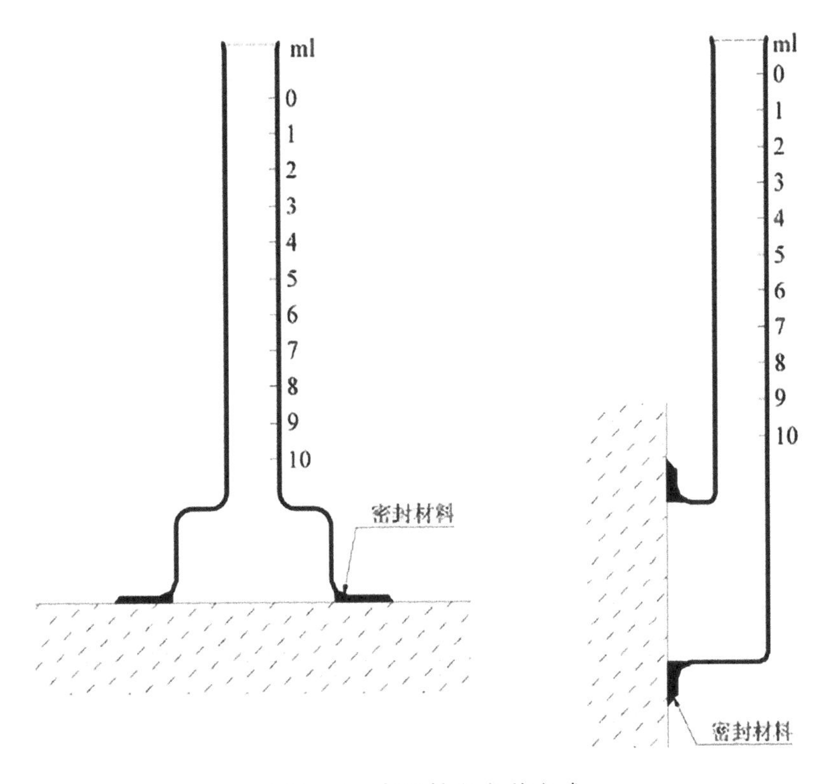

图 2–6　卡斯特瓶安装方式

根据两种测试方法获得的检测点的毛细吸水曲线，截取曲线前段近似直线部分，获取直线斜率，即为检测对象的表面吸水系数。

Ww 的值按式（1）计算：

$$Ww = \Delta Q_i / \Delta\sqrt{t_i} \quad (1)$$

式中：

Ww——表面吸水系数，单位为 g/（$s^{1/2}$ · cm^2）。

ΔQ_i——测试时间点上测试对象单位面积表面吸水量的瞬时变化值，单位为（g/cm^2）。

$\Delta\sqrt{t_i}$——测试对象测试点上时间的瞬间变化值的平方根，单位为（$s^{1/2}$）。

（三）粗糙度检测

粗糙度可用于评估文物保护研究中石质、砖质文物的风化进程和表面状态，在国外使用广泛，尤其对光面大理石类文物表面的清洁有较好的评价效果。肉眼观察到的平整光滑石材表面，其微观结构有一定的粗糙性，物体表面的粗糙性可用粗糙度表示。电动触针法是目前测定粗糙度最简单也最常用的技术之一，其推动装置以恒定的速度推动触针系统平行于待测表面运动。仪器一般由一个支架组成，支架上连接一根很细的触针，当触针沿表面滑动时，记录下测试表面高度变化的曲线。对该曲线进行处理后可得到形态偏差、表面波纹度及表面粗糙度三个特征值。

电动触针法测试物体表面粗糙度操作简便且价格较低，但是测量精度不高。还有一类可用于检测物体表面粗糙度的非接触式方法，这类方法检测精度高，但仪器一般都较贵重，操作及后期数据处理也较为复杂。如激光测距仪，垂直检测精度可达0.1mm，但试验时一般需两人配合，且需用 Matlab 软件处理测试数据，不同种类的粗糙度仪各有优缺点。

由于该技术目前在我国文物保护行业的应用不多，因此具体测试方法及结果的量化方式目前尚未有统一的规定。

（四）密度及孔隙率

密度及孔隙率通常为实验室检测指标，一般使用公式法直接计算材料的体积密度。孔隙率测试方法较多，通常使用排水法、压汞法、核磁共振氢谱法、氮吸附等进行检测。排水法操作简便，成本较低，但测试精度较低。压汞法、核磁共振氢谱法、氮吸附等方法可直接显示不同孔径的孔隙分布，测试结果准确，但成本较高。

依据《文物建筑维修基本材料——石材》WW/T 0052-2014 及《文物建筑维修基本材料——青砖》WW/T 0049-2014 标准要求，对砖石文物的密度及孔隙率测试的具体操作方法如下：

清理试样表面，然后将试样置于 105℃ ±5℃电热鼓风恒温干燥箱中烘干至恒重，称其质量米，并检查外观，不得有缺棱掉角等破损。测量干燥后试样的长、宽、高等尺寸，结果精确至 0.1cm。

体积密度按下式计算：

$$\rho = \frac{m}{l \cdot b \cdot h}$$

式中：

ρ——体积密度，单位为克每立方 cm（g/cm^3）。

m——砖石干质量，单位为克（g）。

l——砖石长度，单位为厘米（cm）。

b——砖石宽度，单位为厘米（cm）。

h——砖石高度，单位为厘米（cm）。

排水法测试样的真密度及孔隙率时，具体操作如下：

1. 清理试样表面，然后将试样置于 105℃ ±5℃电热鼓风恒温干燥箱中干燥至恒重，称其质量 m_0，并检查外观情况，不得有缺棱掉角等破损。

2. 测量干燥后试样的尺寸，结果精确至 0.1cm。

3. 将干燥后的试样置于水中浸泡 12 小时后取出，湿布擦干表面水分后迅速测其吸水后的质量 m_1。

4. 将称重完成后的试样置于水中，过程中不得带入气泡，称试样的水下质量 m_2。试样真密度及孔隙率的具体计算公式如下。

$$V_0=\frac{\rho_{水}}{m_1-m_0}$$

$$V_1=\frac{m_0-m_2}{\rho_{水}}$$

$$\rho_{真}=\frac{m_0}{V_1-V_0}$$

$$P=\frac{V_0}{V_1}\times 100\%$$

式中：

$\rho_{水}$——水的密度，单位为克每立方厘米（g/cm^3）。

m_0——试样的干质量，单位为克（g）。

m_1——试样吸水后的质量，单位为克（g）。

m_2——试样的水下质量，单位为克（g）。

V_1——表观体积，单位为立方厘米（cm^3）。

V_0——开口孔隙体积，单位为立方厘米（cm^3）。

$\rho_{真}$——试样的真密度，单位为克每立方厘米（g/cm^3）。

P——开口孔隙率，单位为百分比（%）。

三、力学性能检测

古建筑的力学性能检测主要包括建筑材料的表面硬度、抗压强度检测及砌体的剪切强度检测等。力学性能检测的主要目的为通过分析材料的力学性能及砌体整体的静载荷，确定建筑的承重能力、抗震能力及有无坍塌风险等，从而确定建筑整体的结构安全。

（一）回弹法

回弹法是可原位检测建筑材料抗压强度的一种测试方法。回弹仪的工作原理是以一个弹击锤冲击弹击杆后，弹击锤受到反作用力向后弹回，并在回弹仪机壳的刻度尺上指示出回弹的位移值。同时通过现场取样计算被测材料的容重，并根据该容重下材料的抗压强度测试曲线，通过该曲线找到对应回弹位移值下的抗压强度值，即可大致推算出受检材料的抗压强度。石质和砖质材料回弹强度可用普通回弹仪测试，测试夯土材料回弹强度时，由于冲击夯土产生的塑性变形会消耗较多的能量，使测试精度降低，因此需要更换回弹仪的套头。

根据标准《石质文物保护工程勘察规范》WW/T 0063-2015 要求，石质文物表层劣化现场检测宜采用 HT225 型回弹仪。

用回弹法测试时，应选择相对平整的文物表面作为测试点，且应避开空鼓位置及表面粉化、片状剥落严重的区域，防止由于锤击造成岩石表层脱落。明显的空鼓区域可用确定肉眼观察，不明显的空鼓位置可用空鼓锤或手指轻敲文物本体产生的回声来确定。一处测试区域宜在 0.4m ~ 0.5m 内，以能容纳均匀分布的测点 20 个左右为宜。测试区域内文物的岩性、表面结构和风化程度应相同或相近。

测试前应完成回弹仪的标定工作，标定须在配备的标准砧子上率定，达到标准值时方可用于测试；若达不到标定值，用以下公式修正：

$$修正值 = 回弹值 \times 修正系数$$

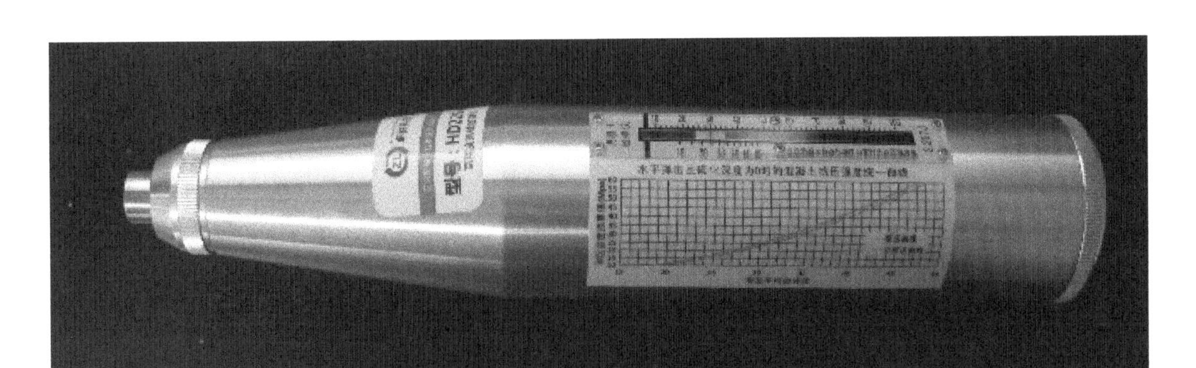

图 2-7　HT225 型回弹仪

式中：

修正系数 = 砧子规定标准值 / 在砧子上测 10 个数据的平均值。

注：国内规定率定时垂直向下锤击 16 次，舍去最大、最小值各 3 个，用剩余的 10 个数据求其平均值。

一般现场测试多以水平锤击为主，若从其他方向锤击，受重力等因素的影响会使测试结果产生偏差。因此，应首先建立非水平锤击与水平锤击间的修正关系，才能保证测试标准的统一。具体修正方法和要求应按照表 2-1 或图 2-6 规定执行。

表 2-1　回弹仪读数修正

回弹值	倾斜角修正值			
	+90°	+45°	−45°	−90°
10	—	—	+2.4	+3.2
20	−5.4	−3.5	+2.5	+3.4
30	−4.7	−3.1	+2.3	+3.1
40	−3.9	−2.6	+2.0	+2.7
50	−3.1	−2.1	+1.6	+2.2
60	−2.3	−1.6	+1.3	+1.7

测试时，每处测试区域的测试点应不少于 10 个，各测点的间距应大于 3cm，每个点只能测试一次。在锤击过程中，以冲杆中心垂直对准测点中心，用力将冲杆均匀压入仪器外壳内，直至冲击锤脱落产生冲击回弹值。测试后应在施测岩体内提取岩块样品，测定其密度，并计算容重。

一般情况下，在数据统计中应舍去所测数据中最大、最小各 2 个数值，如数据中还存在明显不合理的测定值，也应舍去。计算统计数据组的均值、方差和变异系数，以确定测试数据的离散程度和置信度。参照图 2-6，根据回弹均值和容重即可得到岩石的抗压强度值。

该测试方法适用于较致密的岩石表面，如砂岩、石灰岩、花岗岩等，不适用于酥松、胶结性差、表面均一性差且表面多孔洞的岩石，如玄武岩、砾岩等。这种方法的优点是操作简便、成本低，缺点是易受到外界因素的干扰，如材料表面的石子或沙子、

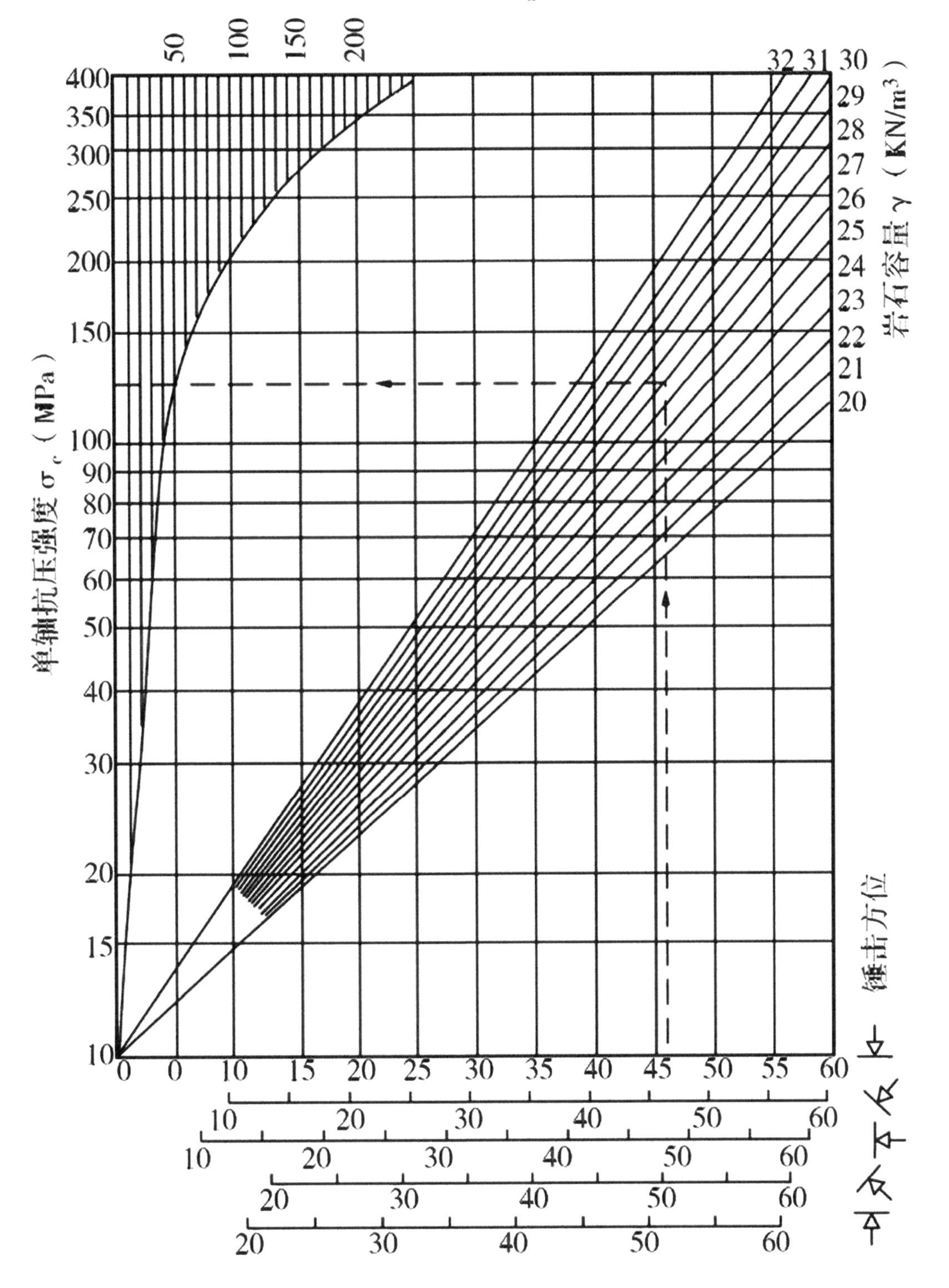

图 2-8　单轴抗压强度与回弹值 R 及容重 γ 的关系图

表面湿度和内部缺陷等，都会干扰测试结果。

（二）超声波检测

超声波法是一种适合现场勘测的无损检测方法。超声波检测的基本原理是超声波在物质中传播时，当内部存在缺陷或孔隙时，会产生反射、折射、衰减等现象，从而导致声波的声时、波速、波形等参数发生变化，故可依据这些参数，推测出材料内部缺陷情况。

根据标准《石质文物保护工程勘察规范》WW/T 0063-2015 要求，用非金属超声波探测仪对岩石的声学数据测试时，注意事项及数据处理方法如下所示：

测试前，把发射与接收两个换能器的辐射面涂抹石膏、黏土、面粉浆等耦合剂，将两面接触并开启仪器，此时的声波传播时间为仪器系统的对零误差（%），计算声时应减去该值。

对零完成后，将两个换能器按一定距离用耦合剂分别固定于需测试的岩面上，两

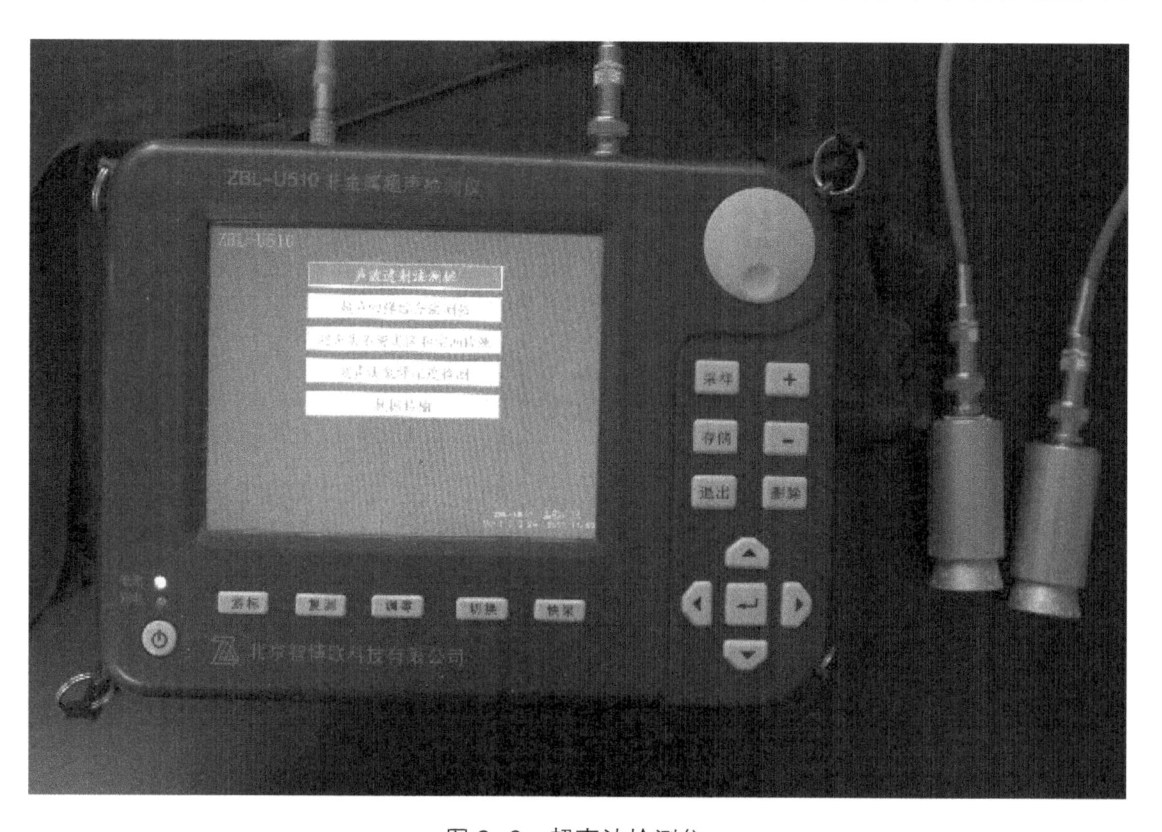

图 2-9　超声波检测仪

换能器中点的距离即为声波在岩石中传播的距离。当开启超声波仪后，可把荧光屏显示波形曲线的最先起跳点所对应的时标值作为纵波到达的时间（t_p）；再根据波形相加原理，在波形曲线上寻找与第一个波形变异点对应的时标值，即可获得横波到达的时间（t_s）。

现场声波测试可按以下方法求得材料的平均波速：

1. 采用时距法获得岩石的平均波速。该方法主要是在较大块的完整岩石表面，选择直线的一端作发射点，然后在该直线上依次布置 4 个 ~ 6 个接收点，间隔距离不等，并分别测得各点的纵、横波速。以时间 t 为纵坐标，测距 l 为横坐标，分别做出通过原点的两条时距曲线，从而求得岩石的平均纵、横波速。

2. 采用多向法获得岩石的平均波速。该方法主要是在典型岩体的表面上，以发射点为中心，按“米”字形放射状不等距地测得 4 条 ~ 8 条测线的纵、横波速，分别求其算术平均值为岩体的平均纵、横波速。每一种岩石按其地质特征分别选取代表性试样 2 ~ 3 块，并测定试样的密度（ρ）。

按下列公式分别计算纵波速度（V_p）和横波速度（V_s）

$$V_P = \frac{l}{t_p - t_0}$$

$$V_S = \frac{l}{t_s - t_0}$$

式中：

V_p——纵波速度，单位为米每秒（m/s）。

l——声波传播距离，单位为米（m）。

t_p——纵波到达时间，单位为微秒（μs）。

t_0——仪器系统的对零误差，单位为微秒（μs）。

V_s——横波速度，单位为米每秒（m/s）。

t_s——横波到达时间，单位为微秒（μs）。

按下列公式可计算岩石如下的各种动弹性参数。

（1）动弹性模量（E_d）

$$E_d = \frac{\rho V_S^2(3V_P^2 - 4V_S^2)}{V_P^2 - V_S^2}$$

（2）泊松比（μ）

$$\mu = \frac{V_P^2 - 2V_S^2}{2(V_P^2 - V_S^2)}$$

（3）剪切模量（刚度模量）（G）

$$G = \rho V_S^2$$

（4）拉梅常数（λ）

$$\lambda = \rho(V_P^2 - 2V_S^2)$$

（5）体积模量（压缩模量）（K）

$$K = \rho\left(V_P^2 - \frac{4}{3}V_S^2\right)$$

（6）单位抗力系数（K_o）

$$K_O = \rho V_P^2\left(1 - \frac{\mu}{1-\mu}\right)\frac{1}{100}$$

以上各式中：

E_d——动弹性模量，单位为帕（Pa）。

V_p——纵波速度，单位为米每秒（m/s）。

V_s——横波速度，单位为米每秒（m/s）。

ρ——岩块密度，单位为千克每立方米（kg/m^3）。

μ——波松比。

G——剪切模量，单位为帕（Pa）。

λ——拉梅常数，单位为千克每米每秒平方（$kg/m\cdot S^2$）。

K——压缩模量，单位为帕（Pa）。

K_o——单位抗力系数，单位为帕每米（Pa/m）。

根据工程地质检测经验，可用岩石风化系数定量描述岩石的风化程度，风化系数可按下式确定：

$$F_S = \frac{V_{P0} - V_P}{V_P}$$

式中

F_s——岩石风化系数。

V_{PO}——新鲜岩石纵波速度（m/s）。

V_P——风化岩石纵波速度（m/s）。

具体评价与分级要求可按照下表规定执行

表 2-2　岩石风化系数风化程度分级表

风化程度	风化系数
未风化	＜0.1
微风化	0.1 ≤＜ 0.25
弱风化	0.25 ≤＜ 0.5
强风化	0.5

该测试方法一般适用于较致密的岩石材料，如砂岩、灰岩、大理岩、花岗岩等，不适用于裂隙和孔洞发育的岩石材料，如玄武岩、角砾岩、剪切带附近岩石等。也有应用该方法对青砖的强度进行测试的研究，曹峰等人在应用超声波法对北京明长城青

砖的抗压强度测试时，选用了与青砖内部孔隙或缺陷存在相关性的超声波波速作为青砖强度的推算指标，并建立了超声波对测波速与抗压强度的回归方程曲线，大致推算出青砖的抗压强度。

（三）表面硬度检测

长城建筑材料的表面硬度可使用莫氏硬度计、里氏硬度计等进行现场无损检测。不同的检测仪器检测原理均有所差异，下面分别介绍两种检测仪器的原理及操作方法。

1. 莫氏硬度计检测法

莫氏硬度计是利用已知硬度的十种不同硬度的矿物材料的莫氏硬度计，在被测样品的平面位置划线，测试按照硬度由低到高的顺序进行，若材料平面无划痕，则表明被测材料的硬度高于该矿物的硬度，再选择高一级的硬度计测试，直至介于两个硬度级别之间为止，所测相对硬度用 1—10 表示。十种矿物按照软硬程度排列分别为滑石、

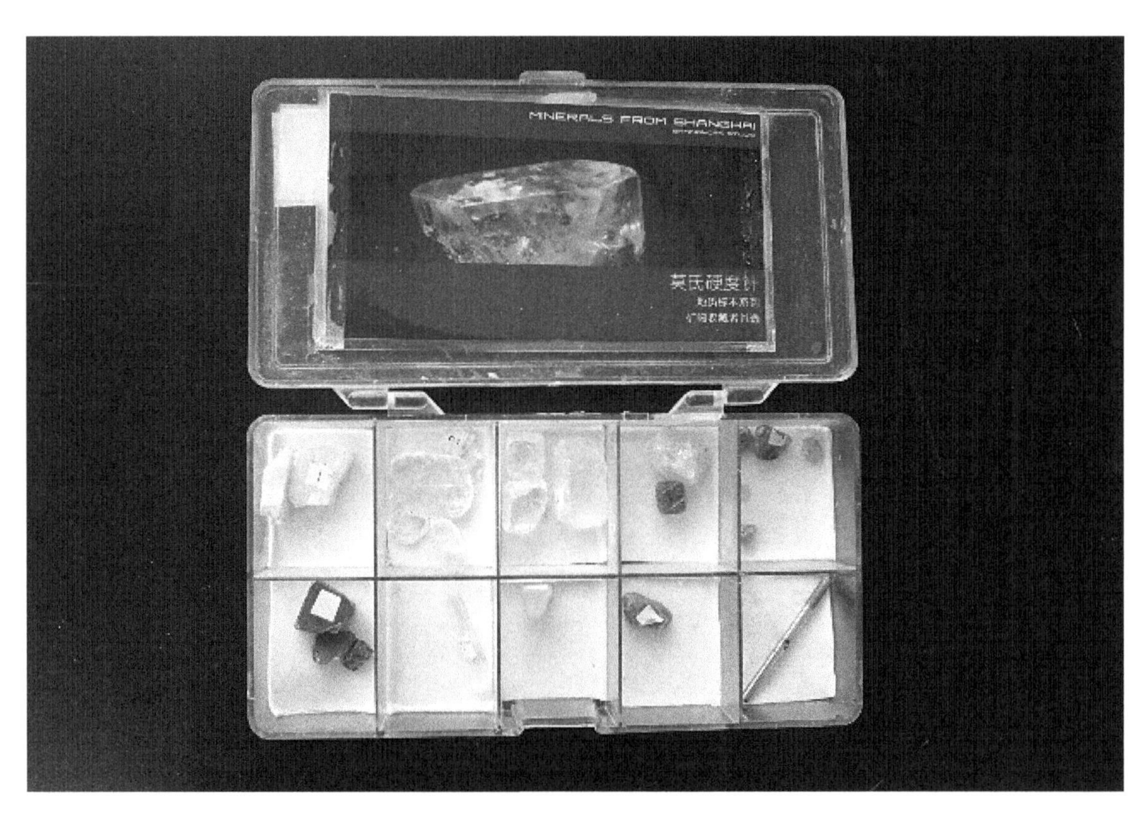

图 2-10　莫氏硬度计

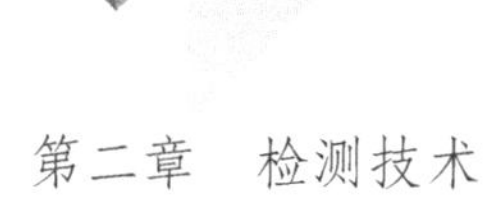

石膏、方解石、萤石、磷灰石、长石、石英、黄玉、刚石、金刚石。

2. 里氏硬度计检测法

里氏硬度计检测法能够反应材料抵抗局部塑性变形的能力，是现代一种应用较广泛的无损检测技术。由于里氏硬度计法的测试原理简单、设备轻巧、换算方便、对被检试样损伤较小的特点，同时满足文物保护“不改变原状、最小干预”的准则。因此，里氏硬度指标的测试在文物保护领域得到广泛应用。

里氏硬度计检测法的基本原理是具有一定质量的冲击体在一定试验力作用下冲击试样表面，测量冲击体距试样表面 1mm 处的冲击速度 VA 与回跳速度 VB，并根据其比值表征试样表面的硬度值 HL。

里氏硬度计测试的具体方法是将标准里氏硬度计的传感器垂直或水平放置在平整的待测区域表面，测试时需将主机上的测试方向模式调整为对应的测试方向。在每部分试验区的 10 个不同位置上各测定一次，取其平均值，并要求两个冲击压痕的中心距离不得小于 4mm，冲击点到测试区域的边界距离不得小于 8mm。

图 2-11　里氏硬度计

（四）抗压强度

依据《文物建筑维修基本材料——青砖》WW/T 0049-2014 及《文物建筑维修基本材料——石材》WW/T 0052-2014 的标准要求，检测抗压强度所需主要设备及仪器为材料试验机（相对误差不大于 ±1%，能均匀加荷，承压板为球绞支座，预期最大破坏载荷在量程的 20% ~ 80% 之间）和钢直尺（精度 1mm）。

测试时，首先将自然干燥状态下的青砖及岩石试样制成规格为 50mm × 50mm × 50mm 的立方体，将待测试样置于承压板上并使试样中轴线与承压板中心重合，以 10kN/s ~ 30kN/s 的速度加载至试样破裂，记录最大破坏载荷 P。抗压强度通过以下公式计算。

$$R_{压} = \frac{P}{lb}$$

式中：

l——受压面长度，单位为 mm。

b——受压面宽度，单位为 mm。

$R_{压}$——抗压强度，单位为 MPa。

P——最大载荷，单位为 N。

同时，也可根据前文中回弹法拟合出材料的抗压强度。

（五）剪切强度

对于长城等砌体而言，需考虑砌体整体的剪切强度及单个青砖的剪切强度，下面将分别介绍砌体及青砖材料剪切强度的测试方法。

1. 青砖抗折强度

依据《文物建筑维修基本材料——青砖》WWT 0049-2014 试验中使用的主要仪器设备和工具，主要为材料试验机及抗折夹具，设备参数如下：

（1）材料试验机：试验机的相对误差不大于 ±1%，能均匀加荷，预期最大破坏荷

载在量程的 20% ~ 80%；

（2）抗折夹具：抗折试验的加荷形式为三点加荷，两支点和压轴均采用直径为 20mm ~ 30mm 的圆柱形轴，其中一支点下端应铰接固定。

先测量每块青砖的宽度和高度，分别求出各个方向的平均值，精确至 1mm。将青砖水平放置，使其自由地支承于两支点上，以进行抗折加荷，青砖两端需与两支点的距离相同，通过压轴向青砖施加荷载，加荷速度需均匀，以每秒 0.5kg/cm^2 为宜，至青砖折断为止。

抗折强度按下式计算，计算结果应精确至 0.1MPa。

$$R_{折}=\frac{3PL}{2bh^2}$$

式中：

$R_{折}$——青砖的抗折强度，单位为兆帕（MPa）。

P——最大破坏荷重，单位为千克（kg）。

L——跨距，两支点间距离，单位为毫米（mm）。

b——砖之计算宽度，单位为毫米（mm）。

h——砖之计算厚度，单位为毫米（mm）。

2. 砌体剪切强度

依据《砌体基本力学性能试验方法标准》GB/T 50129-2011 要求，砌体剪切强度的测试流程如下：

测量试件待测面尺寸，将试件放在铺好两块钢板的试验机下压板上，轻微挪动放置于试验机的轴心处，使得试件的中心与试验机的上、下压板轴心重合，用湿砂找平试件的受压面，以确保试件受力均匀平稳。试件上部受力面放置一块钢板，在钢板与试件的接触面上铺湿沙，以保证受力均匀。匀速加载试件并避免冲击。加载速度宜按试件在 1min ~ 3min 内破坏进行，当有一个被测面出现破坏即认为该试件破坏，并记录试件的破坏特征及最大破坏荷载 Nv。试件加载方式如图所示。

试件沿灰缝截面的抗剪强度 f_v 计算公式为：

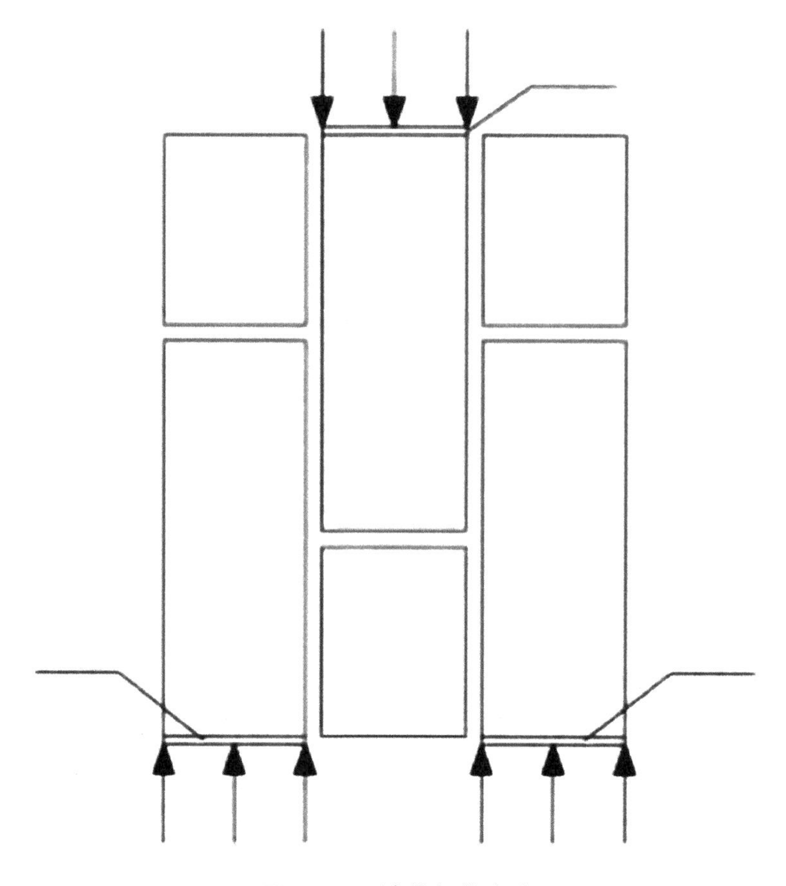

图 2–12　试件加载方式

$$f_V = \frac{N_V}{2A}$$

式中：

f_v——砌体剪切强度，单位为 MPa。

N_v——最大破坏荷载，单位为 N。

A——试件的一个受剪面的面积，单位为 mm^2。

四、病害检测

（一）病害分类与图示

在进行文物的保存状况勘测研究时，对文物表面的病害进行绘制十分重要，在实际勘测中可借助文物表面状态的可视化图片直观地发现文物病害的发育部位及破坏程度，也可更好地分析病害的发育过程及发育原因。因此，文物图示与照片一样，均属于现状记录的重要内容，文物的病害图示为后续的研究、评估及保护等打下了基础。

在进行该项工作时，除记录病害位置外，还需记录曾保护过的区域。需定期观察病害位置，以确定病害的变化过程，从而确定所采用的保护措施的有效性及持续性。

绘制病害图前，通常要研究古建筑的基本档案，以了解建筑信息及修复历史，并根据现有的测绘图片及照片确定测绘范围。测绘位置的选择应具有代表性，且可方便未来持续监测病害的发展。

《馆藏砖石文物病害与图示》GB/T 30688-2014，以及《石质文物病害分类与图示》WW/T 0002-2007 规定了砖石文物病害图的绘制方法、病害种类及病害图例。在进行古建筑的病害图绘制时，应严格按照上述标准规定的病害图例进行绘制。

图 2-13　密云长城某敌台病害图

在对不同的区域测绘时需按照合适的比例进行，通常对于长城的城墙立面及敌台等，可按照 1:50 的比例绘制，当遇到存在花纹等细节丰富的区域，可适当减小比例。

通过所绘制的病害图，确定检测采样点、保护位置、保护措施等工作，病害检测、病害程度量化及病害取样分析时需注意的问题及方法将在后文中介绍。

（二）生物病害检测

生物病害的检测主要包括植物、动物和微生物的检测。植物的根系会破坏墙体结构，导致墙体的力学平衡破坏，且潮湿的墙体往往会附着苔藓，这些植物在生长过程中会对遗址造成部分损坏，因此植物病害的检测包括对草本植物、木本植物及苔藓的检测；在遗址中生存的昆虫如蜘蛛、蚂蚁、甲虫等，在生长、死亡、排泄物分解及巢穴的建造过程中也会对遗迹造成不同程度的破坏，故对动物病害的检测内容应包括各种甲壳类、节肢类、哺乳类等动物；藻类、地衣、霉菌、放线菌等微生物不仅会造成遗址外观的改变，其代谢产生的有机酸还会对遗址造成破坏，且能深入砖石内部，改变砖石颜色。

大部分生物病害均需在遗址现场采样，通过实验室检测确定生物物种。根据标准《石质文物保护工程勘察规范》WW/T 0063-2015 要求，文物生物病害的取样方法及要求如下。

1. 取样

生物病害取样应在肉眼鉴定基础上进行，所取的样品能体现出文物表面典型和非典型生物病害源的特征。可用手术刀、镊子、小钳子和无菌软刷，根据不同病害源生长的特点取样。

微生物病害处的表面尘埃可通过毛刷，收集在无菌滤纸上，然后移至玻璃片或试管内；对于易碎的外壳等，用手术刀撬起易断裂的边缘后提取，对于坚硬的外壳，用手术刀刮取后再从粉末中提取；对于外壳和碎片下的粉末，可用手术刀直接提取。

地衣取样方法取决于其生长的形态、位置和菌体的大小。叶子部分可用手术刀直接采取；表面硬壳部分，先确定粘连部分后用刀尖翘起菌体所在硬壳，以防止其中心部分受损；对于内部硬壳部分，由于该部分菌体已深入至岩石内部，应用手术刀由底层取出地衣层全部厚度的样品。

苔藓及寄生杂草取样时间应选在晚春和夏天，植物生长发育和开花季节。可采取手工结合手术刀的方法。要保证在取样过程中样品的完整性，包括根系在内。

2. 封装

对微生物和地衣类样品应收集在无菌金属片、玻璃片上和试管内，然后用无菌塞子或胶条密封。对苔藓类样品可暂时收集在塑料袋内，如不能在24小时送至实验室，样品需进行干燥处理。

对生物病害的检测目的主要是完成生物类型的种属鉴定。除裸眼标本鉴定外，主要技术方法有生物显微镜检测、分子检测等。

（三）表面病害检测

长城遗址的表面病害主要包括表面风化、断裂、残缺、裂隙等，其中，表面风化又可细分为表面泛盐、表面粉化剥落、表面层状剥落、鳞片状起翘与剥落、孔洞状风化及表面溶蚀，可用下述几种方法对表面病害进行检测。

1. 毛刷检测法

毛刷检测法是用毛刷在测试点内以固定次数刷拭，收集剥落粉末，烘干后测定剥落粉末的重量，从而确定病害程度。通常用中空的正方形卡片固定特定面积的测试点，测试点应随机选择，每个测点应至少选取3个测区。

对于较为平整的测区，卡片的尺寸以10cm×10cm为宜，对于表面不平整的测区，卡片的尺寸以5cm×5cm为宜。毛刷不宜过硬或过软，以防止对文物本体造成破坏或颗粒物取样不完全。每个区域的刷拭次数应一致，以10次为宜。刷拭下的颗粒物须全部收集，可在测试区域下方用容器盛接。

测试结束后，材料表面风化系数$Q_{刷}$可通过比较单位面积的粉末质量来确定。公式如下。

$$Q_{刷}=\frac{G}{S}$$

式中

G——颗粒物质量，单位为 g。

S——刷拭面积，单位为 cm^2。

$Q_{刷}$——毛刷法表面风化系数，单位为 g/cm^2。

测试时需记录被测建筑的方位、检测区域所处建筑部位的高度及病害类型，若存在严重的生物病害也应注明。

用该方法测试时还须注意，不能将不同类别材料的测试结果进行对比，如不能将青砖与岩石的结果相比，因为青砖的质地疏松，本身有一定的粉化倾向，若将两者比较，会造成判断错误。

2. 剥离阻力检测法

剥离阻力检测是一种使用胶带的黏结力作为检测手段的方法。检测方法为将固定面积的胶带从塑料板上延顶端揭开到底端，并以固定的力黏附在石质文物表面，再用夹子夹住塑料板，配合弹簧秤以可拉动胶带的最小拉力均匀地揭下胶带，拉力方向垂直或平行于石材表面，通过测试胶带前后质量差来判断材料表面的风化程度。当测试面为含大量松动颗粒的沙化表面或有生物附生时，应在同一位置重复测量，以获得有效数据。

测试结束后，材料表面风化系数 $Q_{刷}$可通过比较单位面积的粉末质量来确定，公式如下：

$$Q_{剥} = \frac{G}{S}$$

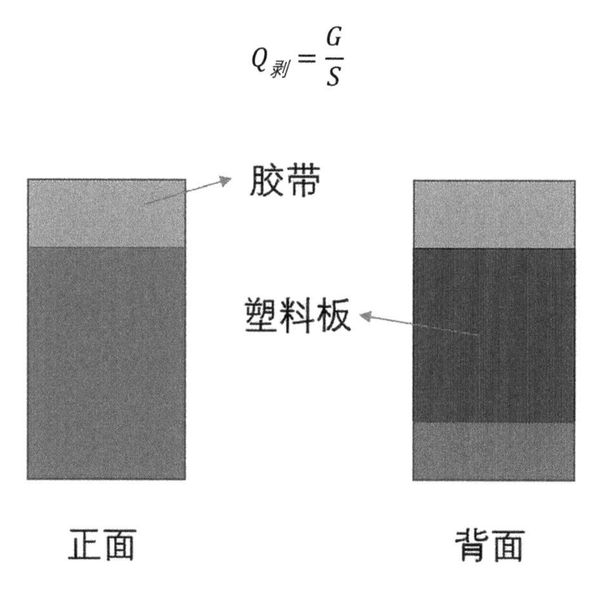

图 2-14　剥离阻力检测胶带

式中：

G——颗粒物质量，单位为 g。

S——胶带面积，单位为 mm^2。

$Q_{刷}$——剥离阻力法表面风化系数，单位为 g/mm^2。

如需测试材料的剥离阻力 W，可通过以下公式进行计算。

$$W = \frac{F}{b}$$

式中：

F——拉力值，单位为 N。

b——胶带宽度，单位为 mm。

W——剥离阻力，单位为 N/mm。

该特征值亦可反映材料的风化程度，剥离阻力越大，材料风化程度越低。

除上述方法外，表面病害的严重程度也可通过表面硬度及宏观、微观形貌判定，表面硬度可使用里氏硬度计法采集，宏观、微观形貌可通过数码摄像机及视频显微镜现场直接观察表面病害，里氏硬度计的使用方法在 2.3.4 中已有介绍。

（四）内部缺陷检测

长城遗址的内部缺陷主要为空鼓，产生原因有两种，一种原因是在建造时产生，另一种原因是砖石在外界环境的影响下产生，目前针对该病害常用的检测方法有红外热成像法、地质雷达法、共振回声探测、内窥镜检测等。下面分别介绍这几种检测方法。

1. 红外热成像

红外热成像检测技术是利用红外敏感材料作为探测器，将物体的热辐射转变为物体表面温度场分布，从而实现快速、非接触地测定物体表面温度。当物体内部存在裂缝或其他缺陷时，将会改变物体的热传导，使物体表面温度分布出现差异，因此可通过温度分布确定建筑材料的内部缺陷位置。

红外热成像仪可通过红外相机检测建筑表面的温度分布情况，并根据分布情况生成温度分布谱图，如下图所示：

在使用红外热成像仪检测时，可自主选择是否使用外加热源。如不使用外加热源，则称为被动式热成像；若使用外加热源，则称为主动式热成像。被动式热成像辐射来源均为外界环境，为保证文物表面充分吸热，使缺陷处与本体的差别明显，因此测试区域宜选择建筑表面日照充足处。由于主动式热成像需要通过外加式热源进行操作，在室外环境下检测时，日照等因素会对测试结果产生一定的影响，因此需在荫庇环境或黑暗环境下进行。

根据标准《石质文物保护工程勘察规范》WW/T 0063-2015 要求，用红外热成像检测技术时应注意如下内容：

修正系数或发射率应按下式确定

$$发射率=\frac{实测值}{标准值}$$

式中：

实测值——红外热像仪测得的温度。

标准值——接触式测温仪测得的温度。

注：由于任何物体都不可能完全没有反射，所以修正系数都会小于 1。

修正系数：高于绝对零度（273.15℃）的任何物体，其物体表面都会发射红外线，

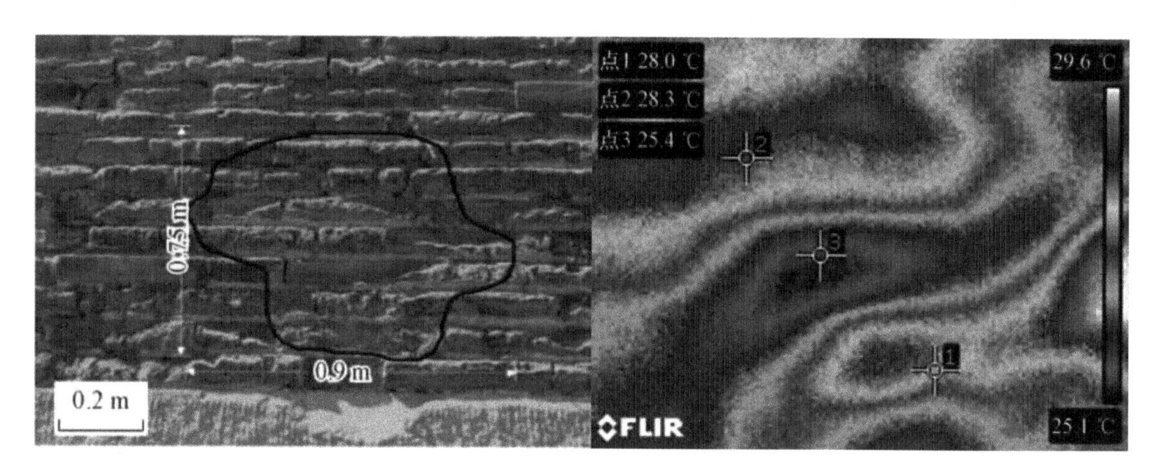

图 2-15　红外热成像仪生成的温度谱图

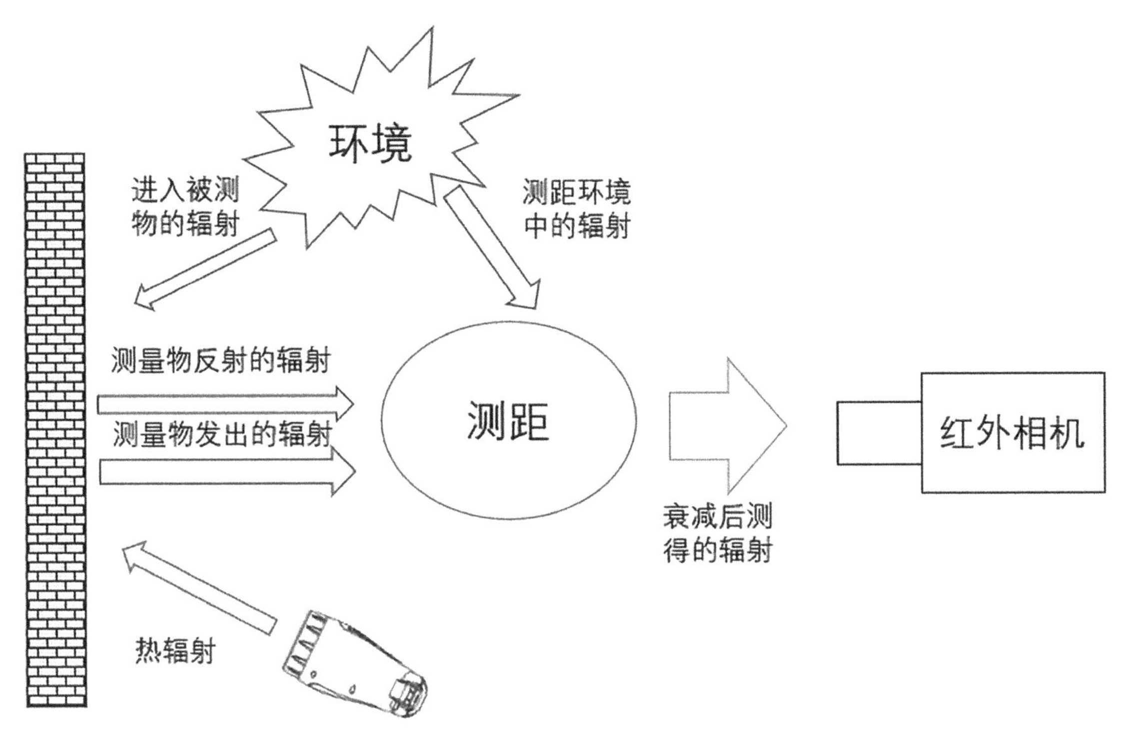

图 2–16　测试过程中的辐射来源及影响因素

温度越高，发射的红外能量越强。据此，红外线测温仪和红外热像仪可测量物体表面温度。

用红外热成像测试时，测试点应尽量选取外观平整的表面，同时排除日照不均匀、周边植被和建筑物阴影等的影响。对于表层含水分布情况，可在距表面 10cm 内直接检测。此方法对宽、深的裂隙，或内部缺陷体积较大的病害有较好的观测效果，但应注意多个内部缺陷重叠现象。检测没有水的内部缺陷需要长时间观察动态图像，测试时间需根据检测对象材质及拟检测深度确定。

红外热成像技术适用于检测岩石表层含水分布情况及岩石浅层且平行于壁面缺陷的分布情况，缺陷类型包括空鼓、平行壁面的风化裂隙和外部载荷裂隙等。当使用主动式热成像方法测量极为脆弱区域的病害时，则应需注意加热脉冲产生的温差不能超过该环境的年温度波动值，以防止对文物本体造成破坏。

2. 地质雷达法

地质雷达法是利用探地雷达发射天线向目标体发射高频脉冲电磁波，利用目标体及周围介质电磁波的反射特性，对目标体内部的构造和缺陷或其他杂质进行探测的一种方法。其工作原理为雷达系统通过天线向地下发射宽频带高频电磁波，由于地下缺陷的存在，电磁波信号在传播时遇到介电差异较大的介质界面时，会发生电磁波的反射、透射和折射。当反射回的电磁波被与发射天线同步移动的接收天线接收后，雷达主机会记录下反射回的电磁波运动特征，再通过信号技术处理，形成全断面的扫描图，通过对雷达图像的判读，判断出地下目标物的实际结构情况。

采用地质雷达检测时，按以下步骤操作：

图 2–17　探地雷达仪

（1）根据拟定的施工方案布设测线。事先在测线上做出测点标记，连续测量时，在测线上铺设皮尺或使用测量轮记录里程。

（2）连接系统各个部件。打开数据采集软件，按照测试前确定的数据采集参数，选择天线种类、设置时窗大小、采样率、增益、滤波参数、雷达记录时间零点、图像显示模式、测量轮分辨率等参数并校准发射子波。

（3）记录数据采集时间、测线编号、测线方向、数据文件名、数据采集参数、测线上的障碍物位置、干扰源位置等信息。

（4）采集数据时，天线沿测线方向匀速移动，同步绘制雷达测线图，标记测线经过的特殊构筑物，并填写管线探测记录表，同类测线的数据采集方向宜一致。在场地

允许的情况下，宜使用天线阵雷达进行网格状扫描，多条测线辅助评定结果。对探测过程中发现的异常要进行重复探测。

（5）当测线长度超过 75m 无特征点时，应在其直线段上增设直线点，以控制目标体走向，个别目标体易于确定的地段直线点间距不得超过 100m。当目标体弯曲时，至少在圆弧起讫点和中点上设置探测点，当圆弧较大时，应适当增设探测点，在进墙、进室和自由边处均应设置探测点。

（6）探测点实地编号均为探测线号 + 目标体代码 + 顺序号。探测点应在实地用油漆或木桩做标记，并在附近明显的地方标注其点号。无法做标记的地方用栓点的方法标明方向和靶距，并画示意图。

不是并列的检测方法 / 是雷达法中的内容

测试完成后需对地质雷达的数据进行处理，数据处理的目标是压制随机噪声和干扰，突出有效信号，提高数据的信噪比。将数据剪切、合并，每一条测线形成一个数据文件。对连续采集的数据进行距离编辑，使每米的扫描数量相同，每米 20 个 ~ 40 个扫描数量合适。

探地雷达的数据处理包括去背景处理、叠加处理、反褶积处理、数据滤波处理。如果目标体回波信号幅度较弱，应对采集的数据进行适当的增益处理，增益方式可选线性增益、平滑增益、反比增益、指数增益、常数增益等。数据处理完成后应对所得的图像进行增强处理，包括振幅恢复，将同一通道不同反射段内振幅值乘以不同权系数，将不同通道记录的振幅值乘以不同的权系数等方法。以突出有效异常为目的，对图像进行色标调节，获得最佳的视觉效果。

3. 共振回声探测棒

共振回声探测棒是一个可伸缩杆，其顶端有一个直径 20mm 的实心不锈钢球。检测时，手持伸缩杆，用不锈钢球轻触待测表面，产生的振动能使空鼓部位中的空气层产生共振，可通过共振传出的声音确定空鼓位置。其作用原理与用手指或实心金属物敲打检测空鼓的原理相同，且用该金属球轻触脆弱表面，不会造成表面的损伤。

由于共振回声探测棒检测法只能通过随机敲击文物表面来确定敲击处是否存在空鼓等病害，因此很容易造成文物表面的空鼓等内部病害漏测的情况。红外热成像可勘测空鼓等病害的具体位置，但在测试病害的具体大小时，可能会与实际情况有较大差异。因此共振回声探测可配合红外热成像检测法使用，即可对空鼓等内部病害有较好

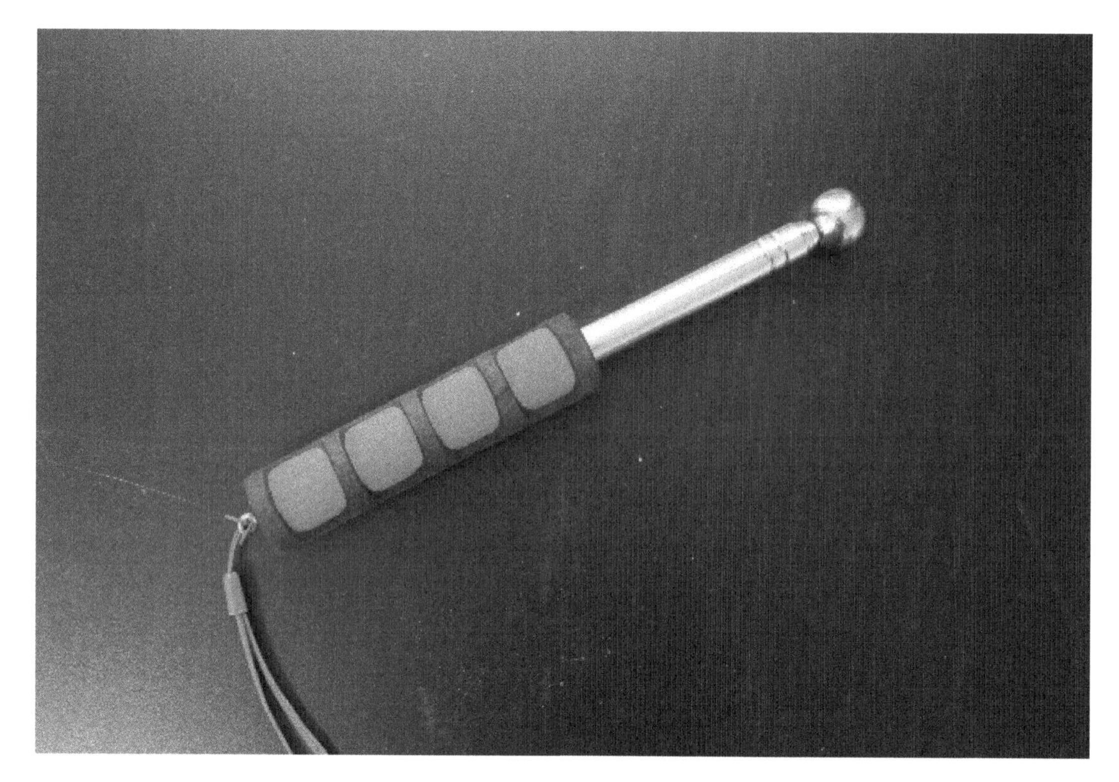

图 2-18　共振回声探测棒

的检测效果。

4. 工业用内窥镜检测

工业用内窥镜（图 2-19）检测是无损检测中目视检测的一种，与其他无损检测方式最大的不同是，它可以直接反映出被检测物体内外表面的情况，而不需要通过数据的对比或检测人员的技能和经验来判断缺陷的存在与否。且在检测的同时，可使用该设备对整个检测过程进行动态的录影记录或照相记录，并能对发现的缺陷进行定量分析，测量缺陷的长度和面积。内窥镜在建筑行业的应用时间较短，较少应用于古建筑的病害检测。但由于其能直观地检测肉眼无法观测区域的内部形貌及状态，因此在古建筑等不可再生的珍贵文物的内部缺陷检测方面有较好的应用前景。

大部分工业内窥镜前端的相机探头可通过操作控制面板实现变换方向测试，测试时根据测试深度的不同也需要更换相应的相机探头。注意在测试古建筑时需将探头插入现有孔洞中，在测试过程中需谨慎操作，以防止对文物造成更大的破坏。

5. 钻入阻抗仪

钻入阻力仪即 DRMS Cordless（图 2-20），是由 SINT Technology 开发的一款便携

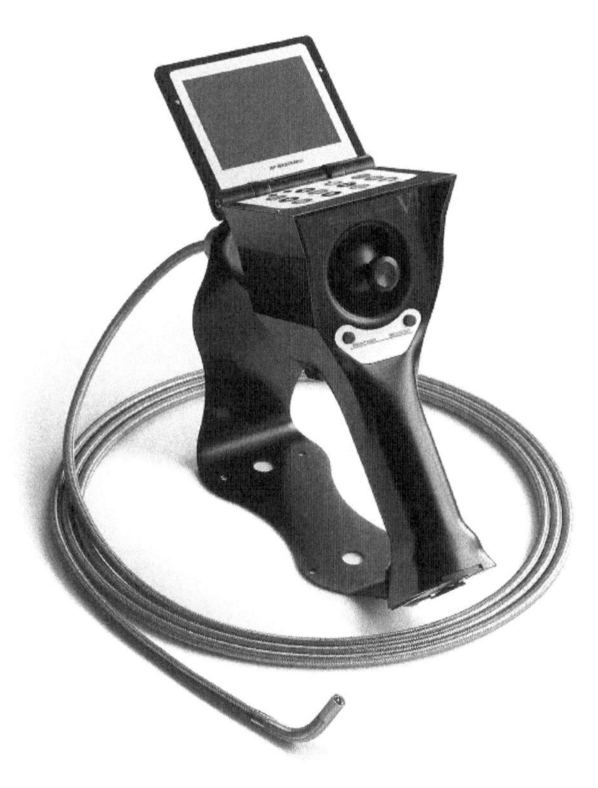

图 2-19　工业内窥镜

式工具，它可持续测量钻孔过程中的钻入阻力，还可实时监测钻头位置、转速、钻进速率。该仪器包含两个电机，保持钻孔过程中转速和钻进速率恒定；内部有测压元件用来测量钻孔过程中的钻入阻力。该仪器通过 USB 与电脑相连，能够实现数据的实时可视化，输出钻入阻力[N]随孔深[mm]的变化曲线图，且所有数据自动储存。

图 2-21 中为五种常用的钻头，按从左到右的顺序将其名称及材质列于表 2，其中最常用的是由 Sint 生产的 Diaber 金刚石钻头，该钻头测得的数据变异性较小。钻孔测试时可选择能买到的任何类型的钻头，但对于同一组测试最好选用相同的钻头，使数据具有可比性。当使用了不同钻头钻孔时，可参考以下方法进行修正使数据具有可比性。

选择一种钻头作为参考钻头，对其他钻头所得数据进行修正。

$$\alpha_n = \frac{DR_n}{DR_m}$$

$$DR'_n = \frac{DR_n}{\alpha_n}$$

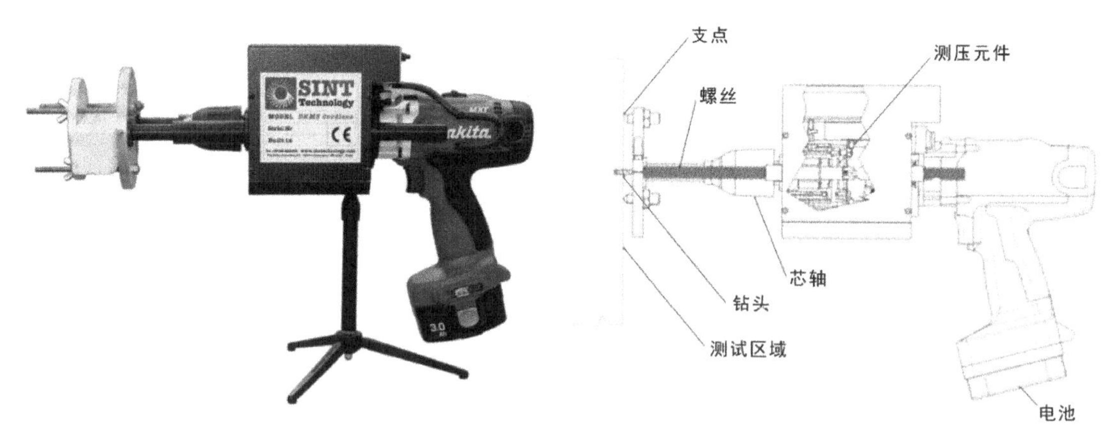

图 2-20　Sint　Technology 生产的钻入阻力仪及结构示意图

图 2-21　五种常用的钻头

式中：

a_n——修正系数

DR_m——参考钻头 m 前两个钻孔的平均值。

DR_n——钻头 n 前两个钻孔平均值。

DR'_n——钻头 n 修正后的钻入阻力。

DR——钻头 n 测得的实际钻入阻力。

表 2-3　中钻头名称及材质

钻头名称	Leonhardt	Tersis PKD	Porzner PKD	Diaber	Fischer SDD
材质	硬钢	金刚石	硬钢	金刚石	硬钢

钻头直径的大小、钻头的转速和钻进速率均会影响钻入阻力值的大小。研究表明：

（1）相同条件下，钻头直径越大，钻入阻力值也会越大。

（2）对于同一钻头，转速恒定时，钻进速率越大，钻入阻力值越大。

（3）对于同一钻头，钻进速率恒定时，转速越快，钻入阻力值越小。

对于大多数岩石，均可采用 5mm 钻头进行试验。但当岩石强度高，如花岗岩等，为了避免产生过高的钻入阻力（> 100N），可选择 3mm 钻头进行钻孔测试；当岩石强度较低时，为了提高钻入阻力值，可以选择 7mm 或 10mm 钻头。

对于同一种岩石，如果要比较不同直径钻头的钻入阻力，可以采用以下方法：

$$DR_i=\frac{DR_m}{d}$$

式中：

DR_i——具有可比性的钻入阻力，单位为牛每 mm（N/mm）。

DR_m——不同直径钻头实际测得的钻入阻力，单位为牛（N）。

d——钻头直径，单位为毫米（mm）。

除了选择直径不同的钻头，还可根据岩石的岩性对转速和钻进速率进行调整。古建黏土砖由软质材料组成，但其中包含硬度大的碎石或砂粒，所以在设置参数时，既要提高黏土砖的低钻入阻力，又要避免较硬的砂粒或碎石的钻入阻力超出测量限度，转速和钻进速率可采用仪器的默认值 600rpm、10mm/min。

由于钻孔测试一般沿水平或竖直方向进行，钻孔过程中产生的岩石碎屑不能及时排出孔外。因此随着钻孔深度的增加，孔内碎屑逐渐积累产生堆积效应，使钻孔深部的钻入阻力值有所增加。对于 10mm 深的钻孔，为了消除堆积效应对钻入阻力的真实值的影响，一般可忽略钻孔底部 1mm ~ 2mm 的数据，采用 2mm ~ 8mm 深度区间的钻入阻力来计算平均钻入阻力。

可采取先导孔与吹入压缩空气相结合的方法，或直接吹入压缩空气的方法，将孔内的碎屑吹出。所谓先导孔就是在已有的钻孔上钻孔，如先用 3mm 钻头钻一个孔，再用 5mm 钻头在 3mm 孔上钻孔，但先导孔会使测得的钻入阻力显著下降。

（五）裂缝检测

长城由于长时间受到环境侵蚀及应力作用，本体往往有许多裂隙，需对这些裂隙的宽度、走向及深度进行测试，以确定是否会对文物本体的结构安全造成危险。目前通常使用便携式视频显微镜和裂缝测试仪来确定裂缝的宽度及走向，使用非金属超声波探测仪确定裂缝深度。

便携式视频显微镜又名手持式视频显微镜或手持式显微镜，其只有手掌大小、便于携带且本身带有一个可观测的液晶屏幕；它是将显微镜观察到的实物图像通过数模转换，直接成像在显微镜屏幕上而无须通过计算机成像（也可通过 USB 接口与计算机连接成像）。该显微镜的优点是可清晰、直观地获取文物本体裂缝的宽度、走向及裂缝形状。

裂缝测试仪是利用光学成像原理，直接通过目镜读取裂缝宽度及裂缝走向的仪器，操作方便但无法成像。

超声波检测的基本原理在上文已有介绍，通常采用平测法对裂隙的深度进行测试。平测法需先在裂缝同侧，固定发射换能器，间隔相同距离安置三次接受换能器，根据下式计算回归系数。

$$l = a + b \times t_i$$

式中：

l——测距，单位为厘米（cm）。

t_i——测距对应的声时，单位为微秒（μs）。

a，b——回归系数。

再将发射换能器和接收换能器置于裂缝两侧，测出两换能器的间距 l 和声时 t'，根据下式计算裂隙平均深度。

$$h = \frac{l_i}{2} * \sqrt{\left(t'_i * \frac{b}{l_i}\right)^2 - 1}$$

式中：

l——两换能器的间距。

t'——两换能器间测距对应的声时。

（六）变形检测

由于受重力、地基塌陷及环境因素的影响，长城会发生沉降、坍塌、倾斜、鼓胀等整体缺陷，这些缺陷可通过铅锤、全站仪或三维激光扫描仪等仪器进行观测。

1. 铅锤仪

铅锤仪分为普通的铅锤及激光铅锤仪两种，普通的铅垂仪是由一根很轻的线与线的一端挂着的一块铅块组成，铅块成倒圆锥体，受重力作用，铅垂悬挂后竖直向下指向地面，被测物体通过与铅垂线比较后，可确定被测物体的变形情况。

激光铅垂仪是一种专用的铅直定位仪器，适用于高层建筑物、烟囱及高塔架的铅直定位测量，其基本构造主要由氦氖激光管、精密竖轴、发射望远镜、水准器、基座、激光电源及接收屏等部分组成。

激光铅垂仪的投测方法如下：

（1）在地面安置激光铅垂仪，利用激光器底端（全反射棱镜端）所发射的激光束对中，通过调节基座整平螺旋，使水准器气泡严格居中。

（2）在待测建筑顶端放置接受靶。接通激光电源，启辉激光器发射铅直激光束，通过发射望远镜调焦，使激光束会聚成红色耀日光斑，投射到接受靶上。

（3）移动接受靶，使靶心与红色光斑重合，固定接受靶，靶心位置即为轴线控制点在该楼面上的投测点。

2. 全站仪

全站仪是一种集光、机、电及精密技术于一体的先进测量仪器，同时具备光学经纬仪和电子测距仪的相关功能。它的主要工作原理是通过两个或多个已知点的坐标，在仪器内部输入预先设定的三维坐标系，然后通过不同的测站，测得不同的点在该坐标系内的坐标（X，Y，Z），然后存储在仪器内，最终导入到CAD中获得一个统一坐标系下点的分布图，进而对建筑物的整体状况进行分析。

由于仪器的品牌、型号均有相应的测试方法，本部分不对该仪器的使用方法进行详细说明，具体的使用方法参照所用仪器的使用说明书。

3. 三维激光扫描仪

三维激光扫描系统由扫描仪、控制中心和电源组成。三维激光扫描仪的测量介质是自身发射的一组激光束，该系统包括激光测距系统和激光扫描系统，仪器以极高的速度发射激光束，按照一定的顺序扫描观测的区域，然后返回包括距离、天顶距、斜距和反射率等信息，通过这些信息，仪器便可计算出被测物体上某一点的三维坐标信息。通过对采集到的所有坐标信息进行排列整理，即可得到点云，在利用时可通过提取点云上的坐标信息对目标区域进行形变分析，或利用点云进行目标区域的三维建模等，从而达到监测形变的目的。

该仪器不同型号的测试方法均有所不同，本部分不对该仪器的使用方法进行详细说明，具体的使用方法参照所用仪器的使用说明书。

由于可实现毫米级高精度的几何信息采集，三维激光扫描已广泛运用于古建筑保护与数字化领域，特别是不可移动文物的数字信息采集和病害分析。三维激光扫描也适用于长城的数字化记录、数字档案的制作，且可通过数据发掘和解读进一步分析其外部病害位置、病害类型及病害程度，包括墙体坍塌、开裂、空鼓、风化甚至表面水侵蚀等多种病害。

可用于长城的三维激光扫描仪主要可分为地面三维激光扫描仪及移动三维激光扫描仪，如下表，两者各有特点，地面三维激光扫描设备的精度更高，常用精度范围可达到1mm–6mm，可保证高精度、更为精确地获取长城信息。移动三维激光扫描仪多用于车载或无人机载，其特点在于获取信息速度更快，移动更高效且不受场地条件制约，但常用精度范围在厘米级别，低于地面扫描设备，因此多用于长距离、大范围的长城信息采集和巡查工作，也可用于地形陡峭或植被茂盛无法进行地面三维激光扫描设备布设的长城位置。

表 2-4　文物建筑三维信息采集仪器配置

设备类型	适用采集对象	适用采集范围	设备常用精度范围	主要仪器设备
地面三维激光扫描设备	建筑、构件	单体建筑、院落、街区等	1mm–6mm	地面三维激光扫描仪等
移动三维激光扫描设备	建筑	单体建筑、院落、街区等	10mm–50mm	车载雷达、机载雷达设备等

地面三维激光扫描设备操作流程包括站位布设、数据采集、色彩纹理采集、数据处理。采取的扫描方式可分为：近距离扫描和远距离扫描，近距离扫描多用于采集长城的细部，远距离扫描多用于采集长城的外轮廓、城墙顶部或近距离工作面受到坡度陡峭、植被过于茂盛等条件限制无法实施的情况。

1. 近距离扫描

站位点选择在被测长城目标 3m ~ 5m 的距离，激光入射角小于 30°；将扫描仪高度控制在 1.5m ~ 1.7m 左右，在站位点上原地旋转 360° 扫描，可视范围即为扫描仪可扫描到的内容。

将扫描仪水平放置在测量点上，新建工程项目，扫描仪精度调整为 10m 距离激光点间距 12mm（保留以测量点为圆心 5m 内的数据，数据质量高，有利于后期处理时控制精度，使其误差缩小），颜色调整到“平均测光加权”，其他设置“默认”即可，确认以上内容无误后，开始扫描。

扫描结束后，次站位点设计在上一站位点可视范围内约 5m，与上一站可视范围内有 70% 相似的空间（扫描数据点的点云重叠度不小于 60%，有利于后期处理数据时控制数据精度），依次布站并覆盖整个扫描区域。

2. 远距离扫描

站位点设在距离被测长城目标 10m ~ 30m 的距离，激光入射角小于 30° ；将扫描仪高度控制在 1.5m 以上，站位点上原地旋转 360° 扫描，可视范围即为扫描仪可扫描到的内容。

将扫描仪水平放置在测量点上，新建工程项目，扫描仪精度调整为 10m 距离激光点间距 3mm，颜色调整到“平均测光加权”，其他设置“默认”即可。确认以上内容无误后，开始扫描。

扫描结束后，次站位点设在上一站位点可视范围内 10m，与上一站可视范围内有

70% 相似的空间，依次布站并覆盖整个扫描区域。

3. 站位布置

三维激光扫描适用于有完整性及高精度需求的文物建筑数字化存档、数字化保护、科学研究、文化传播等。

站位布置应遵照以下要求：

（1）完整覆盖采集目标区域。

（2）站位宜分布均匀。

（3）测距距离宜小于 20m，激光入射角小于 30°。

站位数量的大体计算以实际情况为基准，以长城为例：

计算方式为：长城长度 /5m（近距离扫描）+ 长城两侧长度 /5m（近距离扫描）+ 敌台顶端 9 站（近距离扫描）+ 敌台 4 个面 8 站 – 理论上无法布设的站 + 针对残损的扫描（远距离扫描）+ 用于连接的过渡站 = 总站数

因此约 100m 长度的长城墙体有 1 处敌台 4 处残损的理论情况为 20 站 +40 站 +9 站 +8 站 –48 站（长城两侧和敌台四个面因陡峭无法站人）+4 站 +4 站 =37 站。

数据处理 / 拼站方法：扫描完的站位称之为扫描站，回到内业，将扫描站采用专业的三维软件处理，让程序识别扫描数据，之后打开自动拼接，等到至少 70% 的数据拼接完成，把剩下没有拼上的数据按照三点拼接法拼上，就是完整的点云模型。

（4）精度保持：因为扫描仪精度调整为 10m 激光点间距 12mm，两个站位点之间可视范围内 5m，两个站位点之间点云重叠度不小于 60%。

扫描方式采用闭合路径设计进行平差处理。在数据处理后，点密度≥每 $mm^3$3 个点，点平衡≥ 70%，点重叠≥ 60%，参照《文物建筑三维信息采集技术规程》DB11/T 1796–2020，清理掉以测量点为圆心 7m 外的数据，将会得到尺寸中误差≤ 1mm 的数据。

（5）精度要求：为了后期的数据留存和数据分析，点云模型最后的点误差会控制在≤ 0.2mm，点云模型尺寸误差会控制在≤ 1mm。

为了数据的完整性，最后点云数据的点密度≥每 $mm^3$3 个点，点平衡≥ 70%，点重叠率≥ 60%。

4. 无人机

带有摄像头的高精度航测无人机，是一种主要面向低空的摄影测量，具备厘米级

导航定位系统和高性能成像系统的摄影成像系统，无人机外业数据采集效率约为传统人工作业方式的 5 至 10 倍，设备成本低，操作简单，高度自动化操作让测绘单位降低投入，提供 DOM、DSM、实景三维模型等测绘成果，满足多种需求。它一般使用 1 英寸 2000 万像素或以上的 CMOS 传感器捕捉高清影像，机械快门支持高速飞行拍摄，能够消除果冻效应，有效避免后期建图的精度降低。

无人机根据航测场景不同，分为多旋翼无人机和固定翼无人机等类型。无人机针对不同地形区域，提供了航点飞行、航带飞行、摄影测量 2D、摄影测量 3D、仿地飞行、大区分割等多种航线规划模式。

无人机倾斜摄影可用于长城数字化信息采集，高效且精度高，这使它具有与移动式无人机、三维激光扫描同样的优点，更有着造价成本比移动式三维激光扫描更低，且可直接生成 3D 模型而不是点云模型的优势，倾斜摄影成果也可与精度更高的地面三维激光扫描点云成果进行共同平台的拼接处理。

在面对长城关隘、卫所等小区域块状平整地形，如需得到地形信息，可使用摄影测量 2D 模式进行数据测量，具体测试方法如下：

（1）选定区域范围，并设定飞行高度和速度。

（2）进行照片重复率设置，根据航测需求调整航线横向重复率，纵向重复率。

（3）调整边距，进行边框范围的缩放设置；调整照片比例，根据环境进行白平衡设置，调整镜头角度。

启动无人机进行摄影测量工作。

在面对长城关隘、卫所等小区域块状平整地形上的城墙或建筑物，如需得到地形和建筑物立体信息，可使用摄影测量 3D 模式，高效构建实景三维模型，直观反映地貌与建筑信息，辅助设计人员进行科学规划，具体测试方法如下：

（1）选定区域范围，并设定每一条航线的飞行高度和速度。

（2）进行照片重复率设置，根据航测需求调整每一条航线横向重复率，纵向重复率。

（3）调整每一条航线边距，进行边框范围的缩放设置。

（4）调整每一条航线照片比例，根据环境进行白平衡设置，无须调整每一条航线镜头角度。

（5）启动无人机进行摄影测量工作。

如需得到长城城墙所处不规则条状地形信息，可使用航点飞行模式，将 2D、3D 模型与多种测绘成果结合，集成地理、现状、规划等多重信息，让长城保护规划工作更高效便捷，具体测试方法如下：

（1）依照区域范围，设定飞行关键航点，并设定每一个飞行关键航点的相关操作，如飞行高度和速度。

（2）进行照片重复率设置，根据航测需求调整航线横向重复率，纵向重复率。

（3）依照区域范围调整测绘区域边距，进行边框范围的缩放设置。

（4）调整照片比例，根据环境进行白平衡设置，调整镜头角度。

（5）启动无人机进行摄影测量工作。

面对长距离、大范围的长城信息采集，可使用航带飞行模式，对复杂场景进行精准还原，结合多种地理信息进行全面分析，直观展示规划效果：

（1）选定长城的长度和分布方向，并设定航线的飞行高度和速度。

（2）进行照片重复率设置，根据航测需求调整航线横向重复率，纵向重复率。

（3）调整航线边距，进行边框范围的缩放设置。

（4）调整航线照片比例，根据环境进行白平衡设置，无须调整航线镜头角度。

（5）启动无人机进行摄影测量工作。

如需得到长城城堡等大区域块状平整地形和建筑物（如北京的岔道城、沿河城等）信息可使用单机或多机大区分割模式，高效构建实景三维模型，直观反映地貌与建筑信息，辅助设计人员进行科学规划。

（1）大区分割可根据需求设置，将一个大的测区切割为多个小区块，将整个测区作为一个整体进行航线规划和航线切割，以保证航线整体的衔接性。

（2）基于先进的多机集群管理功能，使用“大区分割”进行“一控多机”作业时，飞行器会自动相互同步自身位置，各飞机会按照设定的任务“各司其职”，完全无须担心飞机之间发生碰撞。在一控多机模式下，每台无人机都能收到精准的 RTK 定位信息。

（3）在大区分割航线规划时，可设置飞行高度、飞行速度、拍摄模式、完成动作、相机设置、重叠度等参数，并支持参数设置对所有子任务生效，航线规划方便、高效、一致。

面对固定区域内的相关信息的定期巡航，只需要在预定时间内到达测绘区域，读

取之前已经保存的飞行测绘记录，就可以启动无人机，依照同样的航线和设定进行相关测绘。

测试目标要求实景三维模型成果满足精度较严格的测图规范，为了能与地面三维扫描仪的数据结合，需要进行如下操作。

（1）像控点布设及测量。依据项目基础资料和要求，参照地图显示，考虑实际布点可行性，预做像控点的布设方案。像控点采用的是打印好的 X 型图案，并在每张控制点上添加编号，方便内业刺点。在测量像控点的同时，记录点信息，采用控制点测量的方式对像控点进行平滑采集。

（2）航线规划。好的航线设计，是外业飞行数据高质量的关键之一，常用方法为导入设定好的 KML 文件，以进行飞行航线的规划和飞行参数的设置。

（3）飞行的模式，主要采用摄影测量 3D 作业方式。

（4）影像数据空三计算，将照片和 POS 数据导入三维建模软件，提交空三计算。空三计算通过后，加入像控点坐标数据，进行相片刺点，再次提交空三计算。

（5）将三维扫描仪获取的相位点信息，与空三计算后获得的相位点信息相对应，即可将无人机数据与扫描数据相结合，达到空地一体的数据整合方案。

以蟠龙山长城航测为例，当测绘作业场景地形复杂，高低落差较大时，特别测区内高低点相对落差在 20m 左右，长城整体出现较为严重的风化，长城烽火台部分墙体出现沉降偏移等病害。常规的摄影测量 2D 功能，无法保证整个测区获得一致的地面分辨率，进而无法得到准确的墙体信息。因此采用仿地飞行模式与摄影测量 3D 模式相结合，可以保证飞行器按照设定的高度进行仿地飞行，不受高程变化限制，从而得到准确的地面信息和墙体信息。首先，初步设定 2D 扫描航线模式，并在测区内的空旷区域设置多处 30cm × 30cm 的正方形标靶板，以验证 smart3D 三维建模的精度，只有用软件对模型内的标靶板测量且数据与实际标靶尺寸相同时，才能确定三维模型的尺寸是等比例尺寸，利用该方法可提高测绘精度。通过后处理软件计算获得航测区内具体地形高差，据此使用仿地航线模式进行航区规划，选择具体航区范围，并根据具体要求设置“高度”、“速度”、“仿地精细度”等相关参数。利用 GPS 定位可使每张相片具有 pos 数据，在对该区域仿地飞行之后，获取测区内不同角度的垂直摄影影像资料；再进行摄影测量 3D 模式操作后，获取测区内不同角度的倾斜摄影影像资料，将这些相片导入三维建模处理软件中，进行控三计算及三维建模，生成 3MX 格式模型文件，通过对前期放在样地内的标志点进行测量，校准航测的尺寸为标准尺寸，精确度可以提升到mm级。利用该模型可为长城修复保护及精确测量提供数据支持。

最终通过三维激光扫描获得的数据，与摄影建模数据相结合，获得更为精确的尺寸数据。

（七）振动检测

根据《古建筑防工业振动技术规范》GB/T 50452–2008 规定，检测并评估工业振动对古建筑结构的影响，步骤如下：

（1）调查古建筑和工业振源的状况。

（2）测试弹性波在古建筑结构中的传播速度。

（3）计算或测试古建筑结构的速度响应。

（4）确定古建筑结构的容许振动标准。

（5）综合分析提出评估意见。

其中，状况调查和资料收集应包括下列内容：

（1）工业振源的类型、频率范围、分布状况及工程概况。

（2）古建筑的修建年代、保护级别、结构类型、建筑材料、结构总高度、底面宽度、截面面积等及有关图纸。

（3）工业振源与古建筑的地理位置、两者之间的距离及场地土类别等。

古建筑结构速度响应的计算或测试，当计算值和测试值不同时，应取两者的较大值。

古建筑结构的容许振动标准，应根据所调查的结构类型、保护级别和测得的弹性波传播速度确定。

1. 弹性波传播速度测试

弹性波传播速度测试采用非金属超声检测分析仪，其声时测读精度不得低于0.1μs。测试方法采用平测法，平测法具体的测试方法在前文中已有介绍。与之前测试方法不同的是，砖石结构的弹性波传播速度的测试要求如下：

（1）测试砖石砌体的纵波传播速度。

（2）测点应布置在承重墙底部和拱顶，以及风化、开裂、鼓凸处；每层测点不应少于10个，测距宜选择400mm ~ 600mm。

测试时每处测点应改变发射电压，读取 2 次声时，取其平均值为本测距的声时。对于声时异常的测点，须测试和读取 3 次声时，读数差不宜大于 3%，以测值最接近的 2 次平均值作为本测距的声时。

测距除以平均声时为该测点的传播速度，所有测点的平均传播速度即为该古建筑结构的弹性波传播速度。

2. 古建筑结构速度响应计算

长城的敌台、城墙与钟鼓楼、宫门的结构相似，因此本部分借鉴古建筑砖石钟鼓楼、宫门等结构的结构动力特性和响应的计算进行。

在进行古建筑结构动力特性和响应的计算之前，应首先进行建筑的调查和资料的收集，确定计算简图及相关数据。当建筑结构对称时，可按任意主轴水平方向计算；当建筑结构不对称时，应按各个主轴水平方向分别计算。

古建筑砖石钟鼓楼、宫门（图 2–22）的水平固有频率应按下式计算：

$$f_j = \frac{1}{2\pi H}\lambda_j\varphi$$

式中

f_j——结构第 j 阶固有频率（Hz）。

H——结构计算总高度（台基项至承重结构最高处的高度）（m）。

λ_j——结构第 j 阶固有频率计算系数，按下表选用。

φ——结构质量刚度参数（m/s），取 230。

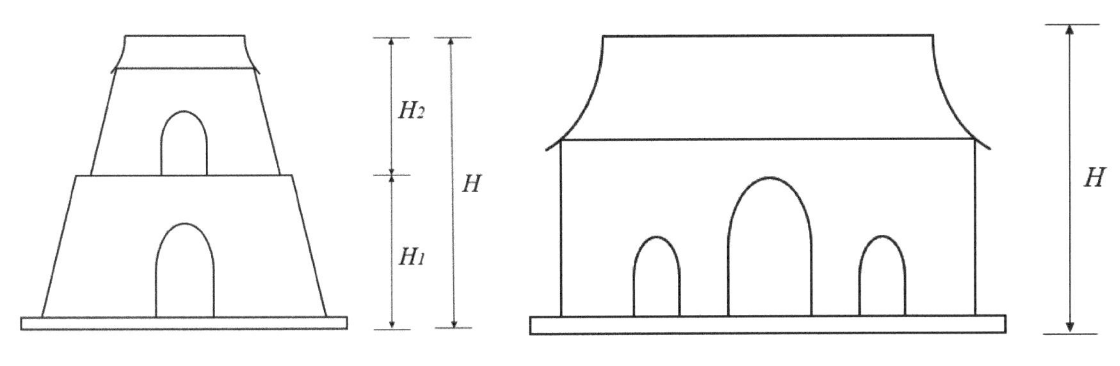

图 2–22　砖石钟鼓楼、宫门结构

左　钟鼓楼；右　宫门

表 2-5　砖石钟鼓楼、宫门的固有频率计算系数

H2/H1	A2/A1	0.2	0.4	0.6	0.8	1.0
0.6	λ_1	2.178	1.958	1.798	1.673	1.571
	λ_2	4.405	4.528	4.611	4.669	4.712
	λ_3	7.630	7.704	7.763	7.813	7.854
0.8	λ_1	2.272	2.002	1.818	1.680	1.571
	λ_2	4.068	4.322	4.491	4.616	4.712
	λ_3	8.269	8.122	8.012	7.925	7.854
1.0	λ_1	2.300	2.012	1.824	1.682	1.571
	λ_2	3.982	4.268	4.460	4.601	4.712
	λ_3	8.582	8.296	8.107	7.965	7.854

注：1. H_1 为台基顶至第一层台面的高度（m），H_2 为第一层台面至承重结构最高处的高度（m），H 为 H_1 与 H_2 之和；A_1 为第一层截面周边所围面积（m^2），A_2 为第二层结构截面周边所围面积（m^2）;

2. 当 $H_2/H_1 > 1$ 时，按 H_1/H_2 选用；

3. 对于单层结构，A_2/A_1 取 1.0。

古建筑砖石结构在工业振源作用下的最大水平速度响应可按下式计算：

$$V_{max} = V_r\sqrt{\sum_{j=1}^{n}\left[\gamma_j\beta_j\right]^2}$$

式中

V_{max}——结构最大速度响应（mm/s）。

V_r——基础处水平向地面振动速度（mm/s），按 2.4.7.5 地面震动传播和衰减计算得到。

n——振型叠加数，取 3。

γ_j——第 j 阶振型参与系数，按表 2-6 选用。

β_j——第 j 阶振型动力放大系数，按表 2-7 选用。

表 2-6　砖石钟鼓楼、宫门的振型参与系数

H_2/H_1	A_2/A_1	0.2	0.4	0.6	0.8	1.0
0.6	λ_1	1.686	1.494	1.388	1.321	1.273
	λ_2	−0.931	−0.706	−0.579	−0.489	−0.424
	λ_3	0.386	0.341	0.306	0.277	0.255
0.8	λ_1	1.875	1.533	1.410	1.327	1.273
	λ_2	−1.064	−0.731	−0.578	−0.487	−0.424
	λ_3	0.414	0.351	0.309	0.278	0.255
1.0	λ_1	1.944	1.570	1.416	1.329	1.273
	λ_2	−1.122	−0.740	−0.579	−0.486	−0.424
	λ_3	0.522	0.382	0.318	0.281	0.255

注：1. H_1 为台基顶至第一层台面的高度（m），H_2 为第一层台面至承重结构最高处的高度（m），H 为 H_1 与 H_2 之和；A_1 为第一层截面周边所围面积（m^2），A_2 为第二层结构截面周边所围面积（m^2）；

2. 当 $H_2/H_1>1$ 时，按 H_1/H_2 选用；

3. 对于单层结构，A_2/A_1 取 1.0。

表 2-7　动力放大系数 β_j

f_r/f_j	0	0.3 ~ 0.8	1.0	1.4 ~ 1.9	2.3 ~ 2.8	3.3 ~ 3.9	≥ 5.0
β_j	1.0	5.0	7.0	4.5	3.0	2.0	0.8

注：1. f_r 值可按下表确定选用。

2. f_r/f_j 当介于表中数值之间时，β_j 采用插入法取值。

表 2-8　地面振动频率 f_r（Hz）

振源	土类	Vs（m/s）	距离 r（m）								
			10	50	100	200	400	500	700	800	1000
火车	黏土	140 ~ 220		7.38	6.90	6.50	6.20	6.00	5.90	5.80	5.70
	粉细砂	150 ~ 200	—	5.80	5.30	4.90	4.50	4.30	4.20	4.10	4.00
	淤泥质粉质黏土	110 ~ 140	—	6.70	5.90	5.20	4.50	4.40	4.10	4.00	3.80
汽车	细粉砂	150 ~ 200	—	7.10	5.90	5.90	4.20	—	—	—	—
地铁	黏土	140 ~ 220	13.40	12.50	12.40	12.30	12.20	—	—	—	—

续 表

振源	土类	*Vs*（m/s）	距离 r（m）								
			10	50	100	200	400	500	700	800	1000
城铁	黏土	140 ~ 220	—	13.65	10.95	10.85	10.50	—	—	—	—
强夯	回填土	110 ~ 130	—	7.56	6.23	5.19	4.25	3.97	3.61	—	—

注：*Vs*——弹性横波传播速度

3. 古建筑结构动力特性和响应测试

古建筑结构动力特性和响应的测试，当建筑结构对称时，可按任意一个主轴水平方向测试；当建筑结构不对称时，应按各个主轴水平方向分别测试。

测试方法

古建筑结构动力特性和响应的测试应符合下列要求：

（1）测试仪器应满足低频、微幅的要求，其低频起始频率不应高于 0.5Hz，测振系统的分辨率不应低于 10^{-6}m/s。

（2）测试仪器应在标准振动台上进行系统灵敏度系数的标定，并给出灵敏度系数随频率的变化曲线。

（3）动力特性需在脉动环境下测试，结构响应需在工业振源环境作用下测试；测试时需排除任何机、电、人为干扰和一级以上风的影响。

（4）传感器需固定在被测结构构件上，测线电缆应与结构构件固定在一起，不得悬空。

（5）测试时应详细记录测试日期、周边环境、风向风速、测试次数、记录时间、测试方向、测点位置、各测点对应的通道号、传感器编号、放大倍数及标定值、各通道的记录情况等。

（6）低通滤波频率和采样频率应根据所需频率范围设置，采样频率宜为 100 ~ 120Hz；记录时间每次不应少于 15min，记录次数不得少于 5 次。

测试古建筑砖石结构的水平振动，结构动力特性测点宜布置在各层平面刚度中心或其附近。

测试古建筑砖石结构的水平响应，结构响应测点应沿两个主轴方向分别布置在承重结构的最高处。

数据分析前，应对实测原始记录信号去掉零点漂移和干扰，并对电信号干扰进行带阻滤波，处理波形的失真。

古建筑结构动力特性应按下列方法确定：

（1）对处理后的记录进行自功率谱、互功率谱和相干函数分析，同时加指数窗，平均次数宜为 100 次左右。

（2）结构固有频率和振型应根据自功率谱峰值、各层测点间的互功率谱相位确定，测点间相干函数不得小于 0.8。

（3）模态阻尼比可由半功率带宽法确定。

古建筑结构响应应分别按同一高度、同一方向各测点速度时程最大峰值的一半确定，并取 5 次的平均值。

4. 古建筑砖结构容许振动标准

古建筑砖结构的容许振动速度如下表所示。

表 2–9　古建筑砖结构的容许振动速度 [v]（mm/s）

保护级别	控制点位置	控制点方向	砖砌体 V_p（m/s）		
			＜ 1600	1600 ~ 2100	＞ 2100
全国重点文物保护单位	承重结构最高处	水平	0.15	0.15 ~ 0.20	0.20
省级文物保护单位	承重结构最高处	水平	0.27	0.27 ~ 0.36	0.36
市、县级文物保护单位	承重结构最高处	水平	0.45	0.45 ~ 0.60	0.60

注：当 Vp 介于 1600 ~ 2100 之间时，[v]采用插入法取值。

表 2–10　古建筑石结构的容许振动速度 [v]（mm/s）

保护级别	控制点位置	控制点方向	石砌体 V_p（m/s）		
			＜ 2300	2300 ~ 2900	＞ 2900
全国重点文物保护单位	承重结构最高处	水平	0.20	0.20 ~ 0.25	0.25
省级文物保护单位	承重结构最高处	水平	0.36	0.36 ~ 0.45	0.45
市、县级文物保护单位	承重结构最高处	水平	0.60	0.60 ~ 0.75	0.75

注：当 Vp 介于 2300 ~ 2900 之间时，[v]采用插入法取值。

5. 地面振动传播和衰减的计算

根据《古建筑防工业振动技术规范》GB/T 50452-2008 规定，地面震动传播和衰减的计算如下：

距火车、汽车、地铁、打桩等工业振源中心 r 处地面的竖向或水平向振动速度，可按下式计算：

$$V_r = V_0\sqrt{\frac{r_0}{r}\left[1-\zeta_0\left(1-\frac{r_0}{r}\right)\right]}exp[-\alpha_0 f_0(r-r_0)]$$

式中：

V_r——距振源中心 r 处地面振动速度（mm/s），当其计算值等于或小于场地地面脉动值时，其结果无效。

V_0——r_o 处地面振动速度（mm/s）。

r_0——振源半径（m）。

r——距振源中心的距离（m）。

ζ_0——与振源半径等有关的几何衰减系数。

a_0——土的能量吸收系数（s/m）。

f_r——地面振动频率（Hz）。

振源半径可按以下规定取值：

（1）火车

$$r_0 = 3.00m$$

（2）汽车

柔性路面，r_0=3.25m

刚性路面，r_0=3.00m

（3）地铁

$$r \leq H, r_0 = r_m$$

$$r > H, r_0 = \delta_r r_m$$

$$r_m = 0.7\sqrt{\frac{BL}{\pi}}$$

式中

B——地铁隧道宽

L——牵引机车车长

H——隧道底深度

δ_r——隧道埋深影响系数

$$\frac{H}{r_m} \leq 2.5, \delta_r = 1.30$$

$$\frac{H}{r_m} = 2.7, \delta_r = 1.40$$

$$\frac{H}{r_m} \geq 3.0, \delta_r = 1.50$$

（4）打桩

$$r_0 = \beta r_P$$

$$r_P = 1.5\sqrt{\frac{F}{\pi}}$$

式中

β——系数，淤泥质黏土、新近沉积的黏土、非饱和松散沙，β=4.0；软塑的黏土，β=5.0；软塑的粉质黏土、饱和粉细砂，β=6.0。

F——桩的面积（m^2）。

几何衰减系数ζ_0与振源类型、土的性质和振源半径有r_0关，其值可按表2-11 ~ 2-14采用。

表 2-11　火车振源几何衰减系数

土类	*Vs*（m/s）	ζ_0
硬塑粉质黏土	230 ~ 280	0.800 ~ 0.850
粉细砂层下卵石层	220 ~ 250	0.985 ~ 0.995
黏土及可塑粉质黏土	200 ~ 250	0.850 ~ 0.900
饱和淤泥质黏土	80 ~ 110	0.845 ~ 0.880
松散的粉土、黏土	150 ~ 200	0.840 ~ 0.885
松散的砾石土	250	0.910 ~ 0.980

注：*Vs*——弹性横波传播速度

表 2-12　汽车振源几何衰减系数

<table>
<tr><th>土类</th><th>Vs（m/s）</th><th>ζ_0</th></tr>
<tr><td>硬塑粉质黏土</td><td>230 ~ 280</td><td rowspan="3">0.300 ~ 0.400</td></tr>
<tr><td>黏土及可塑粉质黏土</td><td>200 ~ 250</td></tr>
<tr><td>淤泥质粉质黏土</td><td>90 ~ 110</td></tr>
</table>

表 2-13　地铁振源几何衰减系数

<table>
<tr><th>土类</th><th>Vs（m/s）</th><th>r与H的关系</th><th>r_0（m）</th><th>ζ_0</th></tr>
<tr><td>饱和淤泥质粉质黏土</td><td rowspan="3">80 ~ 280</td><td rowspan="3">r ≤ H</td><td>5.00</td><td>0.800</td></tr>
<tr><td>黏土及可塑粉质黏土</td><td>6.00</td><td>0.800</td></tr>
<tr><td>硬塑粉质黏土</td><td>≥ 7.00</td><td>0.750</td></tr>
<tr><td rowspan="3">硬塑粉质黏土
黏土及可塑粉质黏土</td><td rowspan="3">150 ~ 280</td><td rowspan="3">r > H</td><td>5.00</td><td>0.400</td></tr>
<tr><td>6.00</td><td>0.350</td></tr>
<tr><td>≥ 7.00</td><td>0.150 ~ 0.250</td></tr>
<tr><td rowspan="3">饱和淤泥质粉质黏土</td><td rowspan="3">80 ~ 110</td><td rowspan="3">r > H</td><td>5.00</td><td>0.300 ~ 0.350</td></tr>
<tr><td>6.00</td><td>0.250 ~ 0.305</td></tr>
<tr><td>≥ 7.00</td><td>0.100 ~ 0.200</td></tr>
</table>

表 2-14　打桩振源几何衰减系数 ζ_0

土类	Vs（m/s）	r_0（m）	ζ_0
软塑的黏土 软塑粉质黏土、饱和粉细砂	100 ~ 220	≤ 0.50	0.720 ~ 0.955
		1.00	0.550
		2.00	0.450
		3.00	0.400
淤泥质黏土 新近沉积的粘土 非饱和松散砂	80 ~ 220	≤ 0.50	0.700 ~ 0.950
		1.00	0.500 ~ 0.550
		2.00	0.400
		3.00	0.350 ~ 0.400

能量吸收系数 α_0 可根据振源类型和土的性质按 2-15 表采用。

表 2-15　土的吸收能量系数 α_0

振源	土类	Vs（m/s）	α_0
火车	硬塑粉质黏土	230 ~ 280	（1.15 ~ 1.20）×10-4
	粉细砂层下卵石层	220 ~ 250	（1.23 ~ 1.27）×10-4
	黏土及可塑粉质黏土	200 ~ 250	（1.85 ~ 2.50）×10-4
	饱和淤泥质黏土	80 ~ 110	（3.10 ~ 3.50）×10-4
	松散的粉土、黏土	150 ~ 200	（2.10 ~ 3.00）×10-4
	松散的砾石土	250	（1.15 ~ 1.20）×10-4
汽车	硬塑粉质黏土	230 ~ 280	（1.15 ~ 1.20）×10-4
	黏土及可塑粉质黏土	200 ~ 250	（1.20 ~ 1.45）×10-4
	淤泥质粉质黏土	90 ~ 110	（1.50 ~ 2.00）×10-4
地铁	硬塑粉质黏土	230 ~ 280	（2.00 ~ 3.50）×10-4
	黏土及可塑粉质黏土	200 ~ 250	（2.15 ~ 2.20）×10-4
	饱和淤泥质粉质黏土	80 ~ 110	（2.25 ~ 2.45）×10-4

续 表

打桩	软塑的黏土	150 ~ 220	（12.50 ~ 14.50）×10-4
	软塑粉质黏土、饱和粉细砂	100 ~ 120	（12.00 ~ 13.00）×10-4
	淤泥质黏土	90 ~ 110	（12.00 ~ 13.00）×10-4
	新近沉积的粘土	110 ~ 104	（18.00 ~ 20.50）×10-4
	非饱和松散砂	150 ~ 220	

第三章　监测技术

在对文物的保护过程中，长期监测文物的材料特性、结构安全和环境影响因素的长期测量是重要的保护环节，对古建筑材料特性和结构安全进行监测可实现建筑物安全状态的评价、建筑正常变形规律的确定及建筑变形状况的预测，而对建筑的周边环境进行监测则可对文物的保护方法的判定提供依据，避免自然灾害可能对文物产生危害。本章主要对建筑本体的结构及周边环境的监测方法做出部分介绍，以便读者根据自身需求选取合适的监测方法。

一、环境监测

环境监测（environmental monitoring），指通过对影响环境质量因素的代表值的测定，确定环境质量（或污染程度）及其变化趋势。环境检测的过程一般为接受任务、现场调查和收集资料、监测计划设计、优化布点、样品采集、样品运输和保存、样品的预处理、分析测试、数据处理、综合评价等。

长城现场环境监测项目应包含气象环境监测、空气污染物监测、水环境监测、土壤环境监测。

（一）气象环境监测

参考当地气象或环保部门监测数据，对长城现场进行气象环境监测，监测项目包括：空气温度、空气相对湿度、降水量、蒸发量、风速、风向、总辐射等因素，监测频率为每日一次。具体监测技术指标见《地面气象观测规范》QX/T 61-2007。

（二）空气污染物监测

对长城周边空气污染开展的监测项目包括：SO_2、NO_X、CO、O_3等空气污染物，监测频率为每日一次，具体监测技术指标见《环境空气自动监测技术规范》HJ/T 193-2005。

（三）水环境监测

对存在水环境影响的区域，应开展水位和水质监测，其中水质监测主要包括水溶盐监测。有害水溶盐污染通常发生在许多古建筑物中，主要由毛细吸水作用、干湿循环等因素控制。

地下水位监测采用监测井，监测井直径为 0.1m ~ 0.15m；在地下水位监测井的液面以下 0.3m ~ 0.5m 处取水样，进行水质分析，地下水位及地表水位的监测频率为每日一次，地下水及地表水的水质分析监测频率为每月一次。

水质监测主要包括 Na^+、K^+、Mg^{2+}、Ca^{2+}、F^-、Cl^-、NO_3^-、SO_4^{2-}、PO_4^{3-} 等离子及可溶盐的含量，可通过离子色谱等方法检测，具体检测方法如下：

为定量分析水溶盐，需要采用化学研究方法，并在专业的实验室进行，其中，常用的研究方法为离子色谱法及滴定法。分光光度计或能谱仪（EDS）也可用作可溶盐检测，处于结晶状态的水溶盐可用 X 射线衍射法测定。

在研究实践中，为了降低化学分析的经济成本，可通过检测样品水溶液的电导率及质量实现可溶盐的半定量分析。在对古代建筑的本体及周边环境的水溶盐检测时，通常推荐使用“两步法”测试样品可溶盐种类及含量。第一步，采用简单的半定量方法，如电导率或质量测试法估测水溶盐含量；第二步，基于半定量检测结果，再根据测试目的筛选出用于定量分析样品的水溶液。此外须同时测定主要的阴离子和阳离子量，最常见的阴离子有硫酸根、硝酸根和氯离子，常见的阳离子主要有钙、镁、钠、钾离子。

（四）土壤环境监测

土壤环境监测包括土壤化学指标、土壤温度和土壤含水率，土壤化学指标监测、温度监测、含水率监测的频率分别为每月一次、每日一次及每周一次。土壤的化学指标监测应包括成分、可溶盐及 pH 值。土壤成分检测方法见前文；土壤可溶盐、pH 值、含水率检测方法如下所示。土壤温度检测可在地表 0.2m ~ 0.5m 处用温度计直接测量。

1. 土壤可溶盐含量检测

根据《土工实验方法》GB/T 50123-2019 规定，砂土材料的易溶盐总量可用质量法测定，该方法亦可用于砖、石、灰等材料，具体测试步骤如下：

先制备材料的浸出液，浸出液制法如下：

称取 2mm 筛下风干试样 50g ~ 150g，置于广口瓶中，按材料与水 1∶5 的比例加入去离子水，振荡 3min 后抽气过滤。将滤纸用纯水浸湿后贴在漏斗底部，漏斗安装在抽滤瓶上部，连通真空泵抽气，使滤纸与漏斗贴紧，将振荡后的土悬液摇匀，倾入漏斗中抽气过滤。当发现滤液混浊时，需重新过滤。经反复过滤仍然浑浊应用离心机分离，或用微孔滤膜过滤，所得的透明滤液即为土的浸出液，贮于细口瓶中供分析用。

易溶盐总量可使用称量法测试，实验应按以下步骤进行：

（1）用移液管吸取浸出液 50mL ~ 100mL，注入已恒量的蒸发皿中放在水浴锅上蒸干，若蒸干残渣中颜色为黄褐色时，则表明溶液中含有机质，需加入少量 15% 过氧化氢，继续在水浴上加热，重复该过程至残渣发白，以完全除去有机质。

（2）将蒸发皿放入烘箱，在温度 105℃ ~ 110℃下烘干 4h ~ 8h。取出后放入干燥器中冷却，称蒸发皿加试样的总质量，反复进行至两次质量差值不大于 0.0001g。

（3）当浸出液蒸干残渣中含有大量结晶水时将使测得的易溶盐含量偏高。此时可用两个蒸发皿，一个加浸出液 50mL，另一个加纯水 50mL，然后各加等量 2% 碳酸钠溶液搅拌均匀后按上述的规定操作，烘干温度改为 180℃。

易溶盐含量应按下列公式计算，精确至 $0.1g \cdot kg^{-1}$，平行样最大允许差值应为 $\pm 0.2g \cdot kg^{-1}$，取算术平均值。未经 2% 碳酸钠溶液处理的易溶盐含量应按下式计算。

$$\omega_{易溶盐}=\frac{(m_{mz}-m_m)\ \frac{V_W}{V_{X1}}}{m_d\times10^{-3}}$$

式中：

$\omega_{易溶盐}$——易溶盐含量（$g\cdot kg^{-1}$）；

m_{mz}——蒸发皿加烘干残渣质量（g）；

m_m——蒸发皿质量（g）；

V_w——制取浸出液所加纯水量（mL）；

V_{X1}——吸取浸出液量（mL）。

经 2% 碳酸钠处理后的易溶盐含量应按下式计算

$$\omega_{易溶盐}=\frac{V_W\ (m_{z1}-m_z)}{V_{X1}m_d\times10^{-3}}$$

式中：

m_{Z1}——蒸干后试样加碳酸钠质量（g）；

m_Z——蒸干后碳酸钠质量（g）。

除上述方法之外，还可使用滴定法测试指定离子的可溶盐含量。根据《土工实验方法》GB/T50123-2019 规定，碳酸根及重碳酸根可用双指示剂滴定法测定，氯离子可用硝酸银滴定法测定，硫酸根可用 EDTA 络合滴定法或比浊法测定，钙离子可用 EDTA 法测定，镁离子可用钙镁合量滴定法测定，钠离子和钾离子可用火焰光度法测定。

2. 土壤含水率检测

根据《土工实验方法》GB/T 50123-2019 规定，长城本体及周边环境砂土及细粒土的含水率可通过烘干法进行表征，该方法对砖、岩石及灰浆材料亦适用。具体实施步骤如下：

（1）取有代表性试样：细粒土 15g ~ 30g，砂类土 50g ~ 100g，砂砾石 2kg ~ 5kg。将试样放入称量盒内，立即盖好盒盖称量，细粒土、砂类土称量应准确至 0.01g，砂砾石称量应准确至 1g。当使用恒质量盒时，可先将其放置在电子天平或电子台秤上清零，再称量装有试样的恒质量盒，称量结果即为湿土质量。

（2）揭开盒盖将试样和盒放入烘箱，在 105℃ ~ 110℃下烘到恒量，黏质土的烘干时间不得少于 8h，砂类土的不得少于 6h：有机质含量为 5% ~ 10% 的土，应将烘干温度控制在 65℃ ~ 70℃的恒温下烘至恒量。

（3）将称量盒从烘箱中取出，盖上盒盖，放入干燥容器内冷却至室温，称盒加干土质量，准确至 0.01g。

本体砖、石、灰、土及周边土壤的含水率按下式计算

$$\omega = \frac{m_0 - m_1}{m_1} \times 100\%$$

式中：

m_0——湿样质量，单位为克（g）；

m_1——干样质量，单位为克（g）；

ω——含水率（%）。

3. pH 值测试注意与正文的空行

古建筑文物本体及周边环境的 pH 值测试方法可通过 pH 试纸直接测试。也可依据标准《土壤 pH 值的测定》NY/T 1377-2007 规定，采用电位法测定长城本体及周边土壤 pH，测试方法如下：

（1）pH 计开机预热 15min，将浸泡 24h 以上的玻璃电极浸入 pH 为 6.87 的标准缓冲溶液中，以甘汞电极为参比电极；

（2）将 pH 计调至 6.87 处，反复几次至数值稳定不变。取出电极并用蒸馏水冲洗干净，用滤纸将水吸干；再分别插入 pH 为 4.01 和 9.18 的标准缓冲溶液中，检查 pH 值是否正确。若误差在 ±0.2pH 内，则仪器可正常使用，否则需替换玻璃电极；

（3）称取 10g 左右的风干土壤，置于容量为 50mL 的烧杯中，加入 25mL 去离子水，将容器密封后，人工搅拌 25min，静置 1h ~ 3h 至土壤溶液平衡；

（4）用蒸馏水冲洗电极，并用滤纸吸去水分，将电极插入土壤悬液中，待数据稳定后读取 pH，反复 3 次，取平均值；

该方法同样可测定砖、石、灰水溶液的 pH 值。

二、本体监测

文物本体监测的主要技术手段如三维激光扫描仪、全站仪、激光铅锤仪等在前文中均已有介绍。对于应力应变监测，可采用应力应变计。对于沉降监测，可采用光学水准仪，液体静力水准仪、全站仪等。

对于挠度计监测，可采用挠度计、位移传感器等。

对于水平位移监测，可采用激光铅直仪、全站仪等。

对于倾斜监测，可采用经伟仪、激光铅直仪、激光位移计、倾斜传感器。

对于裂缝监测，除可使用前文中介绍的技术手段监测固定点位的裂隙宽度之外，还可使用振弦式测缝计、应变式裂缝计、游标卡尺、裂缝监测传感器等仪器实现原位裂隙宽度监测。

对于文物本体及周边环境加建、违建或其他破坏文物的现象的监测，可采用无人机倾斜摄影、移动三维激光扫描或者遥感等手段，其中无人机倾斜摄影和移动三维激光扫描在前文中进行了介绍，而遥感监测技术可有效地应用于长城文物监测工程中。

由于长城遗址沿线地形险要、人口稀少、地质条件复杂，宜利用遥感监测技术对遗址线性区域沿线开展大范围的地形地貌、山体形变、滑坡、植被覆盖等进行长时间的监测，以便对遗址沿线开展大规模快速筛查。根据遥感解译成果，结合地质条件、地理环境及气象条件对长城遗址异常隐患点开展综合研究调查。查明研究区内地质灾害易发区及危险地带，掌握隐患结构特征、失稳趋势，分析形成机理及致灾因素，为长城遗址保护、防治及监测预警提供科学的基础资料和决策依据。

（一）合成孔径雷达遥感监测

合成孔径雷达（Synthetic aperture radar, SAR）遥感技术依靠对地主动发射电磁波，不依赖光照条件，不受云、雨、雾的影响，具有全天时、全天候地取得图像的能力，已成为常用的大地测量技术之一。合成孔径雷达结合干涉测量（Synthetic aperture radar interferometry, InSAR）技术可有效获取地面目标的地形地貌信息，开展大范围、高空间分辨率和高精度形变监测信息，能探测的形变精度可达到毫米量级。能快速地监测大空间范围的滑坡位移，在地形复杂的地区能有效地提高隐患点的排查和监测的

可靠性，在滑坡调查、异常形变隐患点监测等方面展现出了巨大应用潜力。InSAR 技术的实现过程是：通过雷达向目标区域发射微波；基于目标反射的回波得到同一目标区域成像的 SAR 复图像对；如果复图像对之间存在相干条件，就可将 SAR 复图像对共轭相乘得到干涉图；最后根据干涉图的相位值，得出在两次成像中微波的路程差，由此计算出目标地区的地形、地貌及表面的微变形，从而建立 DEM 模型和探测地表形变。InSAR 技术通过卫星遥感能实现大面积区域（一次探测范围可覆盖几百至上千平方千米）数据探测，相比于人工现场调查减小了人力投入，提高了工作效率，因而在对自然山区（尤其是高陡的变形区）的地表形变探测上有较大优势。

（二）差分合成孔径雷达干涉测量（D-InSAR）

缓慢蠕动型滑坡在变形初期，地表仅发生较小形变，当影像具备足够小的空间基线时，在确保图像较好相干性的前提下，要实现地表微小形变监测，需要用到差分干涉测量（D-InSAR）的方法。D-InSAR 将同一地区具有相关性关系的两幅 SAR 影像上的相位信息通过差分处理，获取包含地形相位、形变相位等可用信息的差分干涉图。通过对这些相位信息解算分离出具有实际应用价值的地表高程信息和地球表面地物的位移变化信息。

（三）永久散射体合成孔径雷达干涉测量（PS-InSAR）

传统 InSAR 技术容易受到空间和时间去相关、大气噪声等因素的影响，某些目标的干涉相位受噪声污染严重，导致它们的形变测量精度较低。为了解决上述问题，意大利米兰工业大学的 Ferretti 等在 1999 年提出了 PS-InSAR 技术，通过在多幅 SAR 图像中选出能长时间保持高相干性的 PS（永久散射体）点，成功获取目标区域在长时间范围内的形变信息和形变速率信息。该方法克服了空间和时间去相关的影响，利用滤波的方法从干涉相位中分离出大气相位分量，最终成功估计出形变信息和残余高程信息。PS-InSAR 技术是通过处理覆盖相同地区的多个时间上的 SAR 影像，统计 SAR 影像的相位和幅度信息，并分析其在时间序列上的稳定性，探测识别出不受时间和空间基线影响的高相干性的稳定目标点，这些目标点能在相对长的时间内保持相对稳定的散射特性，几乎不受斑点噪声的影响，被称为永久散射体点（即PS点）。PS点主要分布在具有强反射性的人工建筑物、桥梁、裸地或人工布设的角反射器。PS-InSAR技术在处理中首先解算大气相位屏（Atmospheric phase screen, APS）形变速率和高程相对差值，并从中去除APS，通过模型参数迭代不断修正高程、基线及形变。再经过时空滤波将形变和大气相位分离出来，最后得到PS点的形变信息，具备获取毫米级地表形变信息的能力。

（四）小基线集合成孔径雷达干涉测量（small BAseline Subsets InSAR）

小基线子集（SBAS-InSAR）技术是通过小基线干涉图的冗余图来减轻去相关的影响，增强估计的鲁棒性。该方法是对影像数据集进行短基线组合生成差分干涉图，由于这种组合使得SBAS方法很好地克服了空间失相关的影响。SBAS-InSAR技术通过采用奇异值分解（Singular Value Decomposition，SVD）法求解形变速率，这种方法可以连接孤立的具有较长空间基线的SAR影像。通过组合生成所有可用的小基线干涉对，然后再利用最小范数准则，进行相干矩阵奇异值解算以获取相干目标的平均形变速率及变形时间序列。

（五）多源遥感区域地表微形变隐患点风险监测

对于重点形变区域，基于GPRS无线通信技术，结合GPS、测斜仪、地下水位计等多种传感器的数据特点，开发多传感器滑坡监测远程数据采集处理分析系统；开展无人机低空摄影测量滑坡调查评估，结合机载LiDAR技术大尺度区域微地貌形态调查，实现滑坡空间分布规律和发育特征精细刻画；制作滑坡体滑动方向图和滑动距离图，计算分析滑动速度和滑坡规模，绘制滑坡基本结构和滑坡地形的坡度、坡向及三维地形，实现空天地协同重点滑坡体精细调查。构建一套适用于长城遗址不同区块山体形变监测的技术方案。

第四章　长城建筑材料成分检测

本章主要通过延庆土长城及居庸关云台的夯土、石质建筑材料的成分分析，介绍实验室内 XRD、XRF、拉曼光谱、红外光谱、TG/DSC 等各种仪器对不同材料的有机、无机成分检测方法。同时介绍了数码照相机、偏光显微镜、视频显微镜、SEM 等在对材料的宏观、微观形貌观察时的检测方法及材料的密度、酸碱度、吸水率、剪切强度、抗压强度、孔隙率、渗透性、耐水性等物理性质的测试方法。

一、延庆土长城检测分析

（一）研究对象及内容

主要进行延庆六处烽火台夯土遗址（大浮坨、刘斌堡、小观头、西王化营村、蒋家堡、香营）的基本保存状况、基本土工性能、化学成分、力学性能、物理性质的勘察及分析。

夯土成分分析：采用 XRD、XRF、拉曼光谱、红外光谱、TG/DSC 等多种方法，对其有机、无机成分和含量组成进行定量及半定量检测。

表观形貌分析：采用数码照相机、偏光显微镜、视频显微镜、SEM 等检测手段对夯土宏观、微观形貌进行观察。

物理性质分析：进行密度、酸碱度、吸水率、剪切强度、抗压强度、孔隙率、渗透性、耐水性等测试。

通过以上研究，全面深入了解夯土的各种性质，为今后延庆各处城墙或敌台修缮提供依据。

（二）烽火台遗址基本保存状况

北京市延庆区六处烽火台夯土遗址的基本保存状况现场勘测结果见表4–1。六处遗址均处于野外环境，周围草木生长繁茂，遗址土体受到草木根系影响较大。其中大浮坨遗址受到人为开挖、倾倒生活垃圾及跨建桥梁等行为的破坏作用，土体表面出现较为严重的纵向裂隙，土体结构稳定性较差。刘斌堡遗址附近设置了供当地民众健身活动用的场地和设施，人们的活动对遗址的保存产生了一定程度的不利影响，此外在光照、雨水等因素作用下土体风化严重，发生酥粉、剥落等病害。小观头遗址周围草木生长更为茂盛，植物根劈破坏作用更为严重，墙体出现严重的纵向裂隙，底部墙基出现掏蚀病害。西王化营村遗址土体掏蚀现象严重，造成土体大面积缺损，土体表面还出现大面积结皮病害。蒋家堡遗址受到人为开挖的破坏，基础稳定性降低，土体表面风化严重，呈酥粉剥落状态。香营土遗址除受植物根劈破坏作用外，受雨水冲刷作用较大，出现较多的冲沟病害。

表4–1 六处夯土遗址的基本保存状况

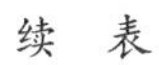
续 表

大浮坨

续 表

续　表

刘斌堡

续 表

小观头

续 表

续 表

西王化营村

续　表

蒋家堡

续 表

续 表

香营

此外，在调研现场采用便携式视频显微镜对六处遗址土体进行微观形貌测试，由视频显微照片清晰地观察到土体表面裂隙病害较为严重。从刘斌堡段遗址的显微照片可观察到土体的风化状态，显示该段土体颗粒间松散无连接；从香营段遗址显微照片可观察到植物根系对土体的破坏作用，显示该段土体呈松散状态并依附于植物根系，从西王化营段遗址的显微照片可看出墙体建造时添加的砂石骨料的微观形态与分布情况。

表 4-2　六处夯土遗址土体的显微形貌（x200）

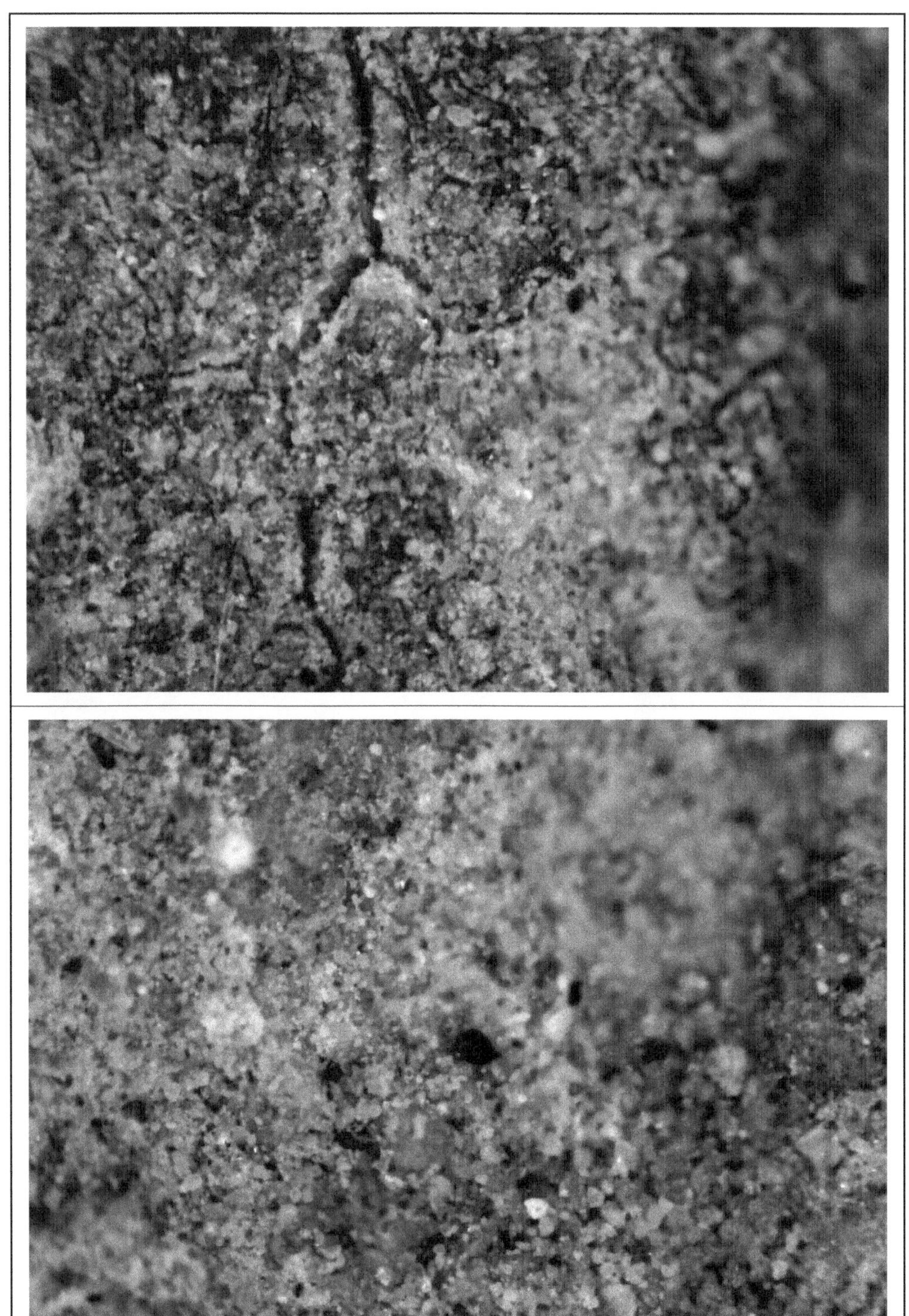

大浮坨

续　表

刘斌堡

续 表

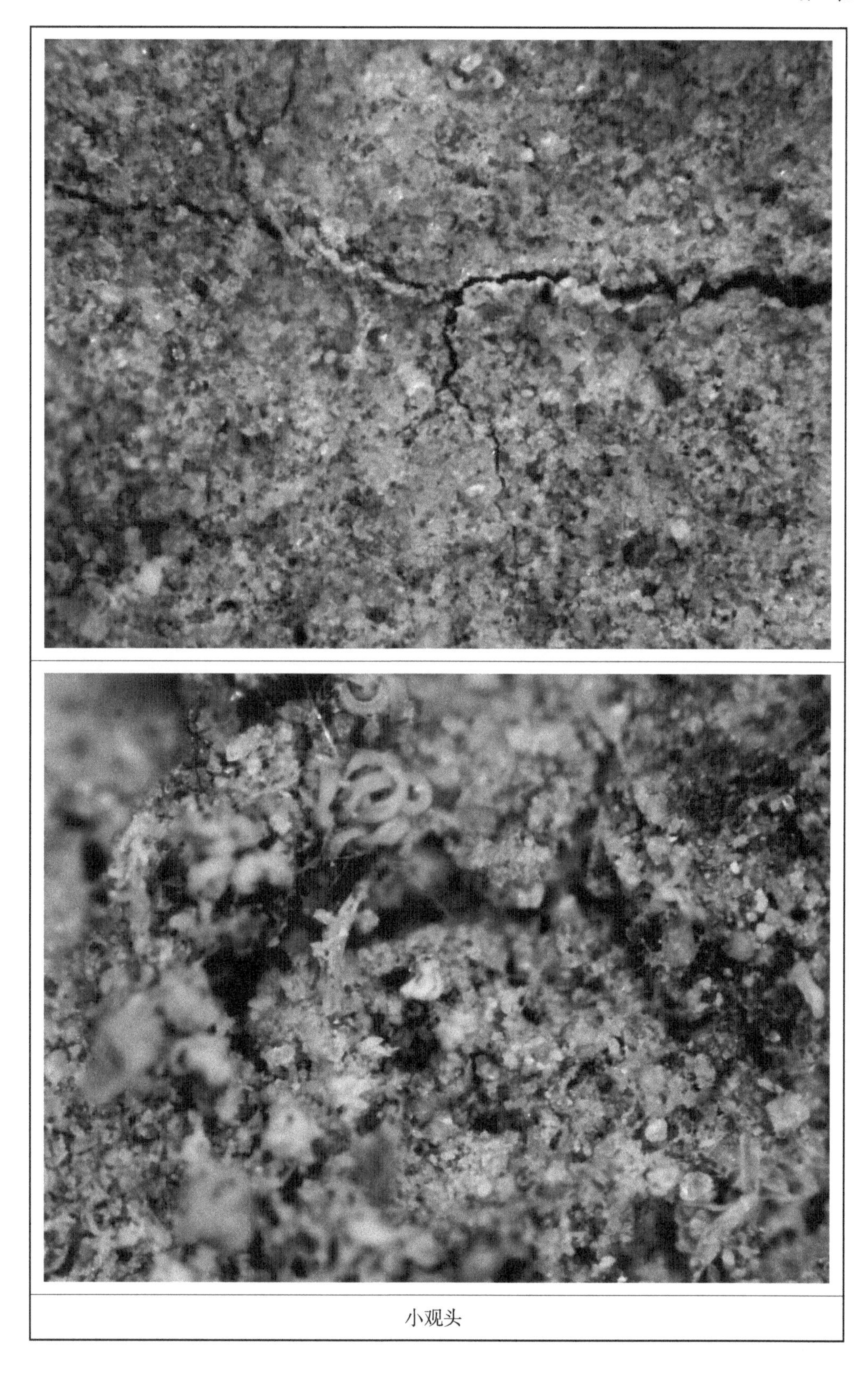

小观头

续　表

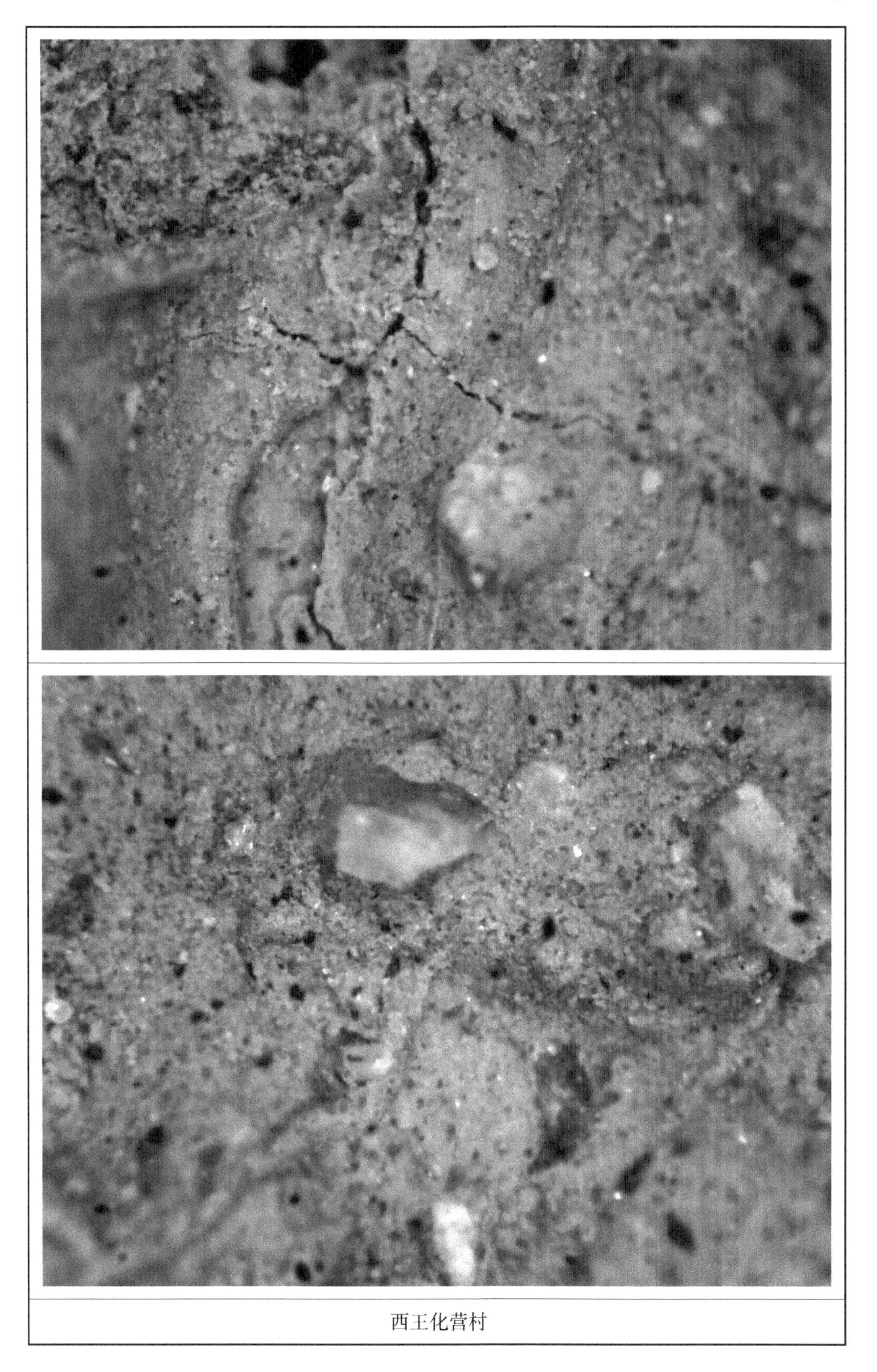

西王化营村

蒋家堡

续　表

香营

（三）基本土工性能测试结果

六处遗址土体的基本土工性能测试结果见表 4-3。由表中数据可见，六处遗址土体均为粉土，多由含量≥ 60% 的石英、长石、云母组成，表面活动性弱，但有一定的结构性；土体密度在 1.60 ~ 1.83g/cm^3 范围内，土体孔隙比在 0.49 ~ 0.69 之间，其中大浮坨段遗址土体孔隙比最大，为 0.69；六处遗址土体含水率在 3.48% ~ 6.62% 之间，含水率整体上较低，其中大浮坨段遗址土体含水率最高，达 6.62%。

表 4-3　六处遗址土体的基本土工性能

试样名称	土质	密度（g/cm^3）	塑限（%）	液限（%）	塑性指数	孔隙比	含水率（%）
大浮坨	粉土	1.60	18.7	27.3	8.6	0.69	6.62
刘斌堡	粉土	1.79	17.1	24.3	7.2	0.51	4.88
小观头	粉土	1.71	16.1	24.6	8.5	0.58	3.48
西王化营	粉土	1.83	17.3	24.8	7.5	0.48	5.47
蒋家堡	粉土	1.81	17.6	26.7	9.1	0.49	3.90
香营	粉土	1.80	17.3	23.4	6.1	0.49	6.14

六处遗址土体的颗粒组成百分比测试结果见表 4-4 和图 4-1。六处遗址土体的粒径主要分布于 0.075mm ~ 0.005mm，这与粉土的粒径分布特征相吻合。

表 4-4　六处遗址土体颗粒组成测试结果

试样名称	0.25mm ~ 0.075 mm（%）	0.075mm ~ 0.005 mm（%）	<0.005mm（%）
大浮坨	5.0	83.0	12.0
刘斌堡	15.0	76.0	9.0
小观头	10.0	78.0	12.0
西王化营	31.0	56.0	13.0
蒋家堡	21.0	65.0	14.0
香营	18.0	76.0	6.0

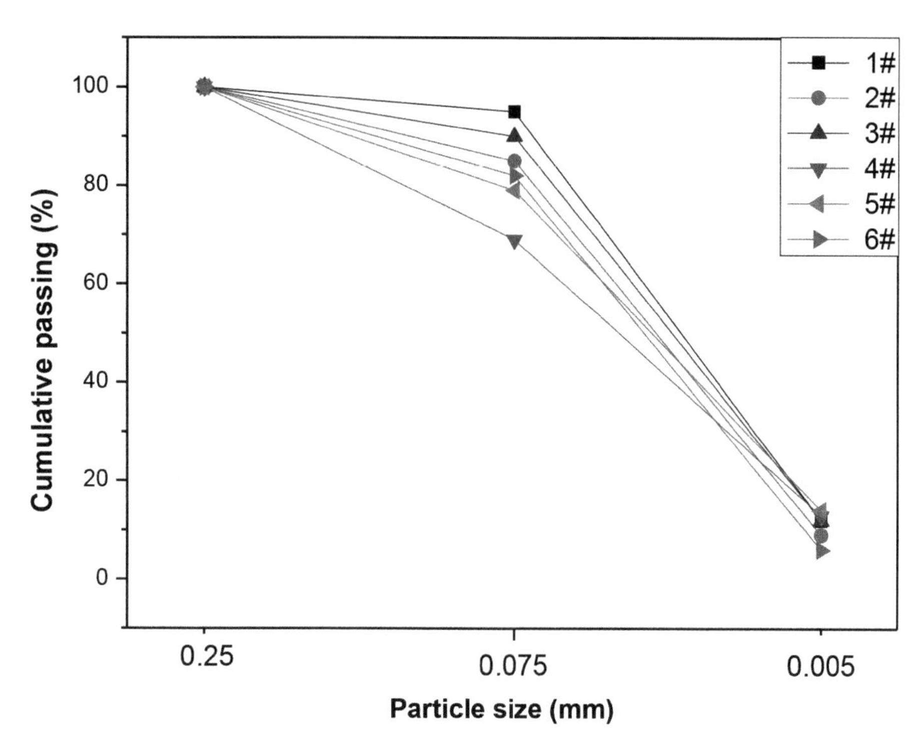

图 4-1 六处遗址土体颗粒组成测试结果。

1 号：大浮坨，2 号：刘斌堡，3 号：小观头，
4 号：西王化营，5 号：蒋家堡，6 号：香营

六处遗址土体的 pH 值及易溶盐试验测试结果见表 4-5。可见，六处遗址土体 pH 值均大于 7，土体呈碱性。大浮坨、刘斌堡、小观头、西王化营、蒋家堡段遗址土体的易溶盐总量相近，平均值约为 0.07%，总体含盐量较低，其中香营段遗址土体的易溶盐总量较高，受盐害作用较大。

表 4-5 六处遗址土体的 pH 值及易溶盐含量测试结果

试样名称	试验结果计量单位	HCO_3^-	Cl^-	SO_4^{2-}	Ca^{2+}	Mg^{2+}	易溶盐总量（%）	pH 值
大浮坨	mg/kg	243.45	66.64	275.89	146.51	19.05	0.090	8.06
	mmol/kg	3.99	1.88	2.87	3.66	0.78		
	%	0.024	0.007	0.028	0.015	0.002		
刘斌堡	mg/kg	259.38	21.52	72.88	81.09	6.15	0.054	8.28
	mmol/kg	4.25	0.61	0.76	2.02	0.25		
	%	0.026	0.002	0.007	0.008	0.001		

续 表

试样名称	试验结果计量单位	HCO_3^-	Cl^-	SO_4^{2-}	Ca^{2+}	Mg^{2+}	易溶盐总量（%）	pH 值
小观头	mg/kg	265.71	44.08	124.43	62.30	18.90	0.062	8.31
	mmol/kg	4.35	1.24	1.30	1.55	0.78		
	%	0.027	0.004	0.012	0.006	0.002		
西王化营	mg/kg	215.41	43.68	271.25	102.89	31.22	0.080	8.02
	mmol/kg	3.53	1.23	2.82	2.57	1.28		
	%	0.022	0.004	0.027	0.010	0.003		
蒋家堡	mg/kg	236.73	129.61	48.78	91.59	18.53	0.064	8.24
	mmol/kg	3.88	3.66	0.51	2.29	0.76		
	%	0.024	0.013	0.005	0.009	0.002		
香营	mg/kg	166.40	1460.54	318.38	1573.63	192.21	0.409	7.82
	mmol/kg	2.73	41.20	3.31	39.26	7.90		
	%	0.017	0.146	0.032	0.157	0.019		

（四）成分分析测试结果

对从现场取回的六处遗址土体进行 XRF、XRD、FTIR、TG 测试，分析其主要组成，测试结果如下。

XRF 测试结果

六处遗址土体的 XRF 测试结果见表 4-6。土体中主要含有 Si、Al、Fe、Ca、K、Mg、Na 等元素，其中大浮坨与蒋家堡段遗址土体中 Ca 元素含量明显高于其他四处遗址土体的，大浮坨段遗址土体 Ca 元素含量高达 15.15%，该土体中的 Fe 元素含量显著高于其他几处土体的。

表 4-6　六处遗址土体的 XRF 测试结果（wt%）

试样名称	SiO_2	Al_2O_3	Fe_2O_3	K_2O	CaO	MgO	Na_2O	TiO_2
大浮坨	48.65	20.24	6.87	4.45	15.15	1.90	1.97	0.58
刘斌堡	65.50	24.80	3.31	1.43	1.75	0.98	1.67	0.43
小观头	65.21	25.65	3.24	1.52	1.00	1.04	1.82	0.41
西王化营	63.89	27.06	3.43	1.46	1.57	1.67	0.83	0.12
蒋家堡	61.04	24.65	2.87	1.44	6.39	0.85	2.31	0.36
香营	65.32	25.89	3.17	1.36	2.00	0.78	0.98	0.39

XRD 测试结果

六处遗址土体的 XRD 谱图见图 4-2。由结果可知，土体中主要的矿物组成为土壤中常见物质石英、钠长石、绿泥石、云母等，其中石英、长石（属于砂岩类）、云母属于非黏土矿物，绿泥石属于黏土矿物。在大浮坨及蒋家堡段遗址土体中出现方解石（$CaCO_3$），这与 XRF 测试结果中两处遗址土体的 Ca 元素含量较高相吻合，表明该两处遗址建造时可能添加了石灰。此外，大浮坨段遗址土体中黏土矿物绿泥石的含量较其

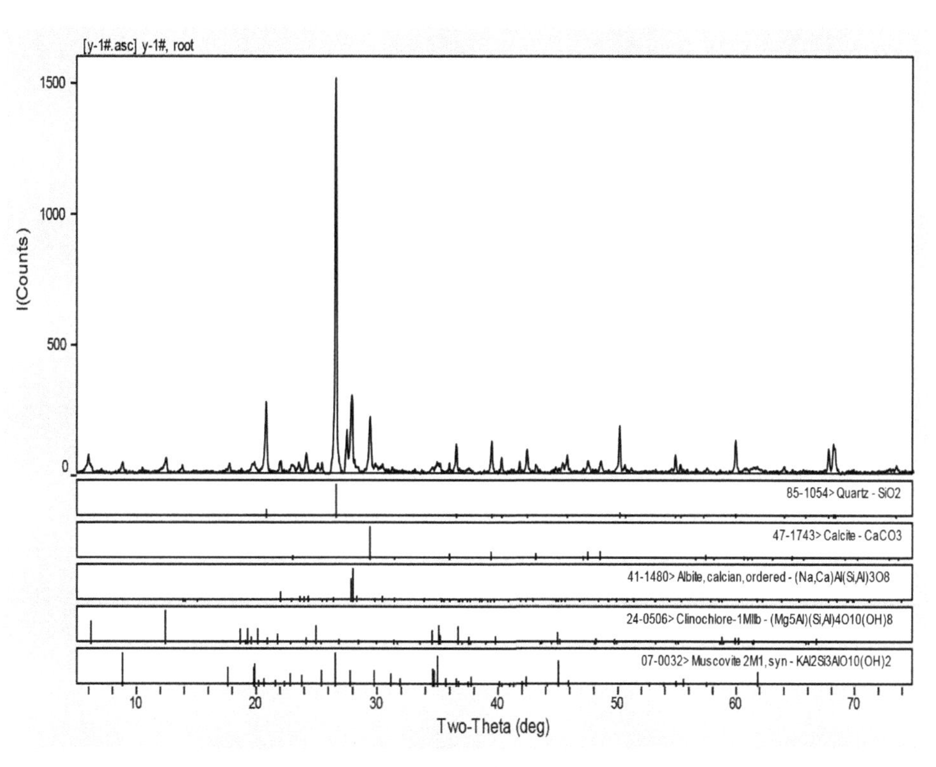

大浮坨

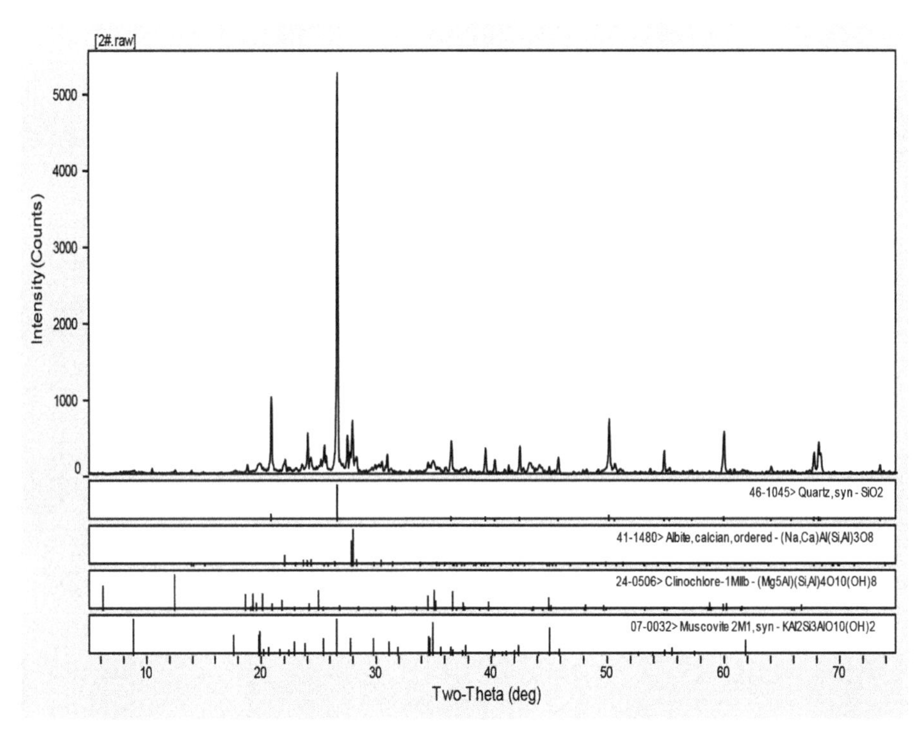
[2#.raw]
Intensity(Counts)
5000
4000
3000
2000
1000
0
46-1045> Quartz, syn - SiO2
41-1480> Albite, calcian, ordered - (Na,Ca)Al(Si,Al)3O8
24-0506> Clinochlore-1MIIb - (Mg5Al)(Si,Al)4O10(OH)8
07-0032> Muscovite 2M1, syn - KAl2Si3AlO10(OH)2
10
20
30
40
50
60
70
Two-Theta (deg)
刘斌堡

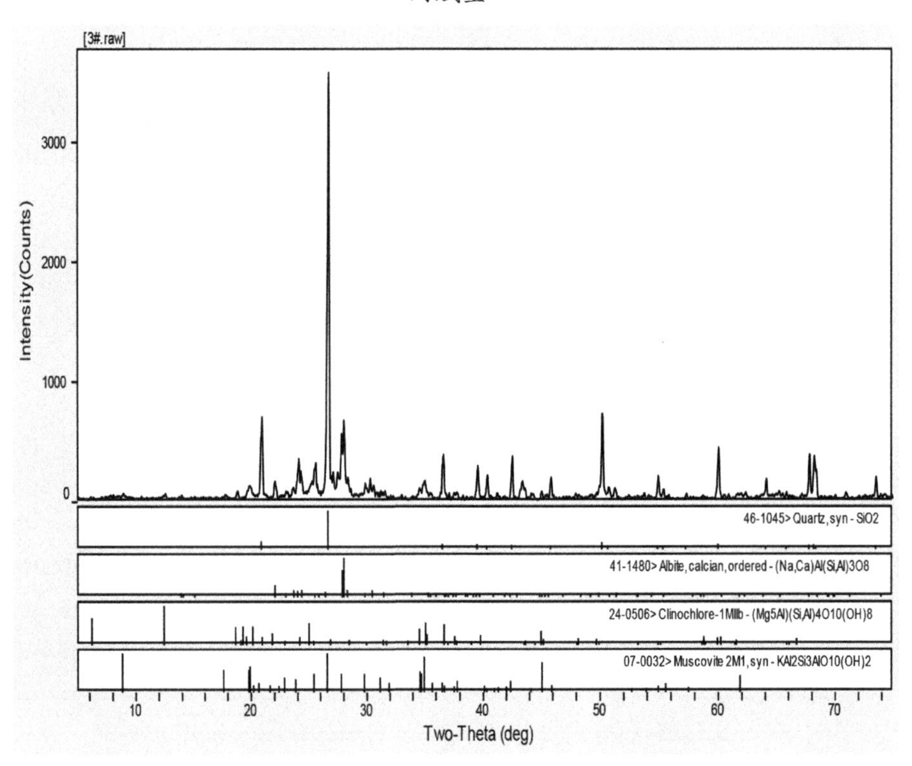
[3#.raw]
Intensity(Counts)
3000
2000
1000
0
46-1045> Quartz, syn - SiO2
41-1480> Albite, calcian, ordered - (Na,Ca)Al(Si,Al)3O8
24-0506> Clinochlore-1MIIb - (Mg5Al)(Si,Al)4O10(OH)8
07-0032> Muscovite 2M1, syn - KAl2Si3AlO10(OH)2
10
20
30
40
50
60
70
Two-Theta (deg)
小观头

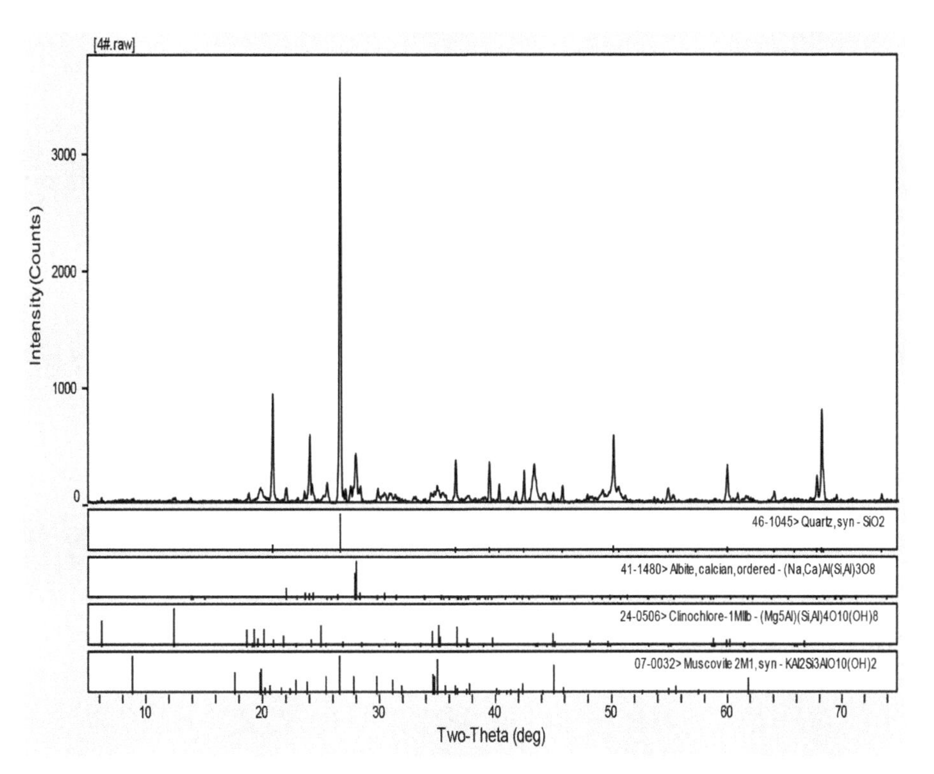
[4#.raw]
Intensity(Counts)
3000
2000
1000
0
46-1045> Quartz, syn - SiO2
41-1480> Albite, calcian, ordered - (Na,Ca)Al(Si,Al)3O8
24-0506> Clinochlore-1MIIb - (Mg5Al)(Si,Al)4O10(OH)8
07-0032> Muscovite 2M1, syn - KAl2Si3AlO10(OH)2
10
20
30
40
50
60
70
Two-Theta (deg)

西王化营

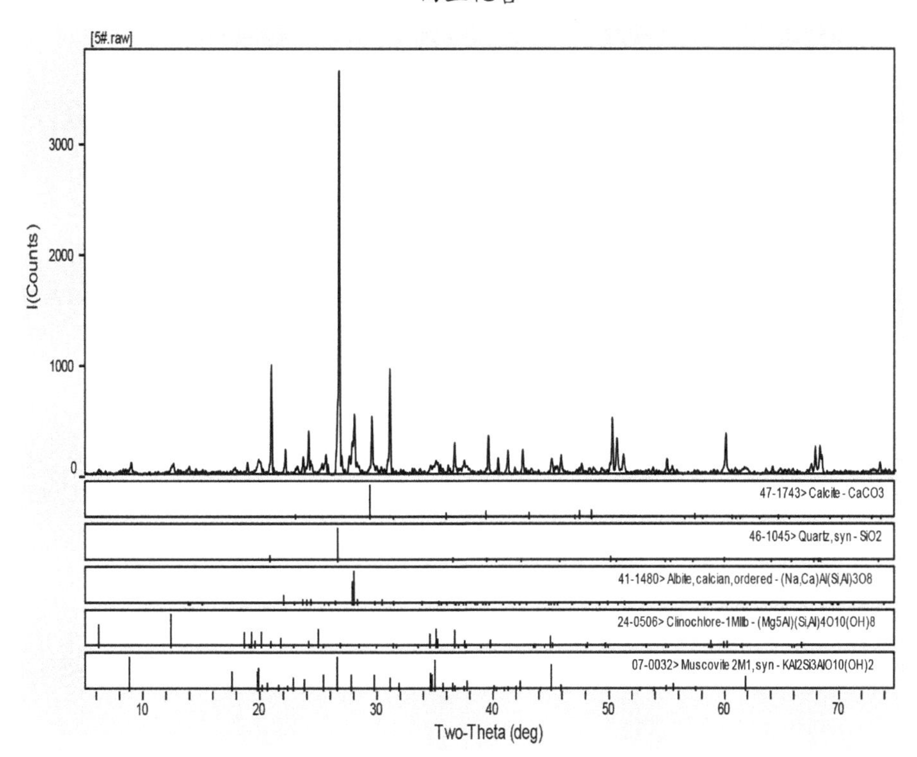
[5#.raw]
I(Counts)
3000
2000
1000
0
47-1743> Calcite - CaCO3
46-1045> Quartz, syn - SiO2
41-1480> Albite, calcian, ordered - (Na,Ca)Al(Si,Al)3O8
24-0506> Clinochlore-1MIIb - (Mg5Al)(Si,Al)4O10(OH)8
07-0032> Muscovite 2M1, syn - KAl2Si3AlO10(OH)2
10
20
30
40
50
60
70
Two-Theta (deg)

蒋家堡

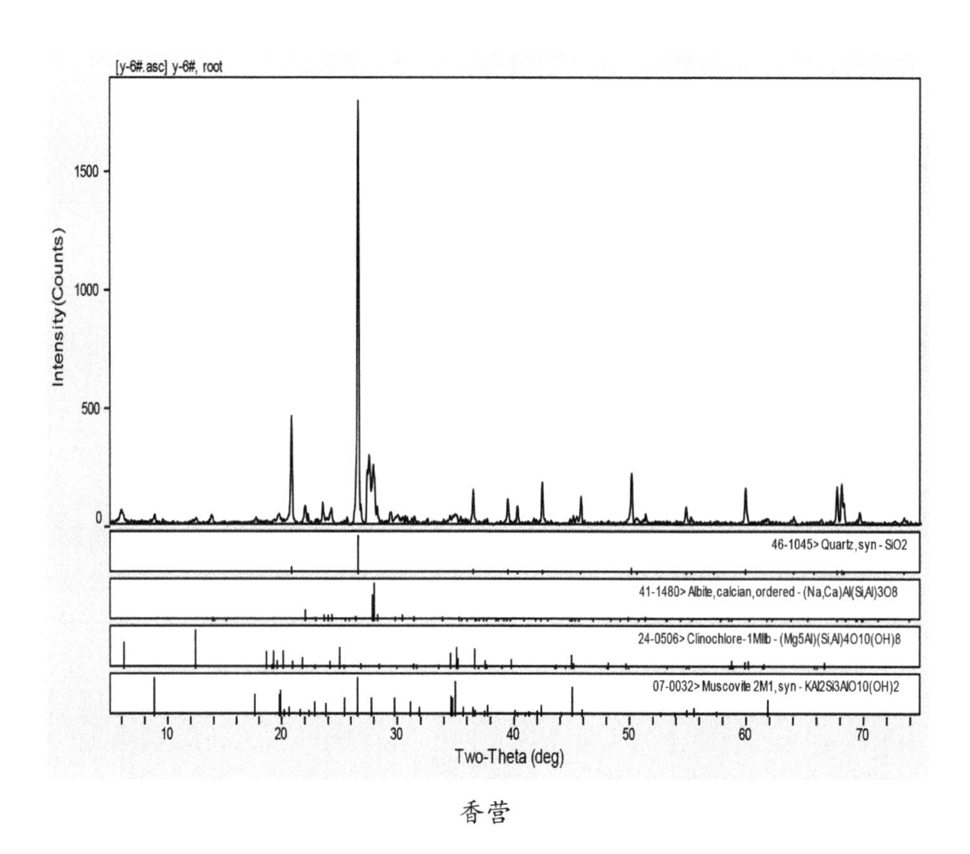

香营

图 4-2　六处遗址土体的 XRD 谱图

他几处遗址土体高，这与 XRF 测试结果中其较高的 Fe 元素含量相吻合。在灰土体系中，高的方解石含量有利于土体强度的提高，而黏土矿物含量的提高则有利于改善土体的可塑性，但土体中含量最多的是石英，由于其含量高、砂性重，成型时可塑性较差，结合力较差。

FTIR 测试结果

六处遗址土体的 FTIR 测试结果见图 4-3。六处遗址土体红外谱图中出现的红外吸收峰大体一致，红外光谱中 $3696cm^{-1}$，$3619cm^{-1}$ 处的吸收峰属于高岭石内部与表面结合的 OH 峰，但在 XRD 谱图中未检测到高岭石的衍射特征峰，可能是由于高岭石含量低，其衍射峰被其他物质的衍射峰掩盖，而红外光谱检测的灵敏度更高；$1634cm^{-1}$ 处可能是有机物中 C=C 的红外吸收峰，$800cm^{-1}$ 及 $780cm^{-1}$ 为石英的红外特征峰，$470cm^{-1}$、$537cm^{-1}$ 处为 Fe–O 的红外吸收峰，主要是绿泥石含此成分，而 $694cm^{-1}$ 及 $1032cm^{-1}$ 处主要是铝硅酸盐中 Si–O 及 Al–OH 红外吸收峰。大浮坨及蒋家堡段遗址土体红外谱图中均出现了 $1437cm^{-1}$ 及 $875cm^{-1}$ 属于碳酸钙的红外吸收峰，进一步印证了 XRD 的分析

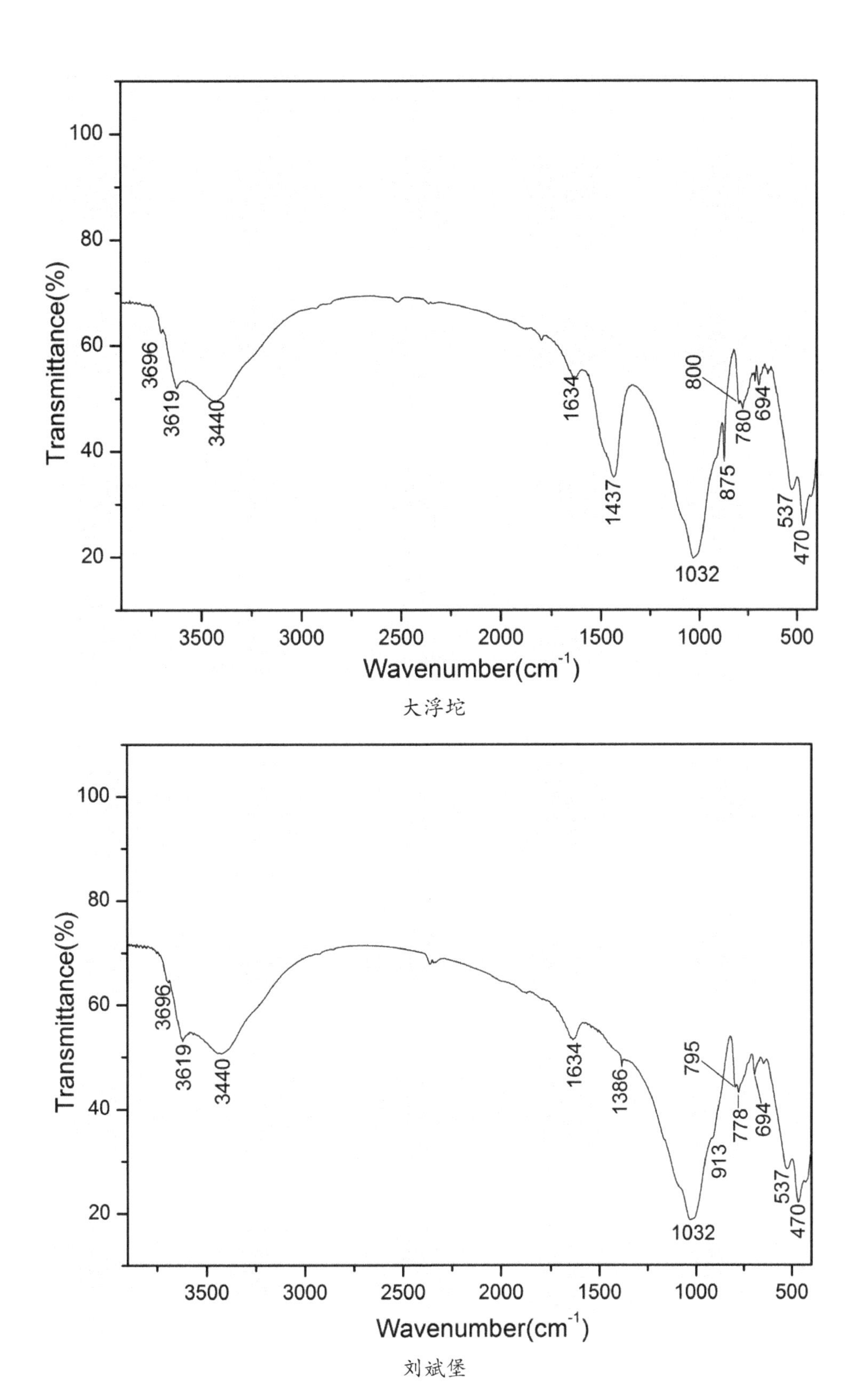
Transmittance(%)
100
80
60
40
20
3696
3619
3440
1634
1437
1032
875
800
780
694
537
470
3500
3000
2500
2000
1500
1000
500
Wavenumber(cm-1)
Transmittance(%)
100
80
60
40
20
3696
3619
3440
1634
1386
1032
913
795
778
694
537
470
3500
3000
2500
2000
1500
1000
500
Wavenumber(cm-1)

大浮坨

刘斌堡

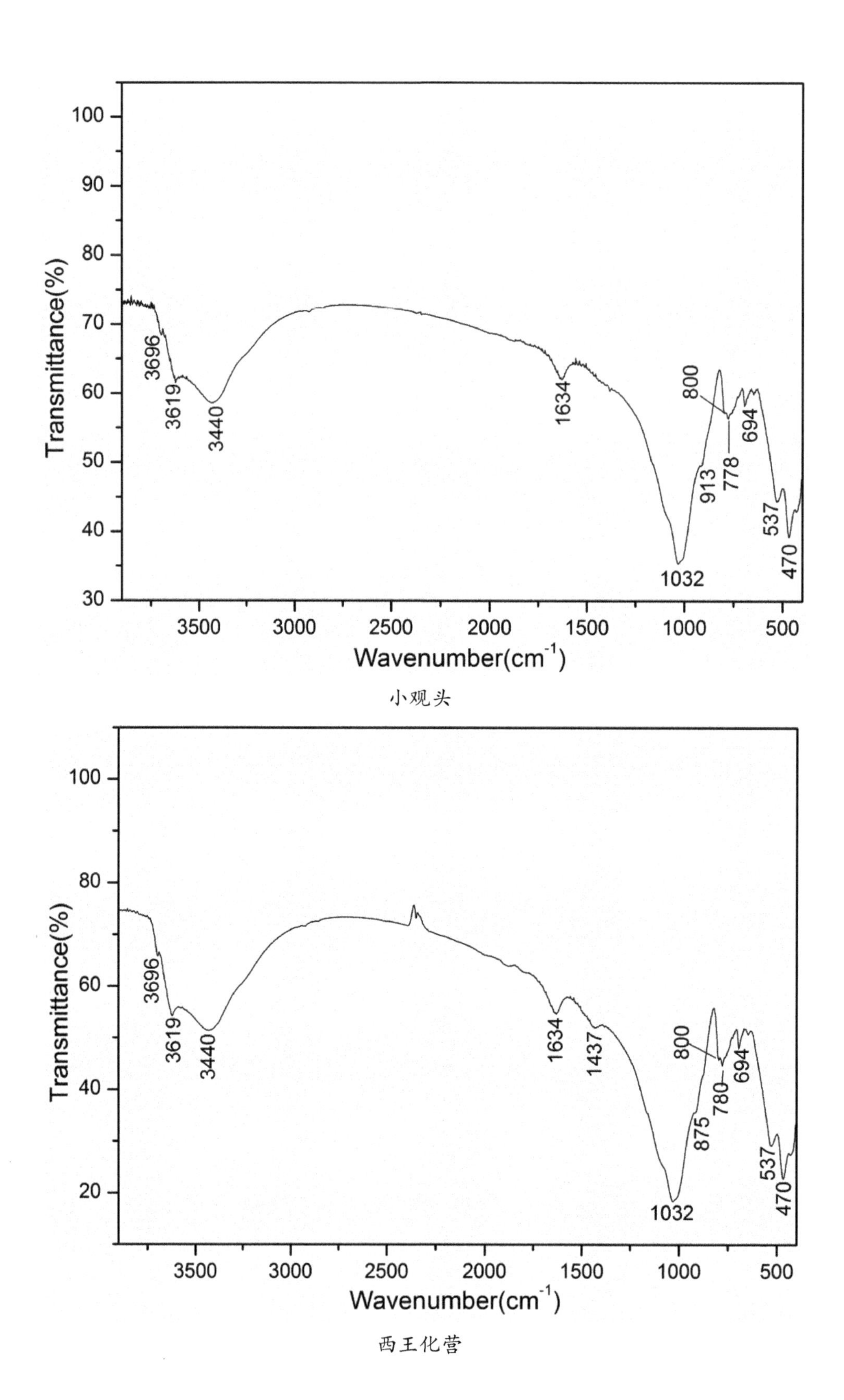

Transmittance(%)
Wavenumber(cm⁻¹)
3696
3619
3440
1634
1032
913
800
778
694
537
470

小观头

Transmittance(%)
Wavenumber(cm⁻¹)
3696
3619
3440
1634
1437
1032
875
800
780
694
537
470

西王化营

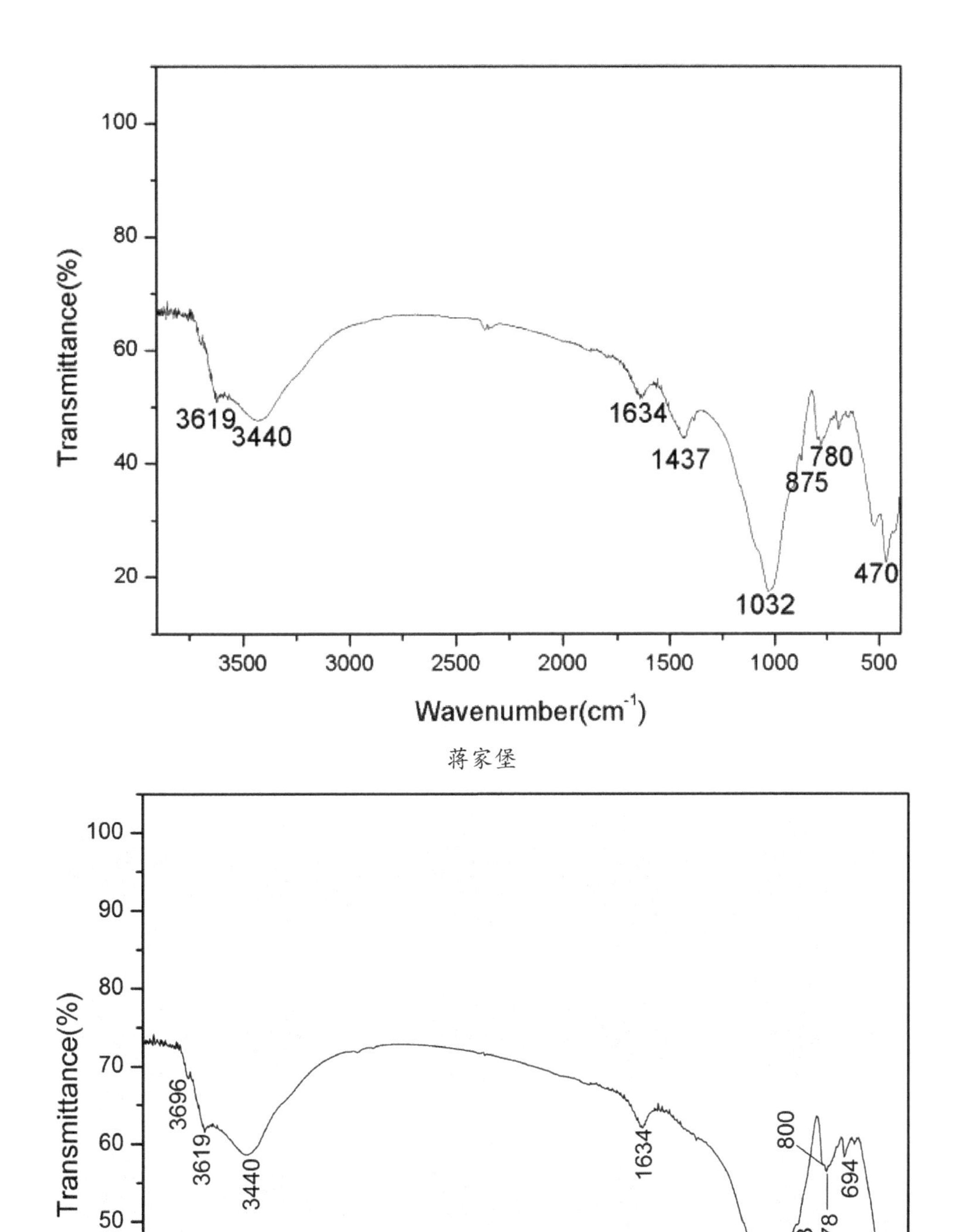

蒋家堡

香营

图 4-3　六处遗址土体的 FTIR 谱图

结果，即两处遗址土体中均添加了石灰，但谱图中未检测出属于氢氧化钙的红外吸收峰（3640cm^{-1}），说明土样的碳酸化程度很高。

TG 测试结果

六处遗址土体的热失重（TG）测试结果见图 4-4。可将热失重分析曲线划分为三个失重过程，20 ~ 105oC 之间为自由水的脱去过程，105 ~ 570oC 之间主要是土体中铝硅酸盐矿物的结合水失去过程，570 ~ 800oC 之间的失重过程既包括土体中铝硅酸盐矿物的失水过程，又包括部分土样中碳酸钙的分解失重过程。大浮坨及蒋家堡段遗址土体在 570 ~ 800oC 之间失重百分比明显高于其他四处遗址土体的，进一步证实了这两处遗址土体中添加了石灰的结论。

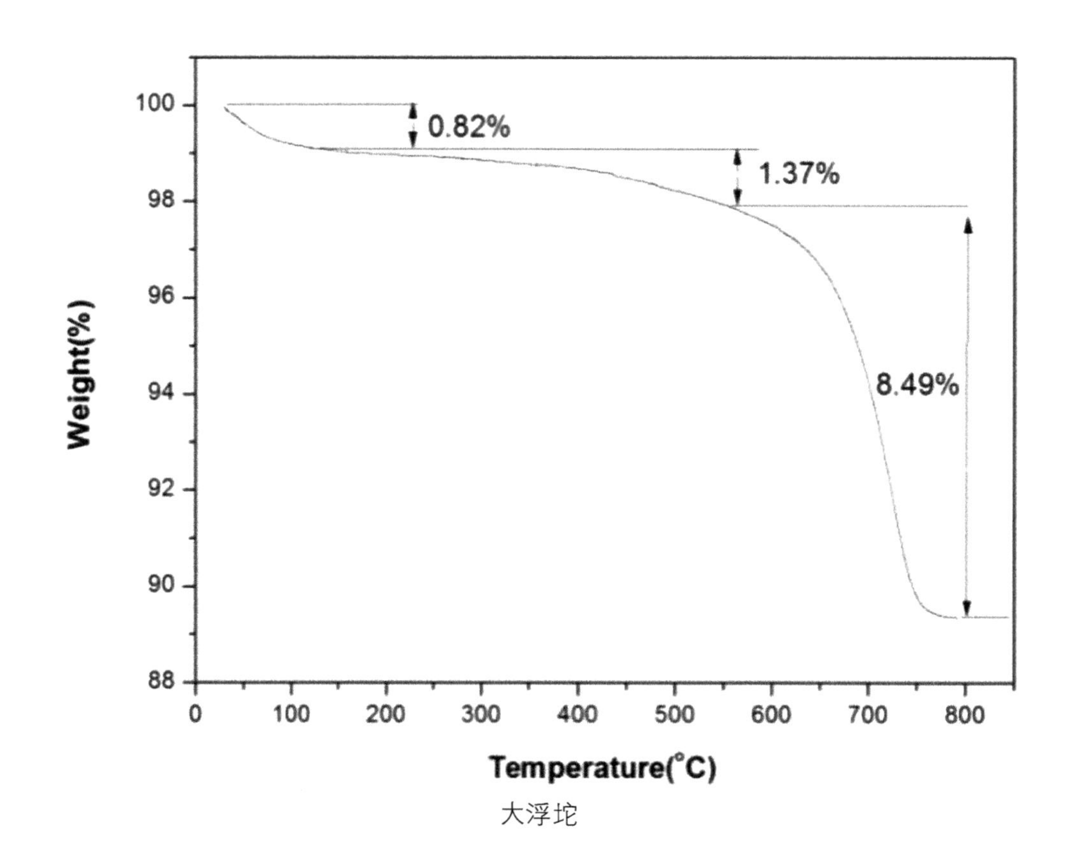

大浮坨

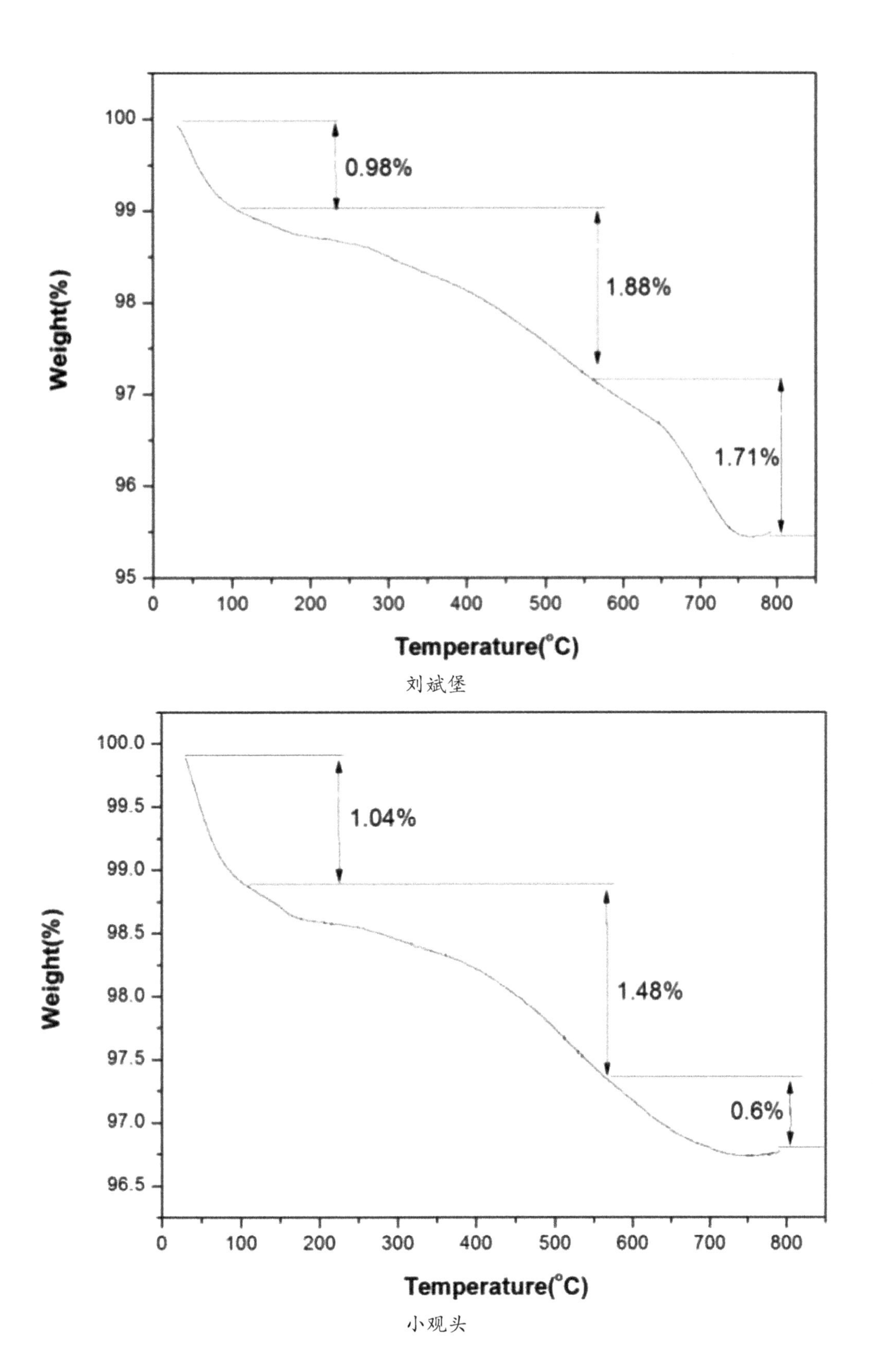

Weight(%)
100
99
98
97
96
95
0.98%
1.88%
1.71%
0
100
200
300
400
500
600
700
800
Temperature(°C)
Weight(%)
100.0
99.5
99.0
98.5
98.0
97.5
97.0
96.5
1.04%
1.48%
0.6%
0
100
200
300
400
500
600
700
800
Temperature(°C)

刘斌堡

小观头

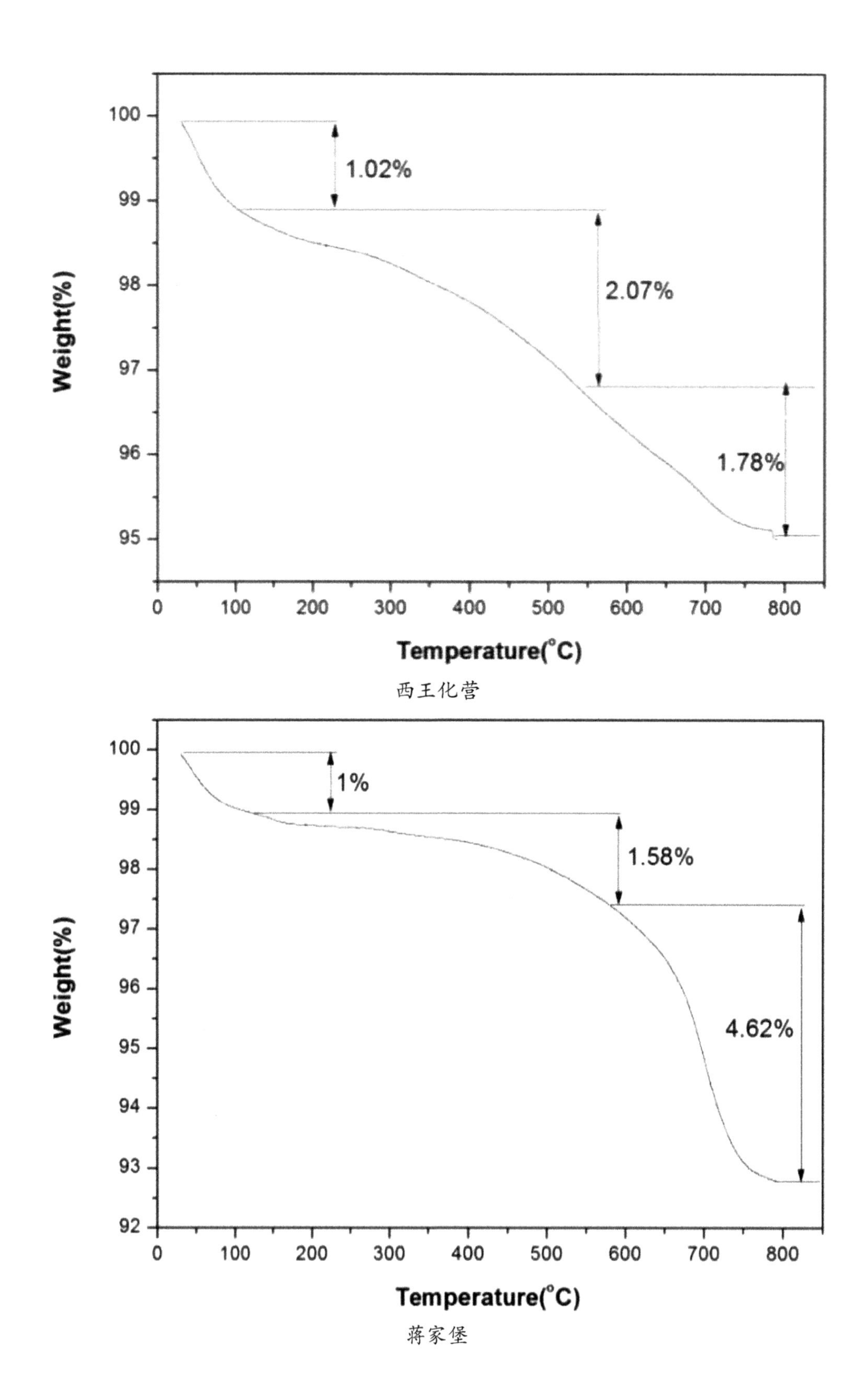
1.02%
2.07%
1.78%
Weight(%)
Temperature(°C)
1%
1.58%
4.62%
Weight(%)
Temperature(°C)

西王化营

蒋家堡

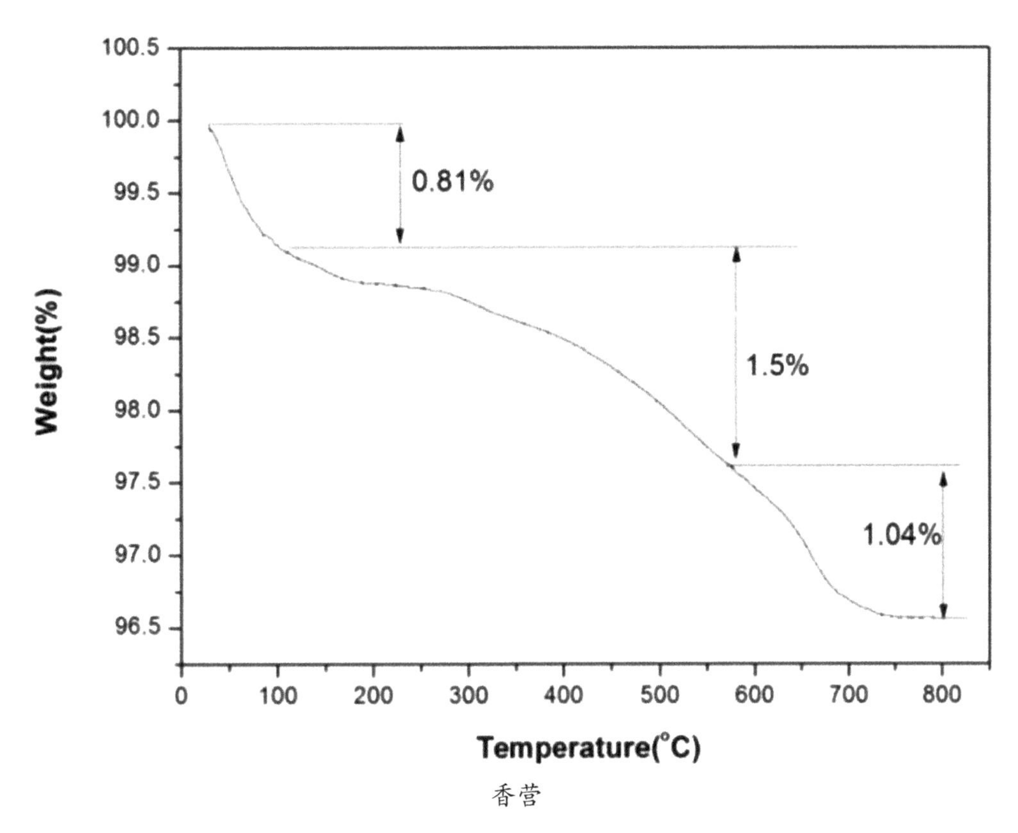

香营

图 4-4　六处遗址土体的热失重曲线

（五）魏斯尔 + 科农福（Wisser&Knoefel）法检测灰土样品中灰土配比

为了确定大浮坨及蒋家堡段遗址土体中的灰土配比，参考魏斯尔 + 科农福（Wisser&Knoefel）分析法对两处遗址土体进行检测，具体检测步骤如下：

（1）为了使所测试的灰土样品具有代表性，将大块灰土样品研磨并在 105oC 条件下烘干备用。

（2）称取适量的烘干灰土样品（m_1）并置于培养皿中，加入足量的 1∶20 的稀盐酸溶液（m_2）反应 15 分钟。

（3）待反应完全后，称取溶液与灰土样品的剩余质量（m_3）。实验过程中涉及到的各物质含量可通过下列公式计算：

反应产生 CO_2 质量 $m_{CO2}=m_1+m_2-m_3$。

产生 CO_2 的 $CaCO_3$ 质量 $m_{CaCO3}=100*m_{CO2}/44$。

土体质量 $m_{土体}$=m1-m_{CaCO3}。

转变为 $CaCO_3$ 的石灰质量 $m_{Ca(OH)2(CaCO3)}=74*_{mCaCO3}/100$。

灰土样品中灰的比例 $w=[m_{Ca(OH)2(CaCO3)}]/[m_{Ca(OH)2(CaCO3)})+m_{土体}]*100\%$。

检测过程中的实验数据见表 4-7。可见，大浮坨及蒋家堡段遗址土体中添加石灰的比例分别为 4.23% 及 1.19%，相比于传统的三七灰、二八灰的比例低很多。

表 4-7　灰土配比检测数据及结果

试样名称	灰土质量	盐酸质量	反应后质量	CO_2 质量	$CaCO_3$ 质量	土体质量	转变为 $CaCO_3$ 的石灰质量	石灰占灰土的比例（%）
大浮坨	46.18	228.74	273.82	1.1	2.5	43.68	1.85	4.23
蒋家堡	21.52	231.89	253.26	0.15	0.34	21.18	0.25	1.19

注：由于未得到未添加石灰的素土样品，无法得知用于制备灰土的素土中是否含有碳酸钙，上表测试结果是在假设素土中无碳酸钙的前提下得到的。此外，根据 XRD 及 FTIR 谱图分析结果，认为土样中石灰已碳酸化完全。

（六）淀粉碘化钾实验

为了确定遗址土样中是否添加了糯米浆等淀粉类黏合剂，对各遗址土样进行淀粉碘化钾实验，实验结果见图 4-5，六处遗址土样添加碘化钾溶液后，均未呈现出蓝色，表明六处遗址土样现存状态均不含糯米浆等淀粉类黏结剂。

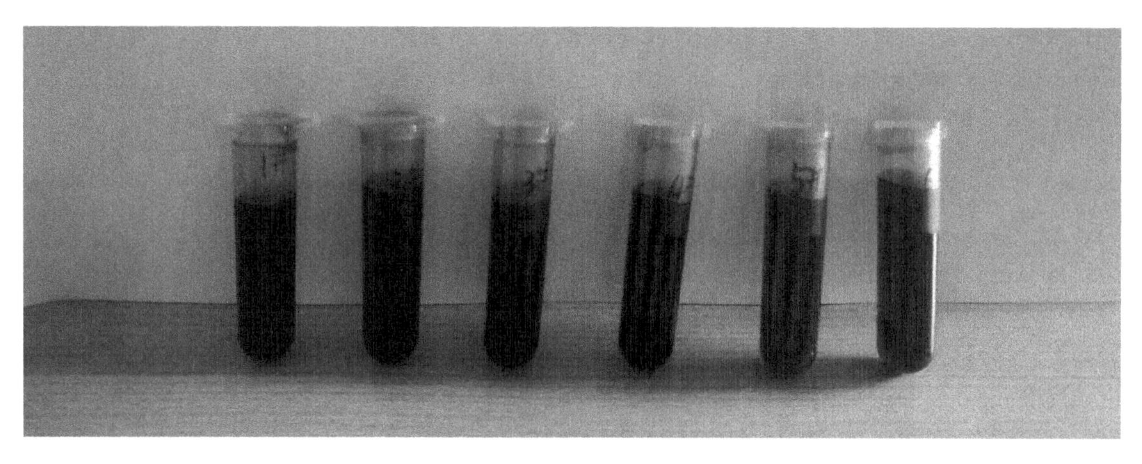

图 4-5　六处遗址土体淀粉碘化钾实验现象

（七）其他测试结果

此外，在样品处理过程中发现，除大浮坨段和香营段遗址土体中未掺入石子外，其他四处遗址取样土体中均掺加了石子，不同土样中掺加石子的形态见图 4-6，所取土样中石子掺量及粒度范围见表 4-8。

刘斌堡

小观头

西王化营村

蒋家堡

图 4-6　不同土样中掺加石子形态

表 4-8　各土样中石子掺量及粒径范围

试样名称	石子掺量（%）	石子粒径范围（mm）
大浮坨	无	无
刘斌堡	7.06	2.4 ~ 15
小观头	4.26	2.3 ~ 15
西王化营村	3.16	3.8 ~ 11
蒋家堡	3.36	4.1 ~ 8.2
香营	无	无

（八）力学强度测试结果

对从现场取回的土样进行剪切强度和抗压强度测试，并记录抗压强度测试过程的负荷－位移曲线，结果见表 4-9 及图 4-7。由于几处遗址土体受风化作用使得土体的土质疏松，在剪切强度测试制样过程中大浮坨、刘斌堡、小观头、蒋家堡段遗址土体碎裂破坏而未能完成测试，西王化营及香营段遗址土体的内摩擦角及黏聚力分别为 30.1、28.8 及 35.5、26.6。在六处遗址中，刘斌堡及蒋家堡段遗址土体的抗压强度较低，其中蒋家堡段土体抗压强度最低，为 0.054MPa；大浮坨、小观头及香营段遗址土体抗压强度相近；西王化营段遗址土体的抗压强度最高，达 0.31MPa。由图 4-7 可见，当土体受到最大压力而发生破坏时，刘斌堡段遗址土体发生的变形量最小，该处遗址更容易受外力作用而发生变形破坏，香营段遗址土体发生破坏时的变形量最大，这与其较高的强度相吻合。

表 4-9　六处遗址土体的力学性能参数

试样名称	剪切强度		抗压强度（MPa）
	内摩擦角（°）	黏聚力（kPa）	
大浮坨	/	/	0.17
刘斌堡	/	/	0.088
小观头	/	/	0.17
西王化营	30.1	28.8	0.31
蒋家堡	/	/	0.054
香营	35.5	26.6	0.21

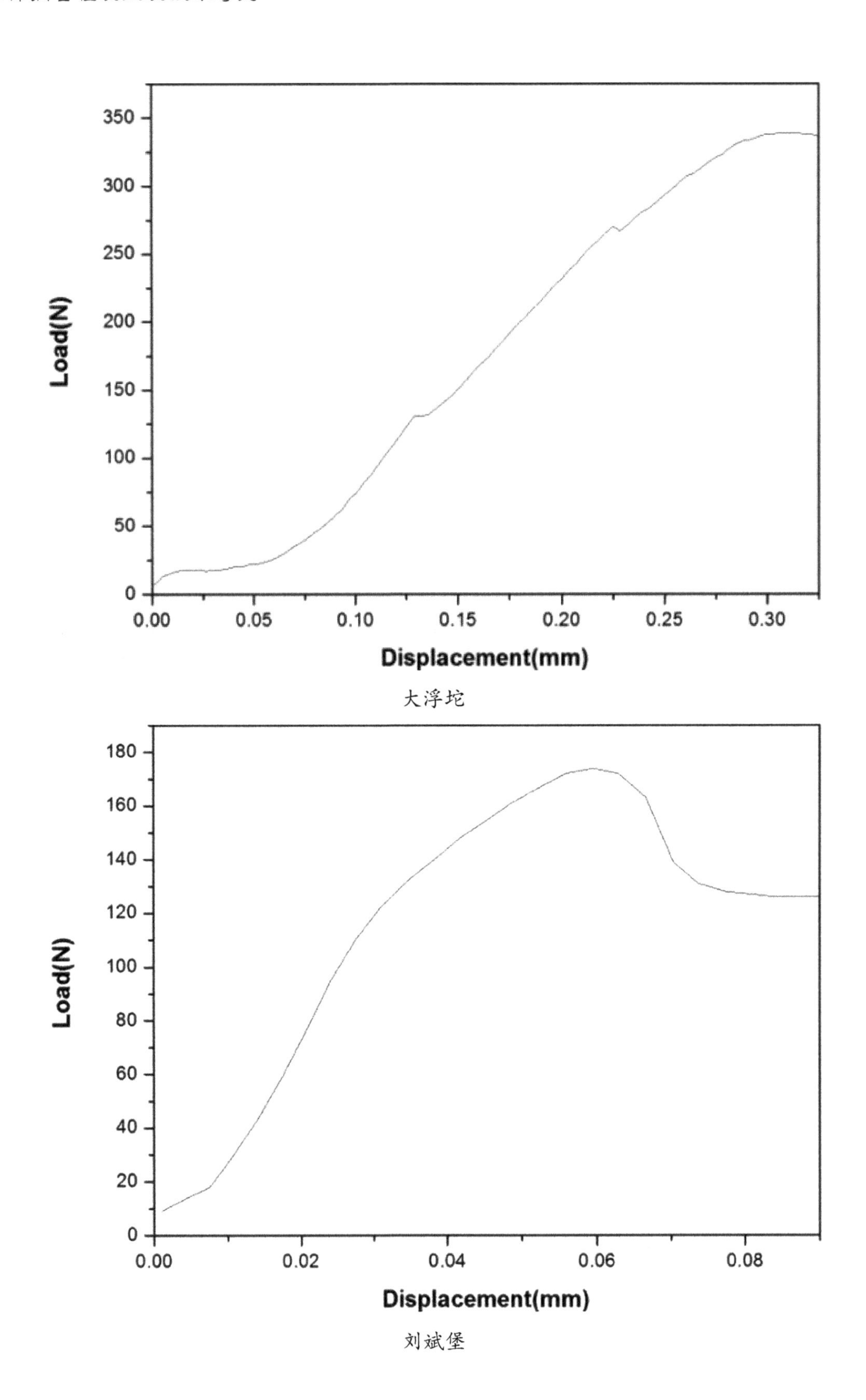
Load(N)
Displacement(mm)
350
300
250
200
150
100
50
0
0.00
0.05
0.10
0.15
0.20
0.25
0.30
Load(N)
Displacement(mm)
180
160
140
120
100
80
60
40
20
0
0.00
0.02
0.04
0.06
0.08

大浮坨

刘斌堡

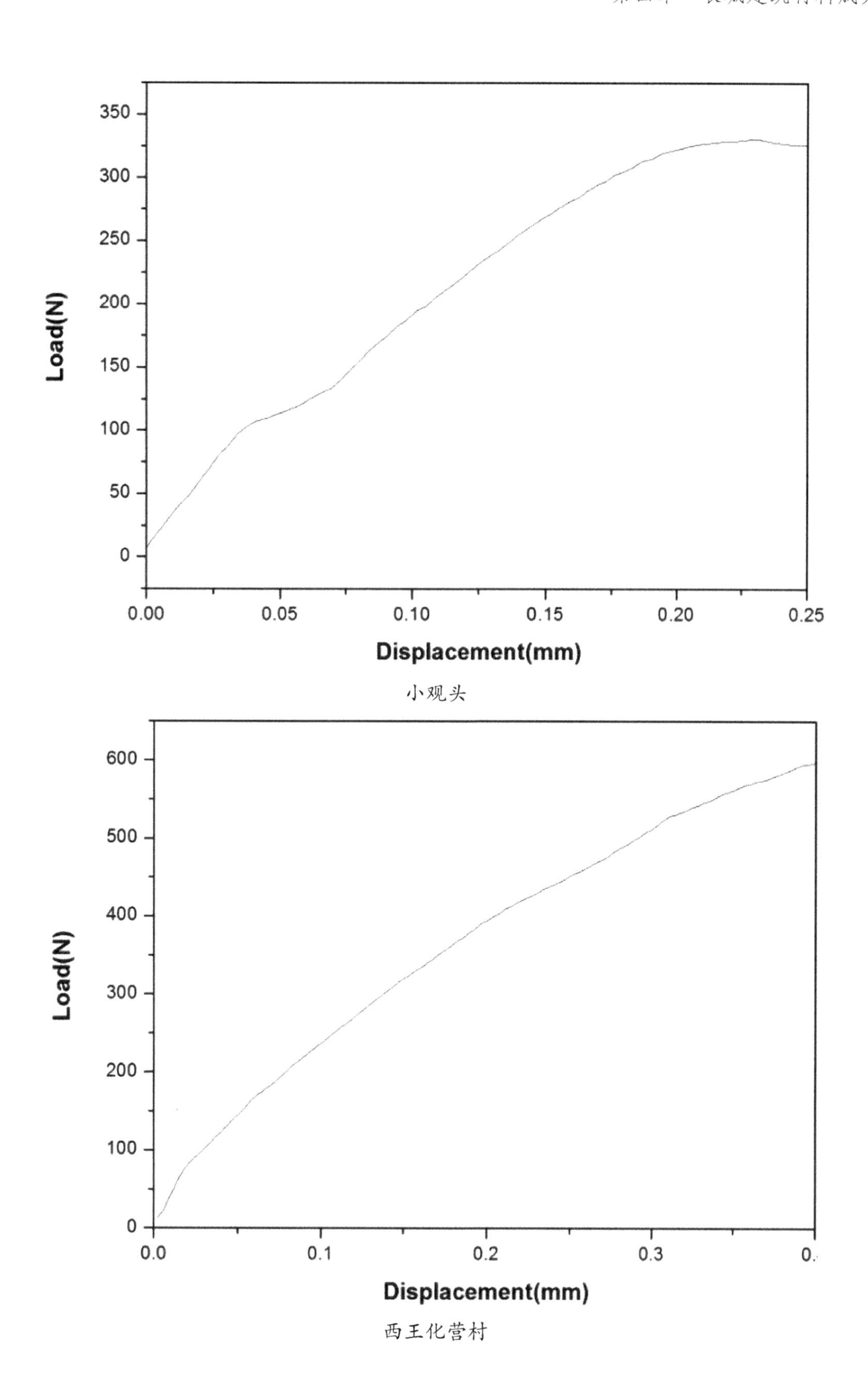

Load(N)
350
300
250
200
150
100
50
0
0.00
0.05
0.10
0.15
0.20
0.25
Displacement(mm)
Load(N)
600
500
400
300
200
100
0
0.0
0.1
0.2
0.3
Displacement(mm)

小观头

西王化营村

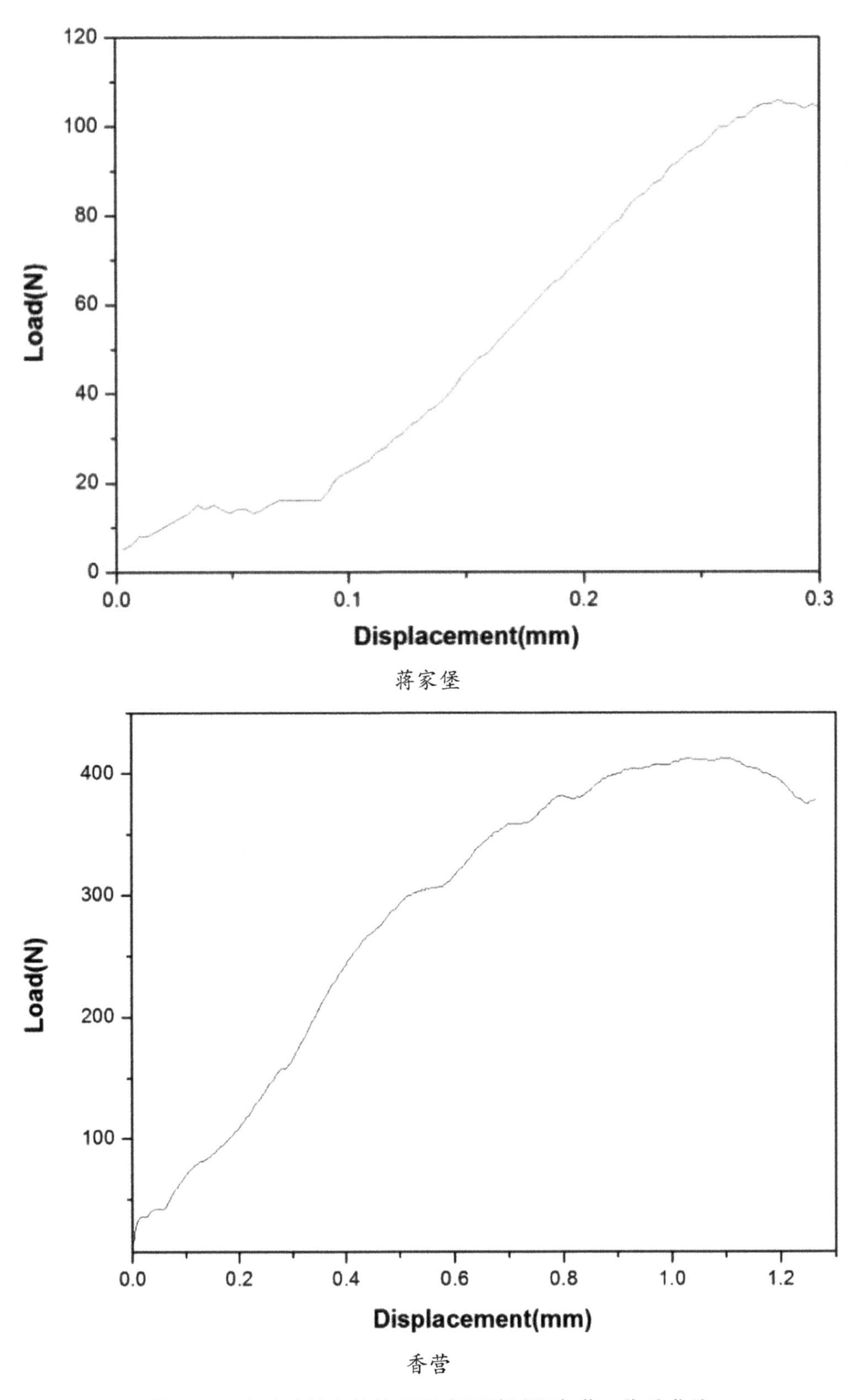

图 4-7　六处遗址土体抗压强度测试过程负荷—位移曲线

（九）耐水崩解性测试结果

对从现场取回的土样进行耐水崩解性测试，测试过程中的现象见图 4-8。六处遗址土样放入水中 5min 后均发生崩解破坏，耐水崩解性很差。

水浸泡前

浸泡 5min

大浮坨

水浸泡前

浸泡 5min

刘斌堡

水浸泡前

浸泡 5min

小观头

水浸泡前

浸泡 5min

西王化营

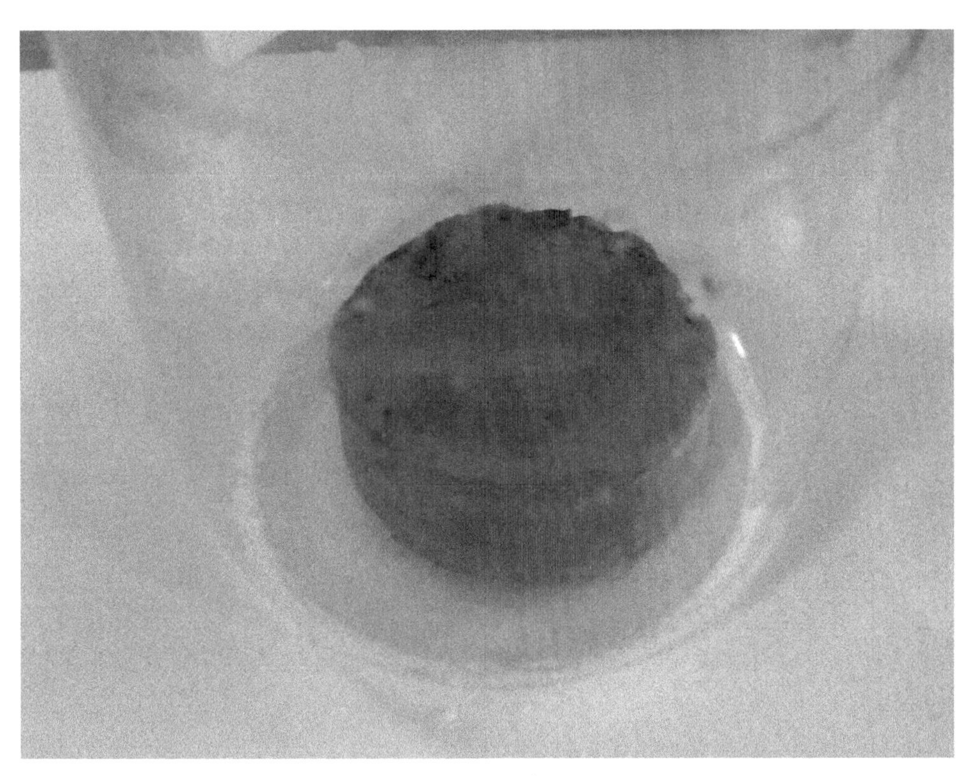

水浸泡前

浸泡 5min

蒋家堡

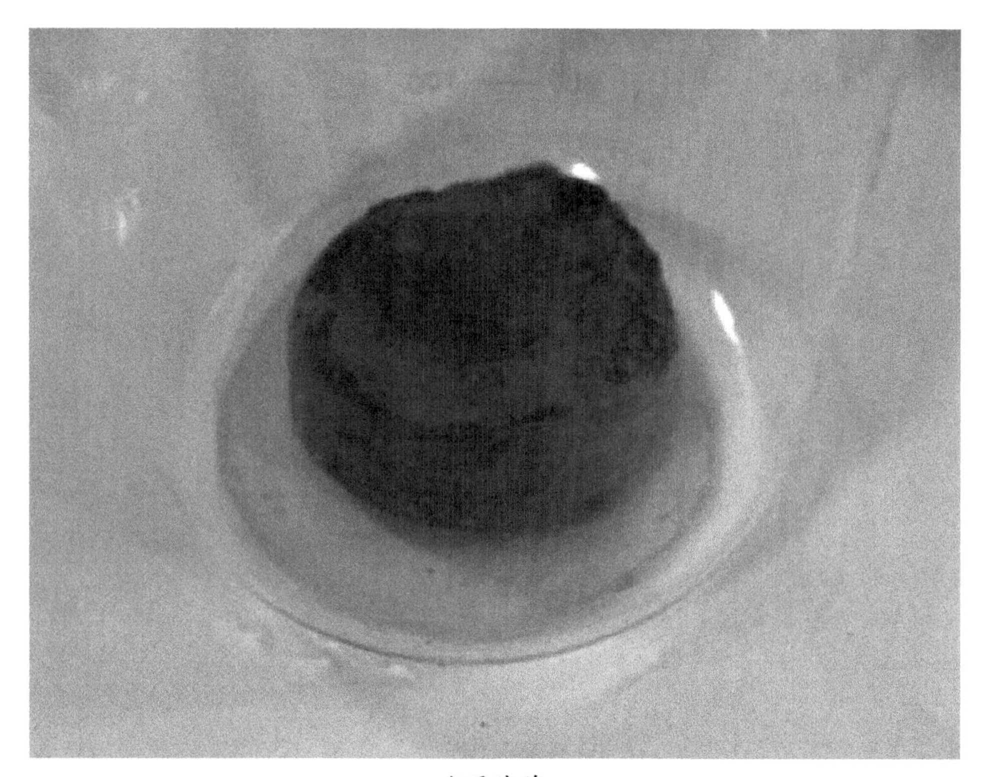

水浸泡前

浸泡 5min

香营

图 4-8　六处遗址土体耐水崩解性测试现象

（十）小结

北京市延庆区大浮坨、刘斌堡、小观头、西王化营村、蒋家堡、香营六处夯土长城遗址处于野外环境，周围草木生长繁茂，受到草木根系根劈作用影响较大。在光照、雨水等因素作用下，六处遗址土体表面均存在裂隙、酥粉等病害，风化较为严重。此外，大浮坨、刘斌堡、蒋家堡段遗址受到人为开挖、跨建桥梁及修建健身娱乐设施等行为的破坏作用，墙体整体稳定性降低。

六处遗址土体均为粉土，土体粒径主要分布在0.075mm ~ 0.005mm，土体密度在1.60 ~ 1.83g/cm^{3}范围内，土体孔隙比在0.49 ~ 0.69之间，土体含水率在3.48% ~ 6.62%之间，含水率整体较低。六处遗址土体pH值均大于7，土体呈碱性。大浮坨、刘斌堡、小观头、西王化营、蒋家堡段遗址土体的易溶盐总量相近，平均值约为0.07%，总体含盐量较低，但香营段遗址土体的易溶盐总量较高，受盐害作用较大。

土体主要的矿物组成为土壤中常见物质石英（SiO_2）、钠长石（$NaAlSi_3O_8$）、绿泥石（$(Mg,Al,Fe)_6(Si,Al)_4O_{10}(OH)_8$）、云母（$(K,Na)(Al,Mg,Fe)_2(Si,Al)O_{10}(OH)_2$）、高岭石（$Al[Si_4O_{10}](OH)_8$），其中大浮坨及蒋家堡段遗址土体中发现方解石（$CaCO_3$）含量较高，该两处遗址建造时添加了石灰，添加石灰的比例分别约为4.2%及1.2%，相比于传统的三七灰、二八灰的比例低很多，并且土样的碳酸化程度很高，六处遗址土样现存状态下均不含糯米浆。

由于几处遗址土体受风化作用使得土体土质疏松，土体整体强度较低，耐水崩解性均很差，建议及时采取保护措施。

二、居庸关云台检测分析

始建于元代的居庸关云台距今已有670多年的历史，云台拱门边刻有元代盛行的典型宝相华唐革纹饰浮雕，表现出设计者高超的技艺；拱门内还有神态各异、栩栩如生的佛像浮雕，体现了较高的艺术价值；门洞内壁刻有六种文字的陀罗尼经，具有很高的文化价值（如图4-9）。

图 4-9　云台整体外貌（图片来源于网络）

（一）保存现状调查

经历了几百年的历史变迁，云台已经出现了严重的风化，严重影响石刻的美观，近年来北京环境不断恶化，酸雨、雾霾都对云台的石质文物构成相当大的威胁。通过现场调研，对云台存在主要风化病害总结如图 4-10 所示：

为了全面了解云台石刻的风化状况，现将主要风化病害类型及保存现状列于表 4-10 中：

表 4-10　主要病害类型调查表

病害类型		对应图片	病害描述及主要分布区域
表层风化	片状脱落	图 4-10a、图 4-10b	风化层厚度 1mm ~ 10mm，主要分布在券门四周墙壁的的中部
	表面泛盐	图 4-10c	多分布与券门四周墙壁的中部和上部，范围较大
	粉化剥落	图 4-10d、图 4-10e	主要是台基顶部四周的栏板，花纹完全模糊，数量较少

续　表

病害类型		对应图片	病害描述及主要分布区域
	鳞片状起翘与剥落	图 4-10f	石材表面鳞片状起翘并脱落，主要分布在台基顶部望柱柱头表面
	表面溶蚀	图 4-10g	石材表面被严重腐蚀，失去了原来的形貌，主要分布在台基顶部栏板的寻杖处
	孔洞状风化	图 4-10h	石材表面出现了密度比较大的孔洞，主要存在券门两侧花纹脱落后的残存岩石表面
裂隙	机械裂隙	图 4-10i、图 4-10j	主要为应力裂隙，多深入石材内部，裂缝网状交错导致石质文物局部脱落，主要分布在券门四周墙壁的中上部以及雕刻花纹处；券门四周的载荷石上，数量较多
	浅表性裂隙	图 4-10k	主要为风化裂隙，多呈现里小外大的 V 字形裂缝，沿岩石生长纹理的位置数量较多，多发生在云台四周墙壁中部；台基顶部螭首及栏板表面也有较多的风化裂缝
	构造裂隙	图 4-10l	主要为原生裂隙，裂隙表面平整、多成组出现
生物病害	微生物病害	图 4-10m	呈现黑色斑点，多分布与券门四周墙壁的中部和上部，范围较大
机械损伤	断裂	图 4-10n	主要分布在台基顶部栏板净瓶花纹所连接的部分寻杖有断裂的痕迹
	缺失	图 4-10o、图 4-10p	石块脱离原来的位置，有小石块缺失，主要分布于券门四周载荷石的边缘；一整块荷载石整体缺失，主要是载荷基石上部的石头，数量较少
表面变色	水锈结壳	图 4-10q	石材表面出现黄色水渍，主要存在于载荷基石的表面
水泥修补	砂浆修补	图 4-10r	人为地在表面缺失的地方用砂浆修补

本文研究的主要构件为云台四周墙壁、台基石以及台顶四周栏杆的石质文物，通过现场调查发现云台石质文物的保存状况不容乐观，病害种类较多且风化程度十分严重，最为严重的病害类型为表面泛盐（图 4-10c）、纵横交错的风化裂缝（图 4-10k）及厚度不同的片状脱落（图 4-10a、图 4-10b）。还有一种相对比较严重的病害是墙体分布着大量的黑色斑点（图 4-10m），之所以认为这是微生物病害，是因为在文献[135]中提到 20 世纪 50 年代后第三次修缮时，云台墙壁表面发育有霉菌、地衣、苔藓等低等生物，而且裂隙或孔洞中生存着昆虫，其生存过程中所分泌的有机酸对岩石具有腐蚀作用，其遗骸附着在石质文物表面与表层，使石壁表面成为一片黑色，掩盖了石刻本来的面目，说明这些黑色的小孔洞可能是由于微生物侵蚀造成的。券洞门两侧出现了小面积的溶孔（图 4-10h），溶孔所在岩石表面呈现绿色，可能是由于苔藓、霉菌在

a. 片状脱落（1）

b. 片状脱落（2）

c. 表面泛盐

d. 粉化剥落（1）

e. 粉化剥落（2）

f. 鳞片状起翘

g. 表面溶蚀

h. 孔洞状风化

i. 机械裂隙（1）

j. 机械裂隙（2）

k. 浅表性裂隙

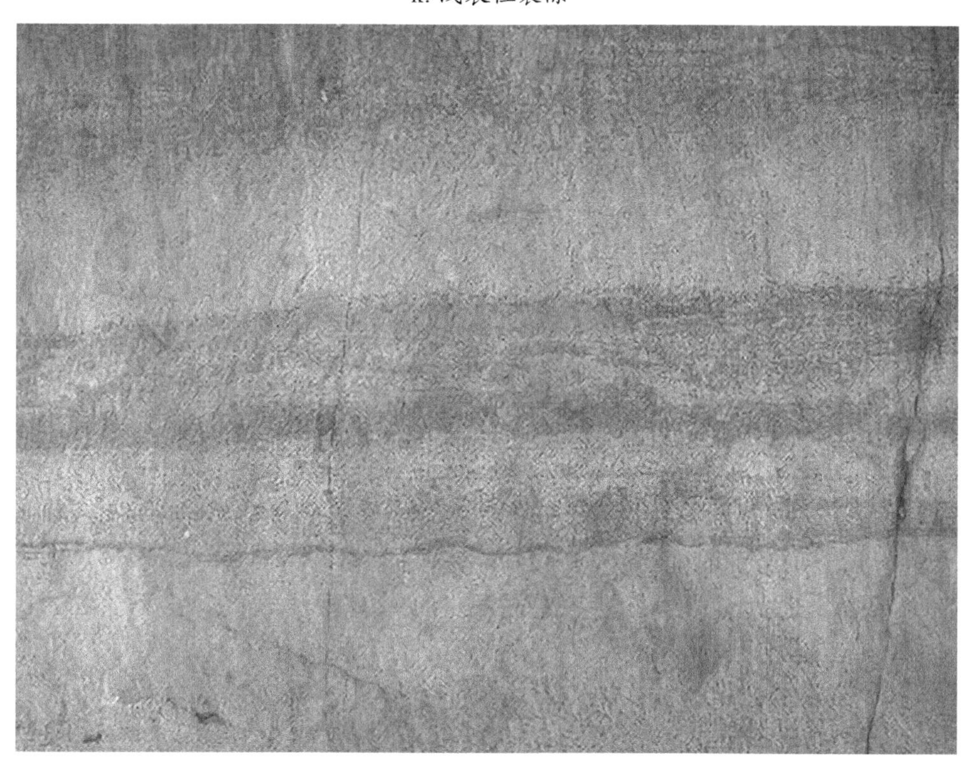

l. 构造裂隙

m. 微生物病害

n. 断裂

o. 缺失（局部）

p. 缺失（整体）

q. 表面变色

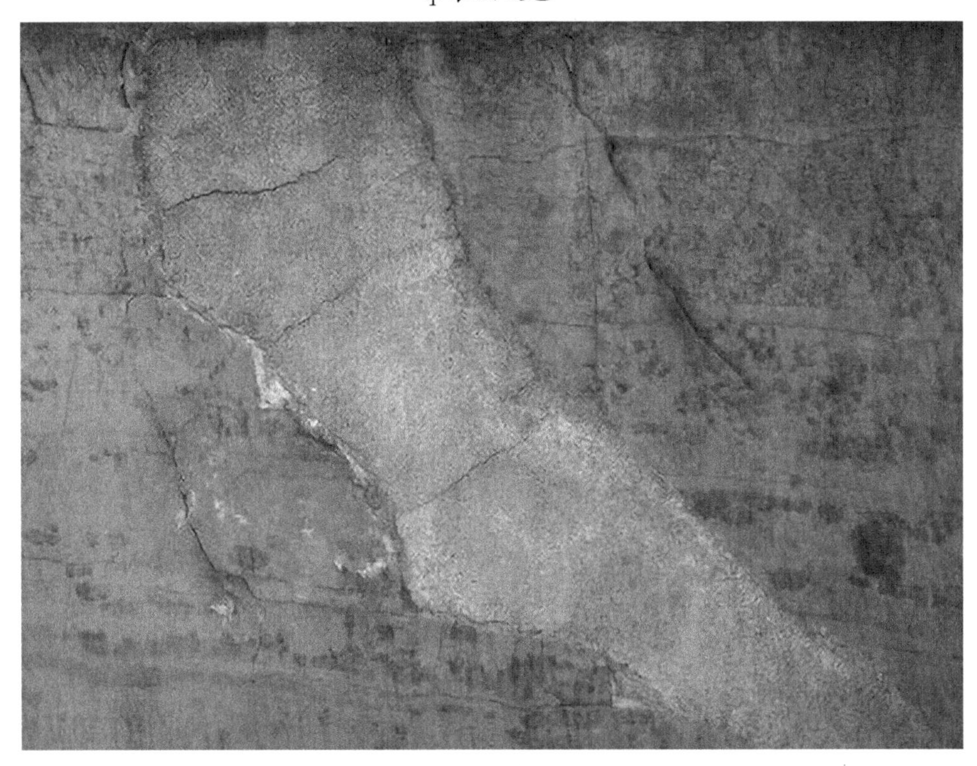

r. 砂浆修补

图 4-10　云台四周墙壁及台顶病害类型图

此处大量繁殖，进而造成溶孔的产生。台基顶部四周石质构件中有些栏板表面酥粉严重，致使表面纹饰模糊（图 4-10e）。此外，云台还存在一些相对较轻的病害，比如鳞片状起翘（图 4-10f）、表面溶蚀（图 4-10g）、断裂（图 4-10n）、缺失（图 4-10o、图 4-10p）、表面变色（图 4-10q）及砂浆修复（图 4-10r）。

总体而言，风化病害已经严重影响云台外部美观，纵横的裂缝及大面积脱落正在继续发生，严重者会影响云台的安全。本部分将重点放在云台石质文物表面风化病害产生原因的研究，即对表面泛盐、浅表性裂隙（风化裂缝）和片状脱落这三种严重病害进行深入研究，并证实黑色斑点是微生物侵蚀所致。

（二）云台石质文物风化病害机理分析

为了进一步研究云台石刻的风化机理，在现场取适量样品，通过 X- 射线衍射（XRD）、扫描电子显微镜（SEM-EDS）、离子色谱等测试方法研究石材风化机理。

1. 表面形貌及元素成分分析

采用型号为：HITACHI S-4700 的扫描电镜显微镜对风化石材表层进行形貌观察后，经与新鲜的岩石内部形貌相比，对风化层表面形貌类型总结如下图和表所示。

表 4-11　云台风化样品表面微观形貌表述

编号	微观形貌描述
图 4-11b	岩石表面广泛分布白色泛碱病害，其微观形貌中有许多形状规则的结晶盐晶粒
图 4-11c	层状脱落岩石样品表面被一层风化物覆盖，可能是石膏
图 4-11d	块状脱落岩石样品表面矿物颗粒形状不规则，且表面分散大量风化物碎屑
图 4-11e	裂缝断层表面有一层绿色覆盖物，其微观形貌呈片状
图 4-11f	片状脱落岩石样品矿物颗粒风化，岩石内部的一些杂质矿物裸露出
图 4-11g	除表面白色泛碱病害，许多地方出现黑色微生物严重腐蚀点，几乎看不到矿物颗粒
图 4-11h	台基顶部栏板表面泛白，矿物颗粒明显，但表层似被一层黏附物覆盖（可能是之前工程中使用的封护剂）
图 4-11i	台基顶部栏板表面泛黄，矿物颗粒明显，但颗粒间缝隙明显增大
图 4-11j	台基顶部栏板表面泛黑，颗粒表面似被一层有机物覆盖

由图 4-11 可以看出与新鲜石材微观形貌相比，风化样品均发生了很大程度的变化。王帅[136]在研究北京西黄寺石质文物时通过电镜观察发现大理岩的酥粉剥落在微观结构上主要表现为颗粒间裂隙扩大，图 4-11h、图 4-11i 印证了这一结论，颗粒完整性明显，但是颗粒间裂隙较大；该文献还指出大理岩表面剥落过程以物理风化为主，片状剥落在微观上表现为层状裂纹、龟裂、穿晶裂纹，表面有少量的次生矿物，图 4-11d、图 4-11f 印证了这一结论，表现为颗粒被腐蚀成碎屑。图 4-11c、图 4-11j 表面一层厚厚的覆盖物及图 4-11h 颗粒表面的附着物无法确定其来源，需进一步研究才能证实其来源。

表 4-12 云台石材样品元素种类及含量（Wt%）

样品	对应图形	元素种类及含量（Wt%）										
		C	O	Mg	Ca	Si	Fe	Al	S	K	Na	Cl
Y-1	图 4-11a	10.51	42.37	3.83	43.28	—	—	—	—	—	—	—
Y-2	图 4-11b	9.3	39.1	2.9	9.1	17.0	1.2	0.9	0.6	16.8	2.7	0.4
Y-3	图 4-11c	16.2	48.1	7.6	16.0	6.6	1.5	2.1	0.1	0.7	—	—
Y-4	图 4-11d	3.8	46.8	10.9	16.1	19.7	0.8	1.1	—	0.8	—	—
Y-5	图 4-11e	5.4	51.1	7.7	24.0	3.7	0.8	0.3	7.0	—	—	—
Y-6	图 4-11f	5.4	45.5	3.0	26.9	1.9	3.8	1.1	—	12.5	—	—
Y-7	图 4-11g	5.3	44.7	15.7	6.5	14.7	3.0	3.2	1.3	4.1	1.4	—
Y-8	图 4-11h	21.2	44.2	0.7	1.5	28.0	—	—	—	4.4	—	—
Y-9	图 4-11i	9.7	38.6	0.4	3.8	36.7	—	0.4	—	10.3	—	—
Y-10	图 4-11j	18.8	44.4	1.7	3.3	18.2	4.4	6.3	—	2.0	0.9	—

表 4-12 所示是云台新鲜和风化石材样品的 EDS 测试结果，可见所有样品均含有 C、O、Mg 和 Ca 元素，其中样品 Y-1 只含有这四种元素，说明云台石质文物材质中一定含有这四种元素。样品 Y-2 至 Y-10 均为风化样品，均含有 Si 元素，大部分含有 Fe、Al 和 K，少部分含有 S、Na 和 Cl，其中样品 Y-2 表面被白色的盐所覆盖，说明覆盖的盐层可能是钠盐和钾盐。样品 Y-2、Y-3 和 Y-7 中均检测出了 S 元素。李杰[52]在研究北京故宫三台螭首构件的病害类型时，在片状脱落风化物中检测到了大量的 S 元素，并指出主要是由于细菌分泌物及酸雨造成，样品 Y-7 宏观上呈黑色斑点状，并且检测到硫

a. 内部石材

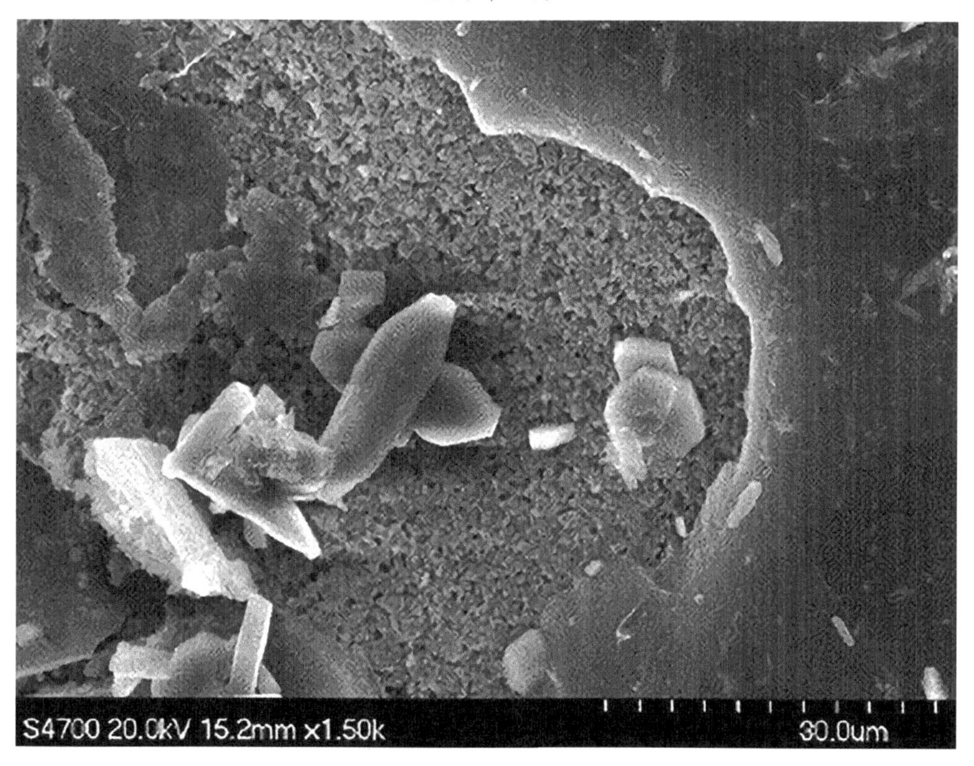

b. 表面白色结晶盐

c. 表层被风化层覆盖（石膏）

d. 块状脱落表面风化层

e. 裂缝表层

f. 片状脱落风化层

g. 表面黑点风化层（Fe_2O_3 等）

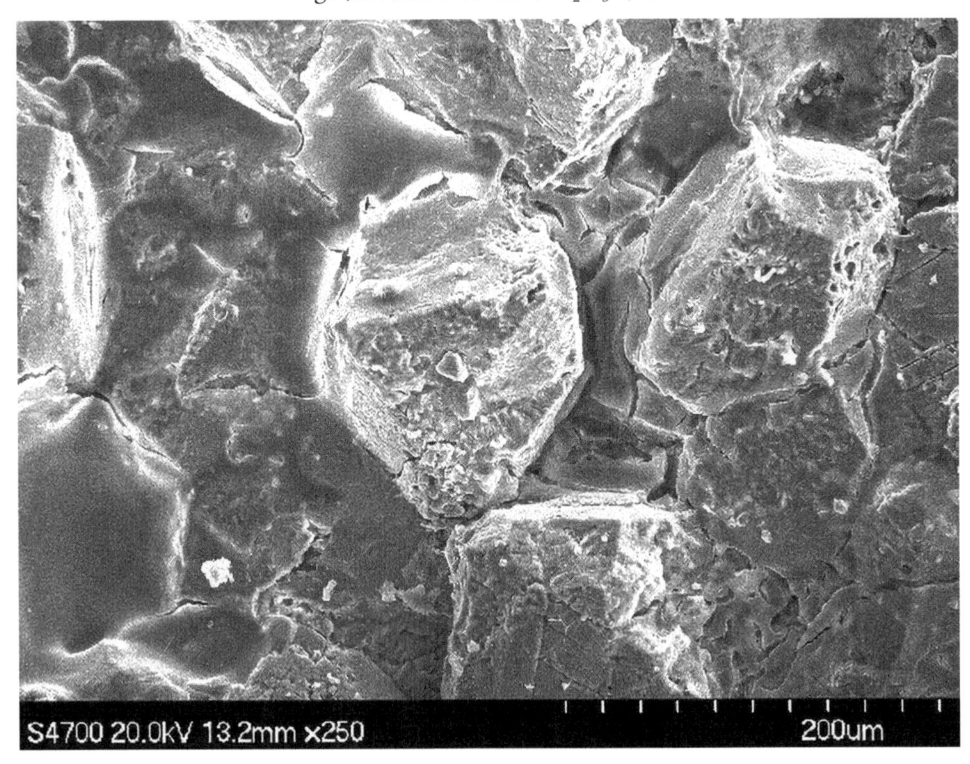

h. 栏板表面泛白（表面有一层黏附物）

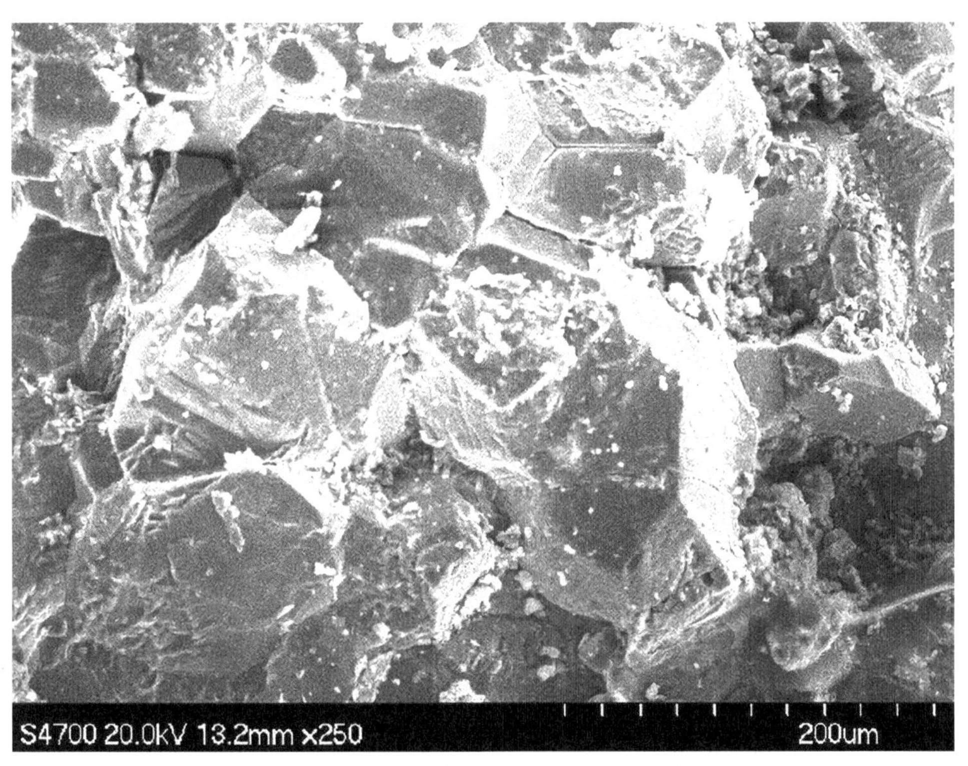

i. 栏板风化层表面（颗粒之间缝隙）

j. 栏板表面黑色覆盖物

图 4-11　云台风化样品表面微观形貌图

元素含量高达 1.3%，结合上文中的描述，进一步证实了该病害为微生物所引起。

2. 样品矿物成分分析

采用型号为 2500VB2+PC 的 X- 射线衍射仪对石材样品进行 X 射线衍射分析，获得石材的矿物成分及含量。实验条件：X 射线：CuKα（0.15418nm）；管电压：40kV；管电流：100mA。

表 4-13　云台风化样品 XRD 结合 SEM+EDS 结果分析

编号	样品描述	分析结果
YT-1	块状脱落石块，将风化层除去，取内部石材	云台内部石材风化程度较小，XRD 测试检测到白云石 $CaM(CO_3)_2$；EDS 分析含有 O、C、Ca、Mg 元素，表明云台主要是大理岩构成；SEM 图表示微风化石材颗粒间紧密结合，颗粒表面很干净，基本上无风化产物，甚至能看到完整的菱形矿物颗粒（图 4-11a）
YT-2	云台西侧墙壁下部，表面泛盐	云台外侧四周的墙壁上分布大量白色斑点病害，XRD 检测到白云石 $CaM(CO_3)_2$、方解石 $CaCO_3$；EDS 分析含有 C、O、Ca、Si、Al、Na、K、S、Cl 元素，说明白点是由于盐析出造成，含有 NaCl、KCl、Na_2SO_4 等；SEM 图中颗粒表面被一层白色泛碱物覆盖，表面某些位置能清晰看到完整的结晶盐颗粒（图 4-11b）
YT-3	云台西南侧地面，块状脱落石材表面风化层 1mm-2mm	云台外侧墙壁脱落的块状风化石材，XRD 检测到白云石 $CaM(CO_3)_2$、方解石 $CaCO_3$、石英 SiO_2；EDS 分析含有 O、C、Ca、Mg、K、Si、S 元素，说明风化层含有石膏 $CaSO_4 \cdot 2H_2O$、芒硝 $Na_2SO_4 \cdot 10H_2O$，SEM 图中能依稀看到颗粒之间的边界，矿物颗粒被风化破裂，表面散落着大量的碎屑
YT-4	云台东侧墙壁中部，片状脱落风化层 2mm-3mm	云台外侧墙壁上片状脱落样品，易碎，XRD 检测到白云石 $CaM(CO_3)_2$、方解石 $CaCO_3$、Al_2O_3；EDS 分析含有 O、C、Ca、Mg、Fe、Si 元素，表明有硅酸盐矿物；SEM 图中石材表面已经看不到矿物颗粒，似被一层致密的风化产物所覆盖（图 4-11c），无覆盖物的表面矿物颗粒被溶解，表面散落风化物碎屑，不能溶解的硅酸盐矿物裸露在表面（图 4-11f）
YT-5	云台东侧墙壁下部，微生物侵蚀	云台东侧外墙上分布大量的黑色点状病害，XRD 检测到白云石 $CaM(CO_3)_2$、K_2SO_4；EDS 分析含有 O、C、Ca、Mg、K、Si、S，Na、Al、Fe 元素，黑点有可能是微生物分泌有机酸将石材腐蚀；SEM 图显示矿物颗粒被腐蚀，已经无法辨认颗粒形状（图 4-11g）
YT-6	云台顶部台基栏板表面片状脱落风化层 3mm-5mm	云台顶部台基四周栏板发生片状脱落，XRD 检测到白云石 $CaM(CO_3)_2$；EDS 分析含有 O、C、Ca、Mg、K、Si 元素，由 SEM 图可以看出矿物颗粒表面被一层硅酸盐类物质黏附（图 4-11h）
YT-7	云台顶部台基栏板表面脱落泛黑风化层 3mm-5mm	云台顶部台基四周栏板上片状脱落样品发黑，XRD 检测到白云石 $CaM(CO_3)_2$；EDS 分析含有 O、C、Ca、Mg、K、Na、Fe、Si、Al 元素，说明黑色覆盖物主要为有机物类，可能含有 SiO_2、Fe_2O_3；SEM 形貌图中可以看到矿物颗粒表面有一层致密的覆盖层（图 4-11j）
YT-8	裂缝断层	裂缝断层表面形貌显示为层状物，只对裂缝断层做 EDS 分析，含有元素 O、C、Ca、Mg、Fe、Si、Al、S，可能存在 $CaSO_4$ 和 Fe_2O_3，SEM 图中看到断层表面呈层状分布（图 4-11e）

由图 4-12 所示，云台样品中含有大量的白云石（$CaM(CO_3)_2$）。除了白云石、方解石外，样品 YT-3、YT-4 中还分别含有少量的 SiO_2、$Al2O_3$，张中俭等在研究房山区大理岩时指出 3 级汉白玉是由白云石（约 75%）、石英（约 25%）及少量长石（主要成分为 SiO_2、$Al2O_3$）和金云母（约 2%）组成，说明 SiO_2、$Al2O_3$ 是作为风化产物而存在。根据样品 YT-2 的 EDS 结果可初步确定表面泛碱病害与可溶盐有关。样品 YT-8 的 EDS 结果显示裂缝断层处出现了大量的 $CaSO_4$ 和 Fe_2O_3，说明裂缝的产生可能与生成物石膏有关。

EDS 测试结果显示所有的风化样品表面均检测出了 Si 元素，说明样品表面含有 SiO_2，根据新鲜石材样品 YT-1 中没有检测出 Si，说明大理岩内部不含有石英矿物（SiO_2），分析其来源有三种可能：第一，风将降尘吹到石材表面。屈建军等对所采集的尘样在偏光显微镜下鉴定发现，降尘主要为轻矿物，主要是石英（47.2%）、长石（29.25%）、方解石（17.25%）、白云母（1.25%）等，降尘中含有大量的石英，处于室外环境中的岩石表面积聚了大量尘土，如样品 YT-7 表层黑色覆盖物（其微观形貌如图 4-11j 所示）就是尘土覆盖所致；第二，由于大理岩是沉积岩的一种，在动热变质作用下，[136]硅质岩可以变为石英矿物掺杂在大理岩中，当白云石（$CaMg(CO_3)_2$）被

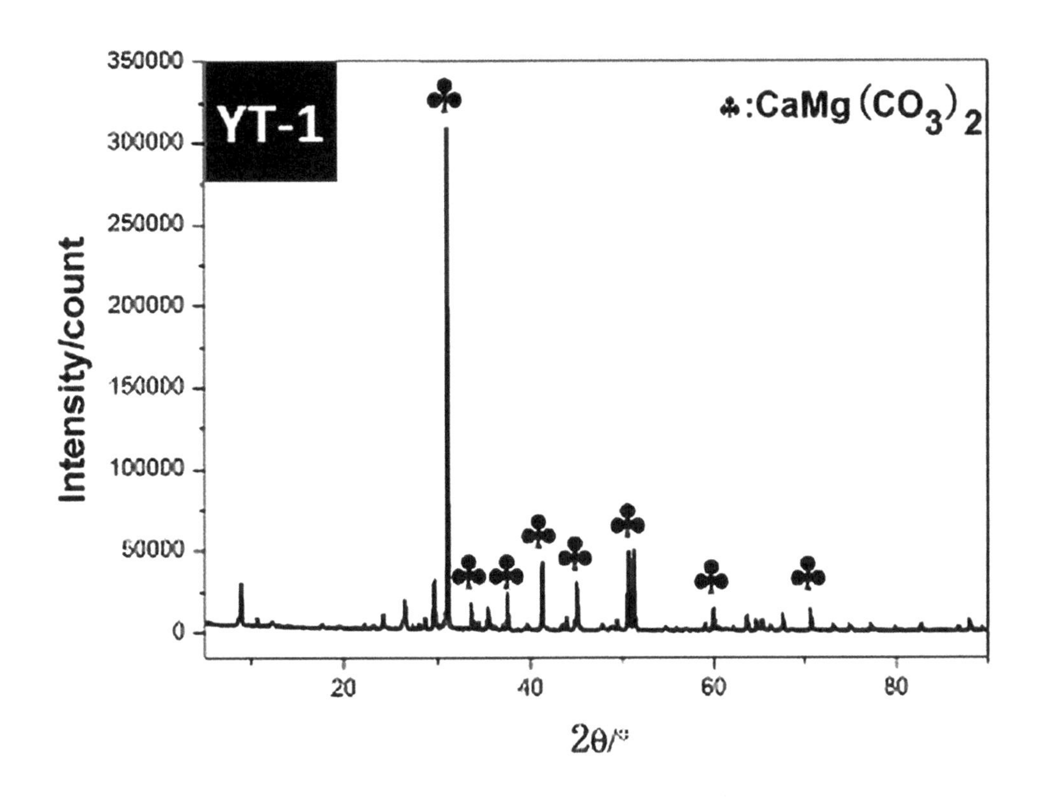

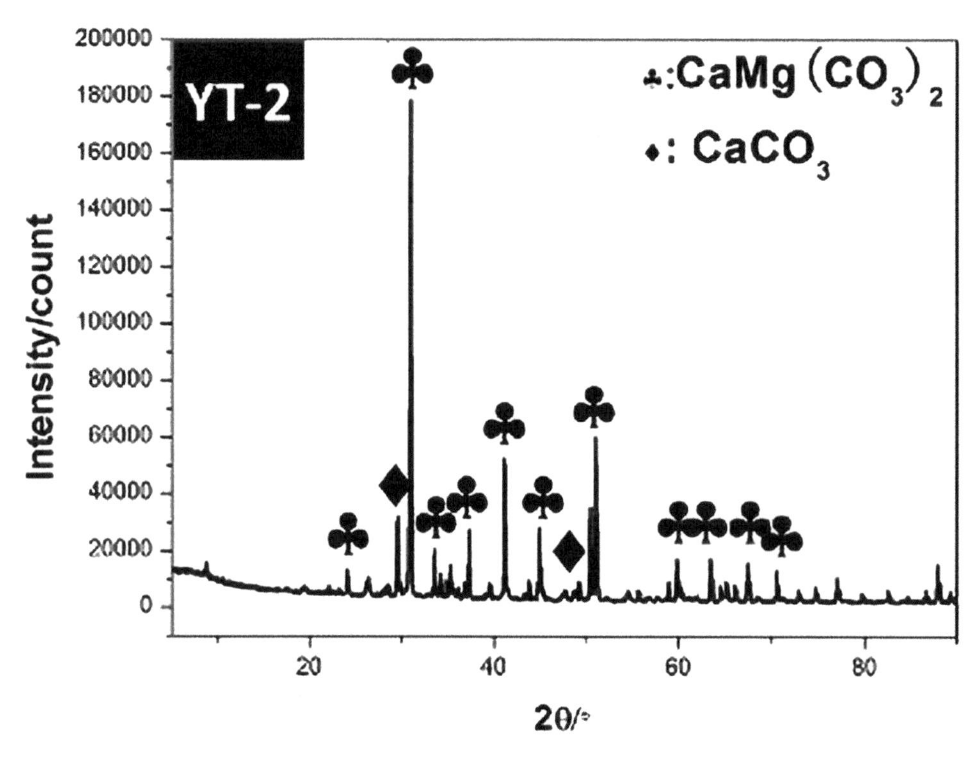
YT-2
♣:CaMg(CO3)2
♦: CaCO3
Intensity/count
2θ/°
200000
180000
160000
140000
120000
100000
80000
60000
40000
20000
0
20
40
60
80

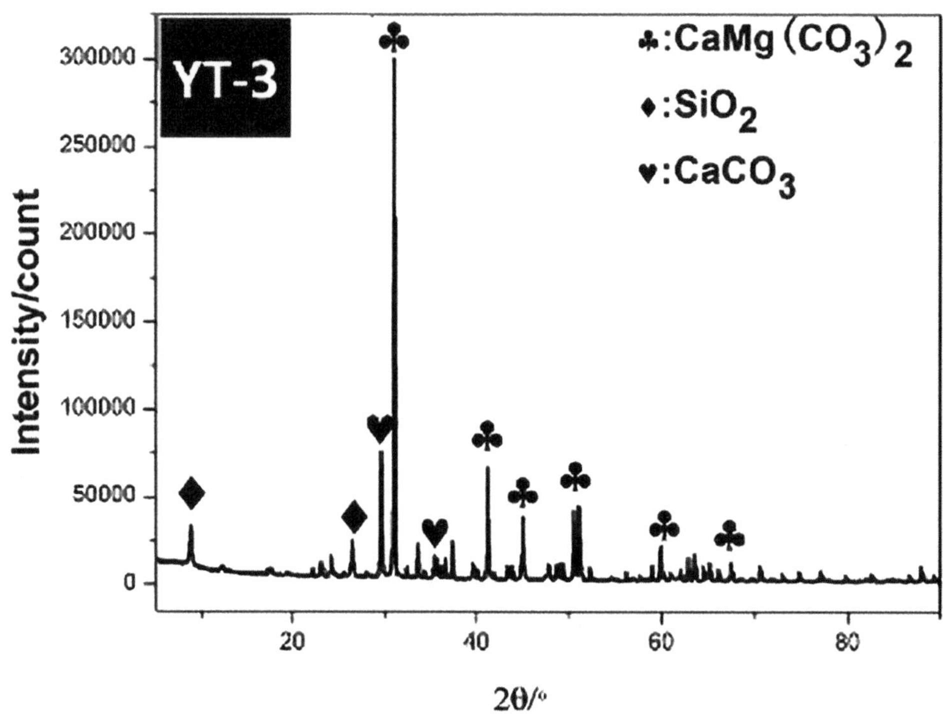
YT-3
♣:CaMg(CO3)2
♦:SiO2
♥:CaCO3
Intensity/count
2θ/°
300000
250000
200000
150000
100000
50000
0
20
40
60
80

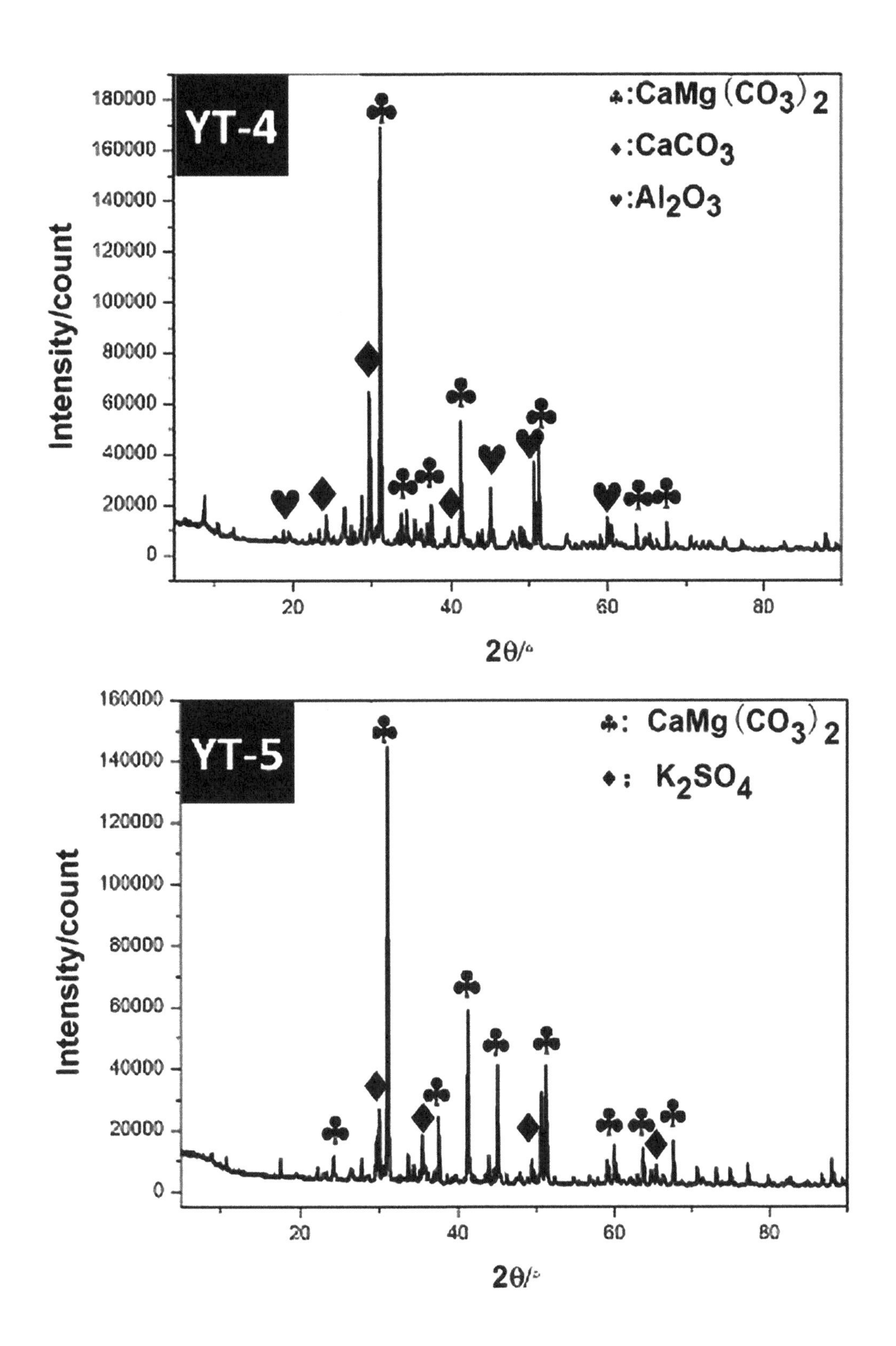
YT-4
♣:CaMg(CO3)2
♦:CaCO3
♥:Al2O3
Intensity/count
2θ/°
YT-5
♣: CaMg(CO3)2
♦: K2SO4
Intensity/count
2θ/°

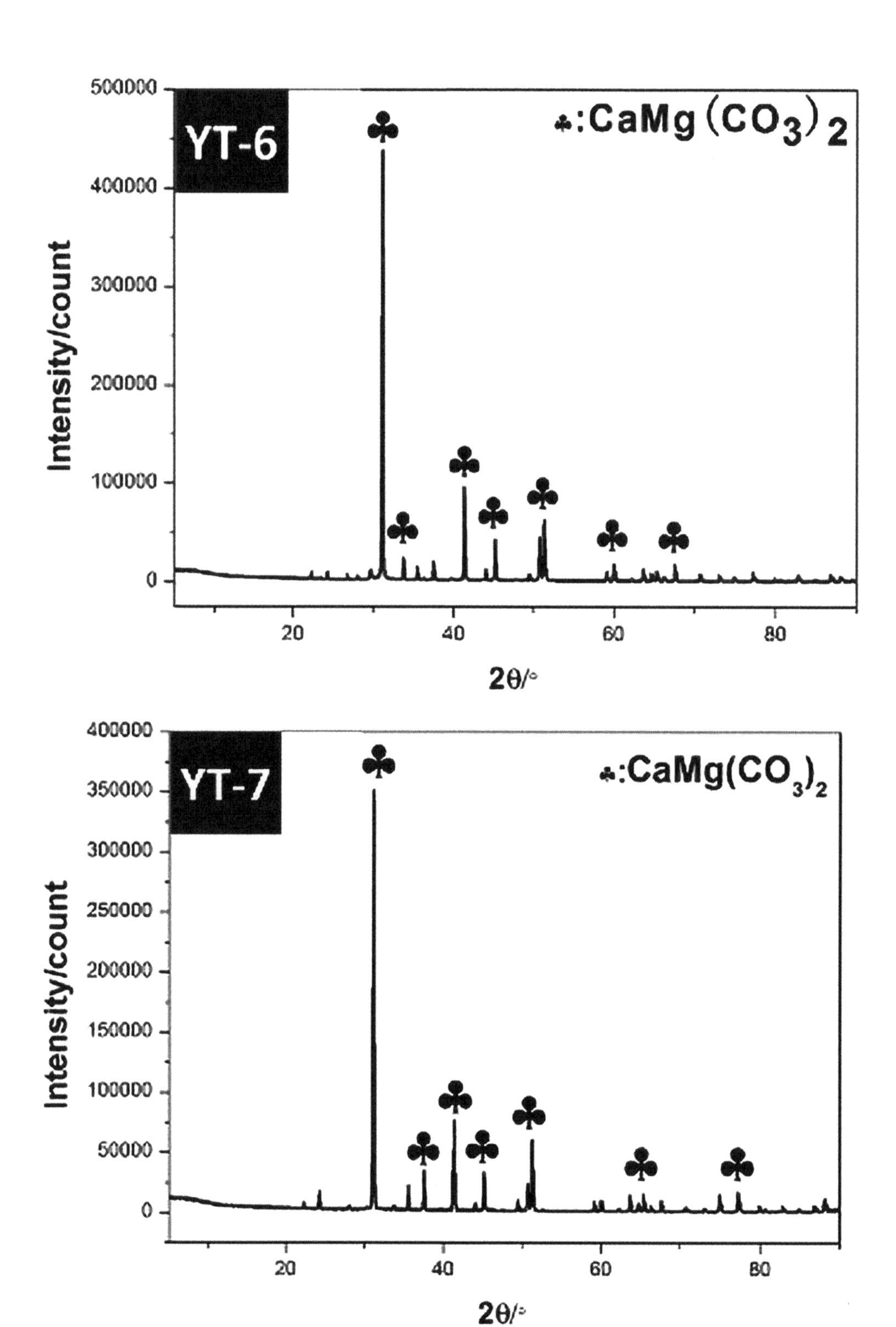

图 4–12　云台样品 XRD 图谱

酸雨中的H+腐蚀后，不易被腐蚀的石英（SiO_2）则裸露在表面；第三，文献的修缮记录中提到选用有机硅材料作为保护材料，对云台进行了全面喷涂保护，以达到防水、防风化的目的，所以可能是当时施加的有机硅保护材料，EDS显示含有大量的Si元素，很有可能是有机硅材料残留物。

3. 可溶盐对石材风化影响

从现场所取的片状脱落岩石样品，发现其背面比较光滑且潮湿，可能是可溶盐造成脱落病害，为了验证这一想法，取云台西侧层状脱落（约4mm ~ 5mm）的石材样品，分别刮取该样品表面、背面及中间部分不同深度风化层粉末，用去离子水制备可溶盐溶液，使用型号为DX-600的离子色谱仪测试离子种类及含量，结果如表4-14所示。

表4-14　风化样品不同深度阳、阴离子测试结果（ppm）

离子种类		A1-1	A1-2	A1-3
		脱落风化样品表层（约1mm）	脱落风化层内部（约2mm-3mm）	脱落风化样品背面（约1mm）
阳离子	Na^{+-}	10.6006	—	3.3363
	K^+	206.1585	45.2151	158.1992
	Mg^{2+}	14.7588	3.7055	7.4896
	Ca^{2+}	8.2638	5.2234	5.4851
阴离子	SO_4^{2-}	111.5951	8.9283	23.2726
	NO_3^-	12.3315	1.2413	11.6759
	Cl^-	22.5900	1.9654	14.4952
	NO_2^-	3.7924	2.1361	3.7180
总含盐量		0.19%	0.05%	0.11%

由表4-14中所示，与最初的设想相同，表面白色泛碱斑点风化石材样品表面的含盐量最多，大约是背面含盐量的2倍，是内部的4倍。风化石材不同表面与深度中都含有阴离子SO_4^{2-}、NO_3^-、Cl^-、NO_2^-，并含有阳离子K^+、Mg^{2+}、Ca^{2+}，但是石材中间部分却比正、反面少了一种Na^+。所有阴离子中SO_4^{2-}、Cl^-的含量差距最大，样品A1-1的SO_4^{2-}含量是A1-3的5倍，是A1-2的14倍，同时A1-1的Cl^-含量是A1-3的1.5

倍，是 A1-2 的 11 倍，样品 A1-1 与 A1-2 的 NO_3^- 含量大致相同，是 A1-3 的 10 倍。

可溶盐在云台石刻病害类型中占有很大比重，为了获得溶盐类型，刮取溶盐样品进行 XRD 定量分析以获得现存风化物的存在形式，将表面含有大量白色点状侵蚀的样品结合 SEM-EDS 测试，获得样品的显微结构与元素种类及含量。将可溶盐溶液中的水分完全挥发，得到可溶盐粉末，进行 XRD 测试，得到的结果如图 4-13 所示。

表 4-15　溶盐风化样品 SEM-EDS 分析元素组成（Wt%）

测试区域	C	O	Mg	Ca	Si	Al	Fe	K	S	Cl
1	11.4	51.2	14.5	21.4	0.9	—	0.6	—	—	—
2	28.0	39.1	2.9	13.3	10.3	1.5	1.0	3.0	0.3	0.3

可溶盐类型可能为：NaCl、Na_2SO_4、KCl、K_2SO_4、$NaNO_3$ 等，由 XRD 图中可以看出，可（中）溶盐中主要含有石膏（$CaSO_4 \cdot 2H_2O$）、硫酸钾（K_2SO_4）、芒硝（$Na_2SO_4 \cdot 10H_2O$）。其中造成岩石严重风化的离子为 SO_4^{2-}。为了进一步证明可溶盐离子对不同风化病害的影响，分别取不同岩石样品表面风化层进行离子色谱测试，结果如表 4-16 所示。

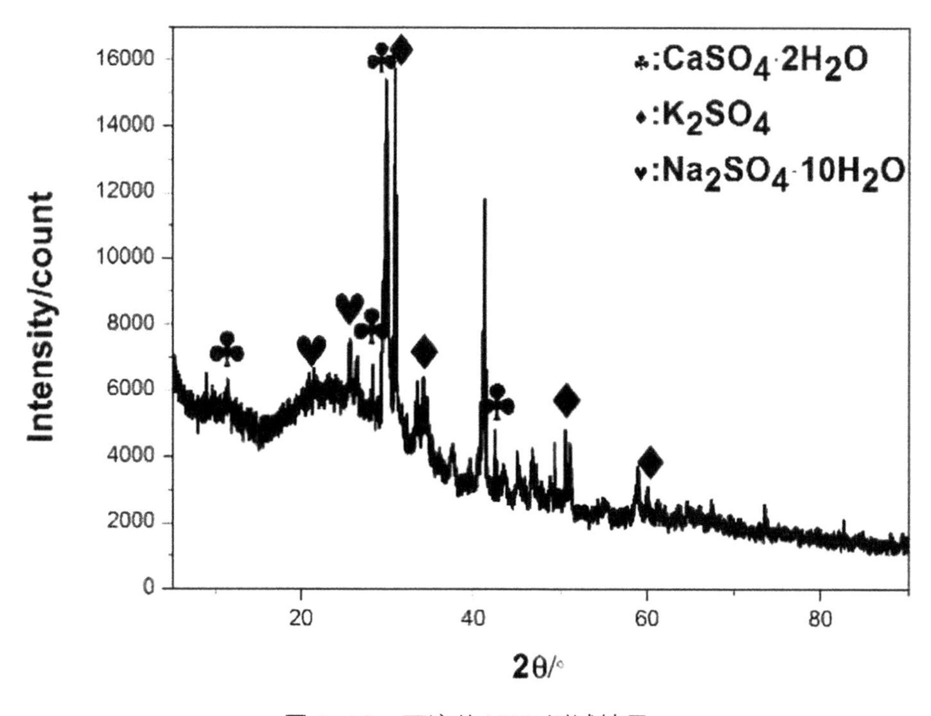

图 4-13　可溶盐 XRD 测试结果

图 4-14　表面白色盐层形貌与 EDS 测试区域

表 4-16　风化样品阴、阳离子色谱测试结果（ppm）

编号	样品描述	阴离子（ppm）				阳离子（ppm）				总量（ppm）
		SO_4^{2-}	NO_3^-	Cl^-	NO_2^-	Na^+	K^+	Mg^{2+}	Ca^{2+}	
1 号	片状脱落 - 表面泛碱（约 1mm）	111.595	12.331	22.590	3.792	10.600	206.158	14.758	8.263	397.31
2 号	片状脱落——微生物侵蚀（约 1mm）	313.522	146.742	24.424	0.603	25.400	54.662	44.818	58.838	669.68
3 号	片状脱落风化层（约 1mm）	14.058	10.399	3.196	1.623	1.021	10.236	4.550	15.167	60.89
4 号	云台顶部北侧栏板片状脱落风化层（约 2mm）	10.424	1.715	1.054	2.405	—	33.343	3.763	13.327	66.84
5 号	云台东北侧下部石材表面潮湿部分风化层（约 3mm）	14.112	11.372	5.3234	1.391	2.748	15.806	4.621	13.433	71.38
66 号	云台西侧下部块状脱落样品，取石材内部	7.262	1.915	5.142	1.877	0.431	13.991	6.859	10.981	48.68

综上所述，可溶盐的积聚、沉积会造成石材片状脱落，在内部取不能直接接触含有可溶盐液体的岩石样品，用作对比样品，如表3-20中6号样品与其他样品含有相同类型的阴离子与阳离子，但是含量比较低，说明造成石材风化的离子不可能来自石材本身，因为云台的主要原材料是大理岩，碳酸钙材质，不可能为风化物提供SO_4^{2-}，说明可溶盐中的SO_4^{2-}只可能来自酸雨或是周围环境。2号样品离子总量最大，是1号样品的两倍，已知1号样品是可溶盐含量高并析出造成表面大量泛碱。

推测表面大量的黑点由微生物造成。莫彬彬等[139]在研究长石风化中生物因素时指出微生物附着在硅酸盐矿物颗粒上形成细菌—矿物复合体，酸解、络解、酶解、碱解，以及夹膜吸收、胞外多糖形成和氧化还原作用等机制可能有一种或多种共同发挥作用，微生物分泌物中含有大量的有机酸，对石质文物影响较大，有些微生物甚至在极端环境下仍然发挥作用。[140]同样是岩石表层脱落，3号与1号、2号样品相比离子总含量很低，3号样品表面没有其他病害，没有1号的表面泛碱和2号的微生物侵蚀的黑色斑点，说明造成岩石表层剥落不单纯是可溶盐与微生物导致，岩石表层剥落还受其他因素的影响。

（三）风化机理讨论

云台石质文物病害形式多样，病害形成的原因也相异，除受外部环境因素影响之外，蔡素德[141]指出处于大气环境中的汉白玉的腐蚀还与岩石本身的物理、化学性质及其晶体结构的差异等因素有关。Cardell和Smith[142-143]在研究中指出石灰岩比砂岩和花岗岩更容易受到风化影响，大理岩的成分主要是以石灰质碳酸钙为主，容易受到酸雨侵蚀而分解。正是由于大理岩的自身结构特点，北京地区的环境特点容易使云台受到温差效应、冻融作用、可溶性盐的晶涨作用以及灰尘的破坏。[144]

云台的四种主要病害分别是：白色泛盐、片状脱落、裂缝和黑色斑点。一般而言，岩石病害是由物理、化学和生物风化因素综合作用造成的。在研究白色泛盐病害产生原因时，通过SEM图可以清晰地看到表面的可溶盐颗粒，且XRD测试得知可（中）溶盐种类有石膏（$CaSO_4 \cdot 2H_2O$）、硫酸钾（K_2SO_4）、芒硝（$Na_2SO_4 \cdot 10H_2O$），产生原因是降雨和地下毛细水作用的影响，使岩石表面留有大量的盐溶液，水分蒸发后，可溶盐结晶附着在岩石表面，从而使云台墙壁表面留有大面积的白色斑点状的可溶盐结晶物。除了使石质表面出现白色泛盐病害，可溶盐还会使石质文物产生鳞片状脱落病害，[145]这主要是因为可溶盐析出时晶体体积膨胀，产生很大的结晶压力，反复的溶解和结晶致使石材微孔胀破。本文的研究中测试了片状脱落样品表面、背面及中间部分的离子种类和含量的差别，说明了云台石质文物的片状脱落病害也受可溶盐的影响。

云台石质文物出现了大量的裂隙病害，包括机械裂隙、浅表性裂隙、构造裂隙。其中在台基底部荷载石中存在的大量裂隙是机械裂隙，（图 4-11j）这主要是由于荷载力的作用产生的应力裂隙，从墙壁上还能看到一些沉积岩生长时自身带有的构造性裂隙（图 4-11l）。本文主要研究了浅表性裂隙，即风化裂隙（图 4-11k），SEM 图显示裂缝断层处呈现层状物质堆积，EDS 中检测出含量高达 7.0% 的 S 元素，Ca、O 元素的含量也很高，说明该处存在大量的石膏（$CaSO_4 \cdot 2H_2O$），已知石膏的结晶压力可达 100-200MN/m^2，Rui 等在研究冻融作用对白云岩结构影响试验中，将样品在 -15℃及 +10℃下放置 2.5h 列为一个循环，超过 12 个循环之后岩石表面裂缝贯通致使样品破坏，岩石薄弱处生成石膏，在冻融作用下持续反复溶解与结晶，致使大理岩矿物颗粒之间的缝隙被胀开，产生风化裂缝。

云台墙壁表面大量的黑色斑点是微生物病害，微生物包括霉菌、地衣、苔藓等低等生物，其生存过程中所分泌的有机酸对岩石具有腐蚀作用，其遗骸附着在石质文物表面，形成如同云台墙壁上大量黑色斑点。虽然还不能完全解释岩石的微生物风化过程和分子机理，但许多研究者研究微生物对长石的风化作用机理时先后提出了酸解、络解、酶解、碱解及夹膜吸收、胞外多糖形成和氧化还原作用等多种观点。

除了主要病害，在云台台基顶部的栏杆、望柱以及小螭首石质构件中，粉化剥落比较严重，这主要是因为台顶石质文物容易受到酸雨侵蚀，空气污染物经过降雨作用形成酸雨进行化学作用，大理岩进而变得疏松，产生酥粉现象。化学作用包括溶解、水合、水解、酸性侵蚀等，污染空气中含有的二氧化硫、二氧化氮等有害气体与雨水或大气水结合形成硫酸或硝酸，碳酸盐材质的大理岩极易被腐蚀随雨水流失。

（四）小结

根据现场勘查，居庸关云台病害种类多样，最为严重的病害类型为墙壁表面的白色泛盐，其次是裂缝，纵横交错的裂缝网严重破坏了浮雕的外观；不同厚度表层石材脱落也比较严重，风化层厚度在 1mm ~ 10mm 不等，云台墙壁黑色斑点为微生物侵蚀所致。XRD 结果表明云台主体材质是大理岩（矿物为白云石 $CaMg(CO_3)_2$），还含有少量的方解石（$CaCO_3$）、石英（SiO_2）和 Al_2O_3，可（中）溶盐主要有石膏（$CaSO_4 \cdot 2H_2O$）、硫酸钾（K_2SO_4）、芒硝（$Na_2SO_4 \cdot 10H_2O$）。SEM+EDS 结果显示除了岩石本体元素 C、O、Ca、Mg，还有可溶盐元素 Na、K、S、Cl 等，还有一些 Si、Al、Fe 等元素。离子色谱确定了可溶盐阴、阳离子种类及含量，结果表明可溶盐是云台大理岩风化病害产生的重要因素之一。因此云台出现的几种重要病害，墙壁白色泛碱病害主要是由于可溶盐含量较大在岩石表面沉积所致；风化裂缝主要是生成的石膏膨胀产生；表层脱落的发生是温差效应、冻融作用、可溶性盐的晶胀协同作用的结果；墙壁表面黑色斑点为微生物侵蚀所致。

第五章　长城城墙的结构检测及安全评估

本章主要通过对密云蟠龙山长城及宛平城城墙的整体及局部墙体的结构安全检测，介绍地质雷达、三维激光扫描、无人机测振仪、非金属超声波检测仪、低速水钻等检测方法，在对长城城墙的整体结构安全检测时的应用方法。并介绍了离散元软件UDEC及结构设计软件ANSYS在长城墙体结构安全评估中的应用。

一、密云蟠龙山长城检测及安全评估

（一）项目概况

1. 勘察对象概况：

对象为位于密云区古北口镇的明代长城蟠龙山段一部分，该段长城为编号307号敌台、305号～306号敌楼边墙及307号～308号敌楼边墙，长城的管理使用单位是密云区文物管理所。

2. 工程范围包括

（1）敌台共1个：

307号敌台，长城认定编码：110228352101170352

位于古北口镇约1.28km东西向山脊上，东经117° 10′ 40″，北纬40° 41′ 45″，高程360m。

（2）边墙共2段，总长228.5m，分别为：

305号～306号敌楼间边墙，长122.1m；307号～308号敌楼间边墙，长106.4m；

勘察目的、范围及内容：

目的：通过本次勘察，判明该段长城的残损状态、材质成分，对其安全性进行评

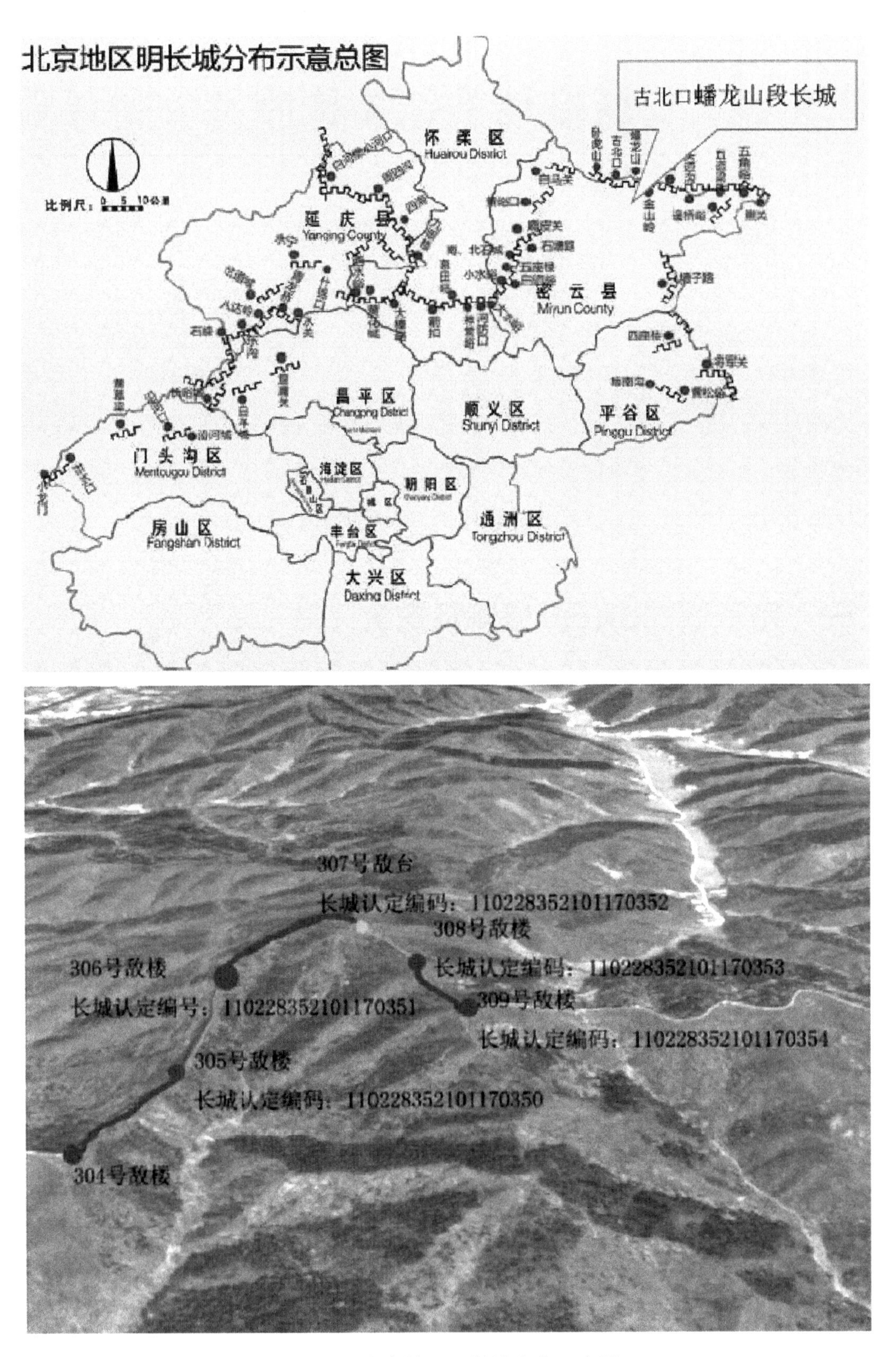

图 5-1　北京地区明长城分布示意图

估，为抢救性修缮进行科学数据的支撑和参考。

范围：本次检测的范围包括 305–306 号敌台间边墙、307–308 号敌台间边墙以及 307 号敌台。内容：长城重点残损风化部位与残损风化状态，边墙基础条件现状（周边沉降、地下土质疏松、空洞、塌陷情况），材料成分，边墙安全性模拟评估。

（二）现场勘查

1. 区域地质构造

地质构造位置处于燕山纬向构造体系与祁吕—贺兰山字型构造体系东翼构造带及新华夏构造体系的交接部位，另外，境内还有北西向、北东向及南北向等构造体系，地质构造相当复杂，由它们组成的格架控制着本区的地层建造、岩浆活动、地貌发育及近期地壳活动。

古北口断层：古北口—长哨营断裂带是一条切割较深的断裂带，由一系列压性断层组成，成为燕山沉降带（与内蒙台背斜）的北部边界。该断裂带东西延伸很远，向西与崇礼—赤城大断裂相连，向东可达平泉附近，规模大。断裂带南北宽 4000m ~ 8000m，走向近东西，略成弧形。以大量大致平行的逆冲断层和挤压破碎带为主所组成，断层面的产状呈高角度倾斜并伴有飞来峰构造和地堑式断陷。

区内地层发太古界变质片麻岩为主，呈灰和灰黄色、强风化、硅质胶结、斑状结构，岩浆侵入体主要有花岗斑岩脉、闪长玢岩脉及微晶闪长岩脉等，节理裂隙十分发育。

2. 长城现状调查

蟠龙山长城依山建造、峰峰相连，城墙基础主要为太古界强风化基岩，基础大部裸露于地表，由于长期的地质作用影响，部分段地基承载力明显降低，甚至不能支承城墙的荷载而使城墙破坏。

区内地质构造主要为北东向，在构造带及附近岩体破碎，地层风化严重，形成垭口地形，在垭口附近城墙基础承载力损失明显，城墙破坏程度较严重，而在裂隙不发育的山峰地段，城墙保存完好。

城墙两侧均为砖砌体结构，厚度 0.8m 左右，中部为碎石填筑，大小混杂、孔隙大、不密实，颗粒以片麻岩碎块为主，棱角十分明显，大小一般在 5cm ~ 20cm 之间，

图 5-2　蟠龙山长城某段示意图

最大直径达 60cm，颗粒间由泥质和中粗砂粒充填，泥质胶结、松散、很不密实，未发现有夯实的现象。城墙在历史上多次倒塌和重修，局部有明显修复的痕迹。

3. 主要残损风化勘察

勘察目的：对文物本体的主要残损类型及残损面积进行量化检测，为抢修及安全性评估提供数据支撑。

勘察手段：由于现场条件有局限，长城敌台及敌台边墙下方植被灌木茂盛，且多为陡坡，三维激光扫描无适合的工作环境且树木遮挡严重，因此采用无人机摄影测量建模，三维激光扫描辅助校正测量尺寸。

勘察工具：美国 FAROFocus3DX330 三维激光扫描仪，扫描精度 25m 内可达到

图 5-3　蟠龙山长城山峰地段

图 5-4　蟠龙山长城倒塌地段

±2mm。主要规格参数：

视野单元：

最大扫面范围：330

范围 1：90% 不光滑反射表面上在户外阴天环境中为 0.6m ～ 330m

测量速度：122,000/244，000/488,000/976,000 点 / 秒

测距误差 2：在 10m 和 25m 时误差为 ±2mm，反射率分别为 90% 和 10%

噪音误差 3：标准分别为

10m—原始数据：0.3mm@90% 反射率 |0.4mm@10% 反射率

10m—压缩噪音 4：0.15mm@90% 反射率 |0.15mm@10% 反射率

25m—原始数据：0.3mm@90% 反射率 |0.5mm@10% 反射率

25m—压缩噪音 4：0.15mm@90% 反射率 |0.25mm@10% 反射率色彩单元分辨率：大于 7000 万彩色像素

动态彩色特征：自动调整亮度

偏转单元：

垂直视野范围：300°，水平视野范围：360°

垂直分辨率：0.009°（360° 时为 40,960 个三维像素）

水平分辨率：0.009°（360° 时为 40,960 个三维像素）

最大垂直扫描速度：5,820rpm 或 97Hz

无人机：大疆御 2PRO，搭载的是哈苏相机，1 英寸 2000 万像素 CMOS 传感器，光圈 f/2.8–f/11

勘察方法：在测区内的空旷区域设置多处 30cm×30cm 的正方形标靶板，其目的是为了验证 smart3D 三维建模的精度，由于只有在利用软件对模型内的标靶板测量并且数据与实际标靶尺寸相同时才能确定三维模型的尺寸是等比例尺寸，利用这个方法可以提高测绘精度。之后根据对蟠龙山长城航测区域内的实地考察得知测区内高低点相对落差在 20m 左右，长城整体出现风化情况，长城烽火台部分墙体出现沉降偏移。根据该情况对倾斜摄影扫描航线进行高重模处理，在软件 smart3D 中进行控三计算及三维建模，生成 3MX 格式模型文件，通过对前期放在样地内的标志点进行测量确定航测的尺寸为标准尺寸，精确度可达到毫米级精度，利用该模型可为长城修复保护及精确测量提供数据支持。

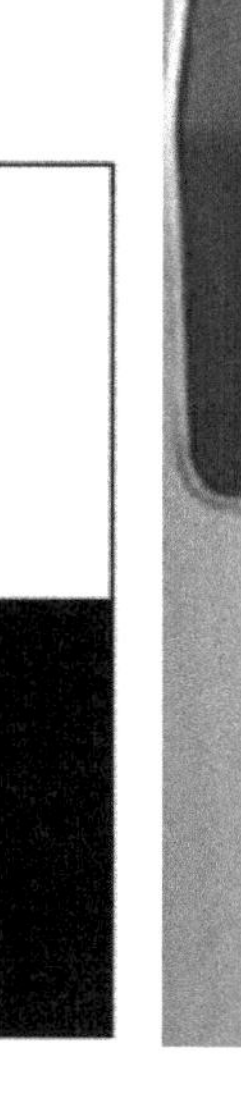

标靶纸　　扫描仪 FAROFocuse3DX330

无人机大疆御 2pro

图 5-5　勘测过程所用仪器

最终通过三维激光扫描，将获得的点云数据与摄影建模数据进行校正，获得更为精确的尺寸数据。

三维激光扫描数据分析：由于三维激光扫描需要稳定的工作面，而长城两侧均为陡坡，尤其在 305-306 段坡度过大，不具备工作条件，因此在 307-308 段的南侧、马道及 307 敌台上进行了多站扫描。现场大量灌木对扫描点云成像有一定程度的干扰。如下图所示，通过点云图可估算出墙面风化面积的量化信息，其次通过局部几何尺寸数据的采集，可对无人机摄影测量的建模进行尺寸校正，使后期对病害面积的量化估算更为准确。

图 5-6　307-308 段城墙南侧西段扫描点云

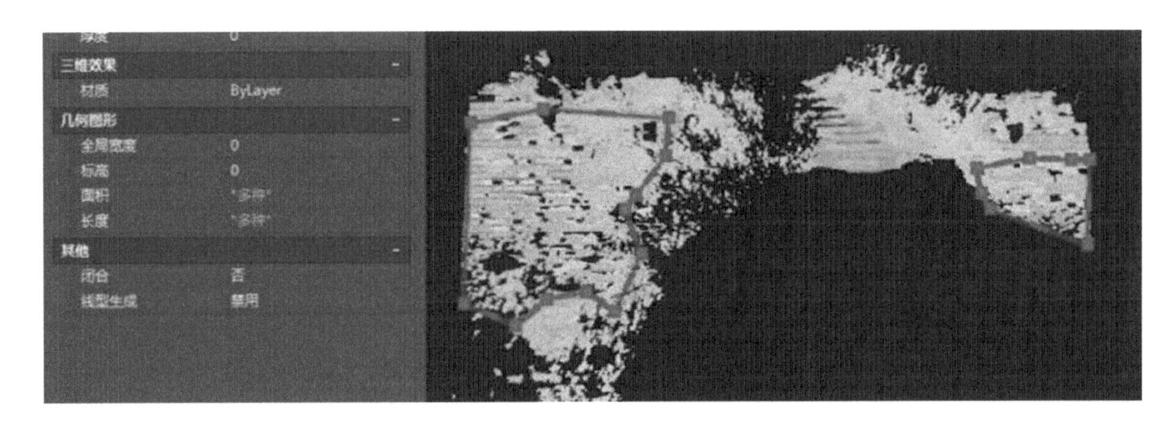

图 5-7　307-308 段城墙南侧东段扫描点云

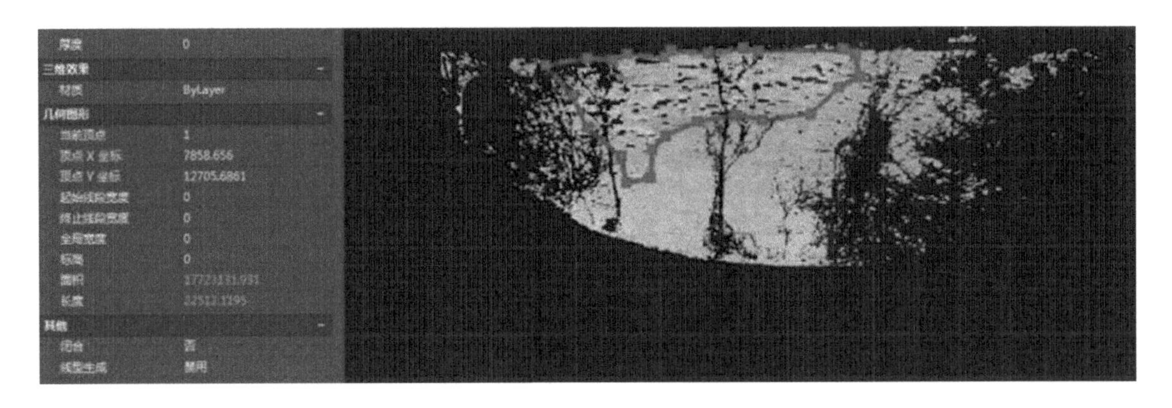

图 5-8　307-308 段城墙南侧中段扫描点云

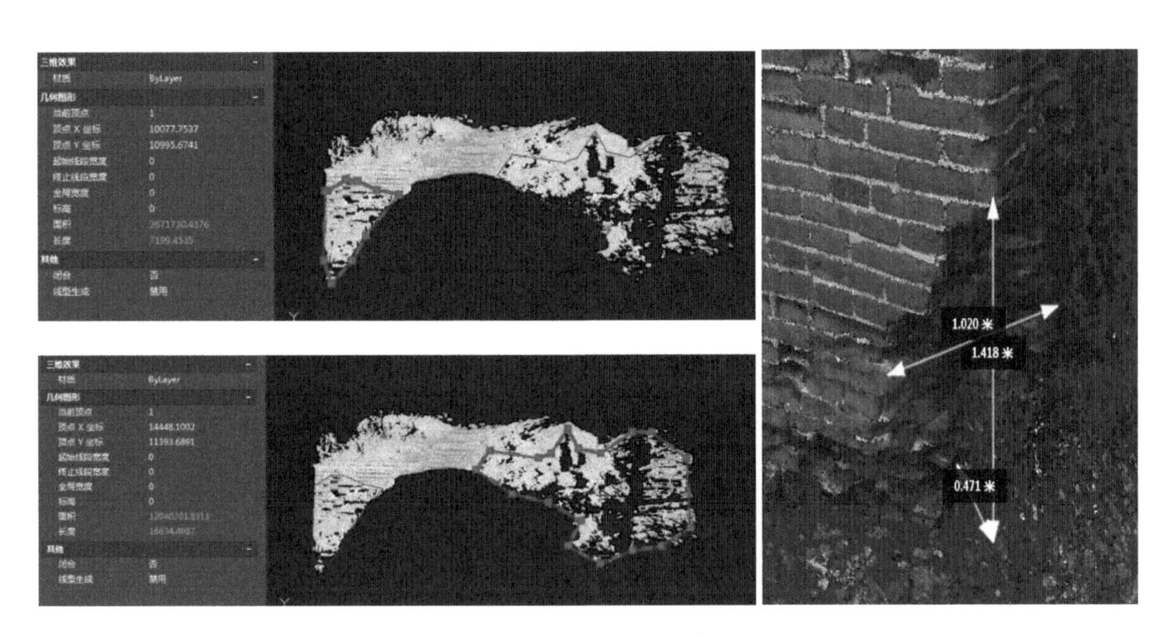

图 5-9　308 敌台东南角残损尺寸

4. 摄影建模成果及主要残损风化部位

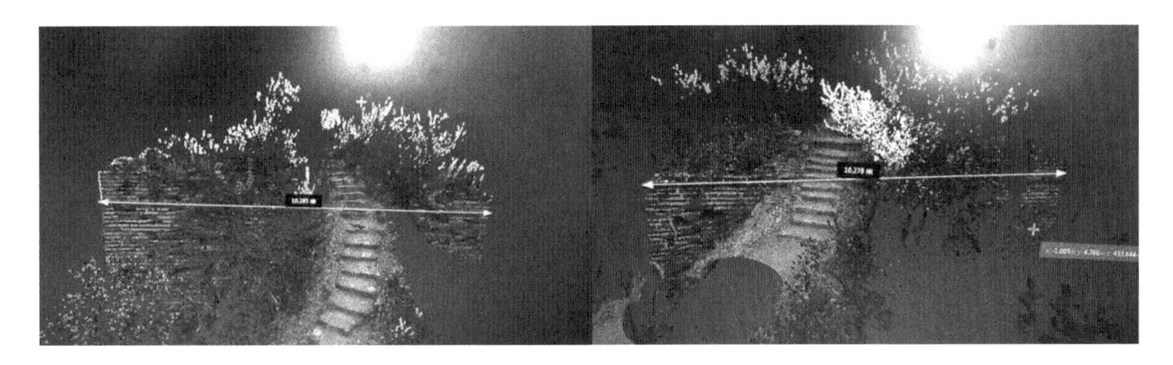

图 5-10　建模过程

图 5-11　307-308 号敌台及敌台间边墙模型

图 5-12　307-308 号敌台及敌台间边墙西段南侧

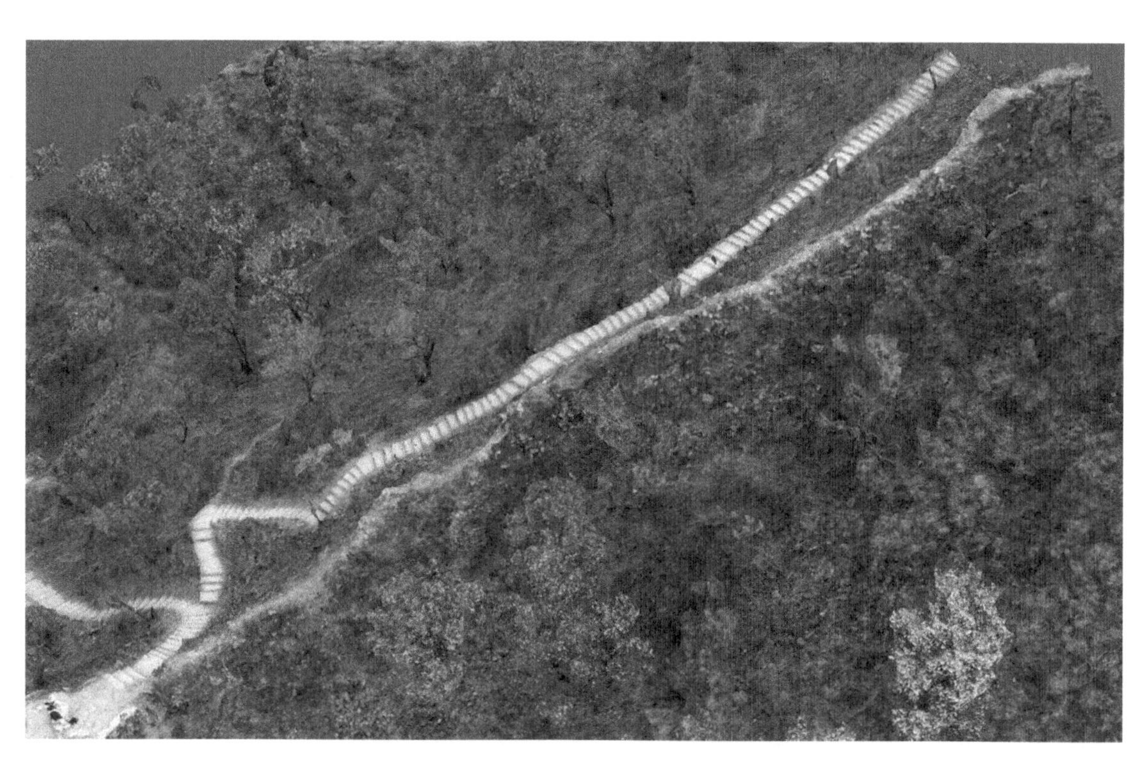

图 5-13　307-308 号敌台及敌台间边墙西段北侧

图 5-14　307-308 号敌台及敌台间边墙东段南侧

图 5-15　307-308 号敌台及敌台间边墙东段北侧

图 5-16　305-306 号敌台及敌台间边墙南侧

图 5-17　305-306 号敌台及敌台间边墙北侧

图 5-18　307-308 号敌台及敌台间边墙东段南侧 1 号残损点

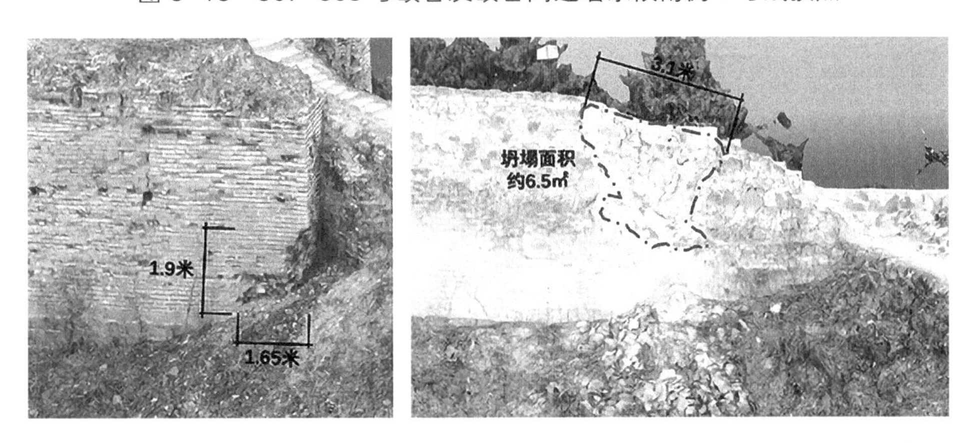

图 5-19　307 号敌台东南角底部残损点 305-306 号敌台及敌台间边墙南侧 4 号残损点

图 5-20　305-306 号敌台及敌台间边墙南侧 3 号残损点

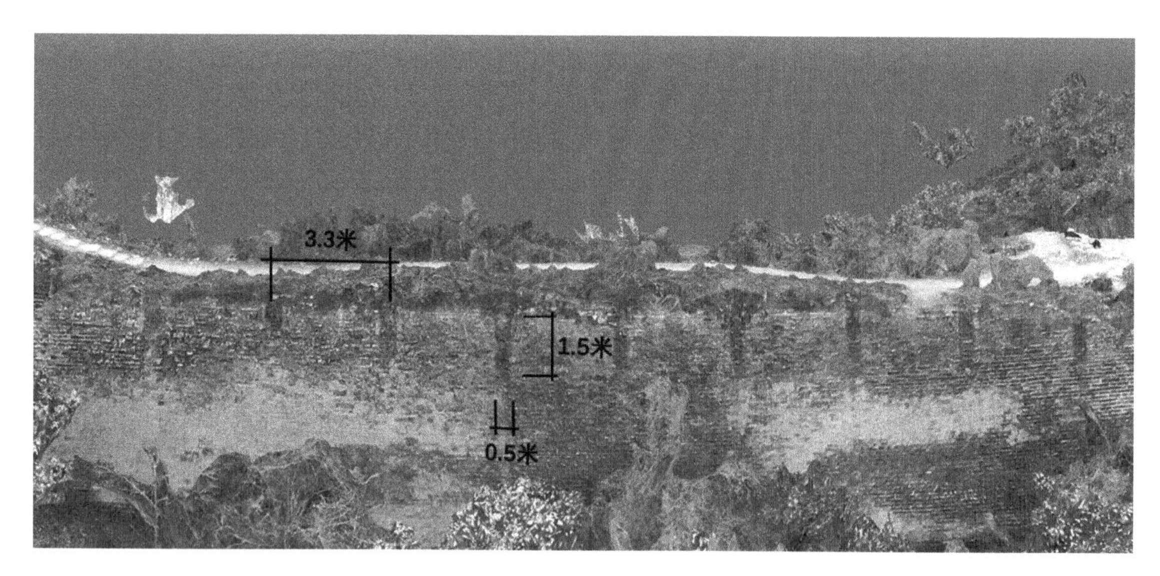

图 5-21　307-308 号敌台及敌台间边墙东段北侧 5 号排水口尺寸与间距

（三）探地雷达地基检测

1. 探地雷达检测手段

探地雷达采用超宽带雷达技术，基于高频电磁波反射原理对地下 0m ～ 8m 范围内进行探测，具有分辨能力强、灵敏度高、探测深度深等优点，专用后处理软件提供一系列算法和工具，通过数据处理、分析、解释、成果编辑，形象直观地再现探测对象的内部结构，实现目标属性的定量分析。本次使用的是 LTD 探地雷达，由一体化主机、天线及相关配件组成，雷达天线频率为 300MHz。主要目的是为探测敌台及敌台间边墙内部砌体基础病害状况，为抢修加固提供依据及参考。

2. 探地雷达检测方法

试验方法：利用探地雷达在 307 ～ 308 号敌台间边墙东段（以便门为界）顶面地坪拉出 1 号路线，在 307 号敌台西侧斜坡的北面拉出 2 号路线，距便门东侧约 30m 处内沿墙面有重要残损风化处自下向上拉出 3 号路线，在 307 号敌台西北角拉出 4 号路线；在 305 ～ 306 号敌台间西段边墙，沿 306 号敌台东侧边墙顶面地坪自西向东拉出 5 号路线，沿东段边墙（以中部台阶为界）顶面地坪南侧（内侧）自西至东拉出 6 号路线，沿东段边墙（以中部台阶为界）顶面地坪北侧（外侧）自东至西拉出 7 号路线，在紧邻 305 号敌台西侧的宽度仅余 1m 的残墙处拉出 8 号路线。

LTD-2100 探地雷达主机　　　　LTD-2100 配套屏蔽天线

图 5-22　探地雷达仪器图

3. 探地雷达检测结果路线

图 5-23　307-308 号敌台及敌台间边墙东段南侧

图 5-24　307-308 号敌台及敌台间边墙东段北侧

图 5-25　305-306 号敌台及敌台间边墙北

图 5-26　305-306 号敌台及敌台间边墙南侧

4. 检测结果分析

1 号北京蟠龙山长城探地雷达基础工程检测图

扫描地点	蟠龙山长城 307 号 ~ 308 号敌台间边墙东段	扫描数据图及结果分析结果
扫描方向位置	边墙顶部南侧，由西向东	
		探测线路在 2.5m 范围内，沿便门斜上方至东侧台阶处均呈现墙体内部不密实情况，推测为顶部植物根茎侵入，内沿墙砖层风化严重，造成雨水灌入造成内部土石结构出现缝隙，约 3m 以下为山体岩石层，密实度基本良好

2号北京蟠龙山长城探地雷达基础工程检测图

<table>
<tr><td>扫描地点</td><td>蟠龙山长城 307 敌台</td><td rowspan="2">扫描数据图及结果分析结果</td></tr>
<tr><td>扫描方向位置</td><td>阶梯北侧，自东向西</td></tr>
<tr><td colspan="2" rowspan="2"></td><td></td></tr>
<tr><td>图中显示城墙残留面以下墙高 2.2m 左右，2.2m 以内墙体填土颗粒大小不一，孔隙十分发育，2.2m 以下为隐伏基岩，基岩比较均匀、密实，未发现有明显空洞或裂隙</td></tr>
</table>

3 号北京蟠龙山长城探地雷达基础工程检测图

扫描地点	蟠龙山长城 307 号 ~ 308 号敌台间边墙	扫描数据图及结果分析结果
扫描方向位置	墙体南侧中段，由下向上	
		测线为城墙纵向测线，图中可知，城墙墙体厚度约 0.8m，基中间部分为碎石填土，宽度约 3m，较均匀，有小孔隙存在，墙体保存较完好，在砖土接触处有部分孔隙或不密实情况

4 号北京蟠龙山长城探地雷达基础工程检测图

<table>
<tr><td>扫描地点</td><td>蟠龙山长城 307 号敌台</td><td rowspan="2">扫描数据图及结果分析结果</td></tr>
<tr><td>扫描方向位置</td><td>敌台顶端北侧，由西向东</td></tr>
<tr><td colspan="2" rowspan="2"></td><td>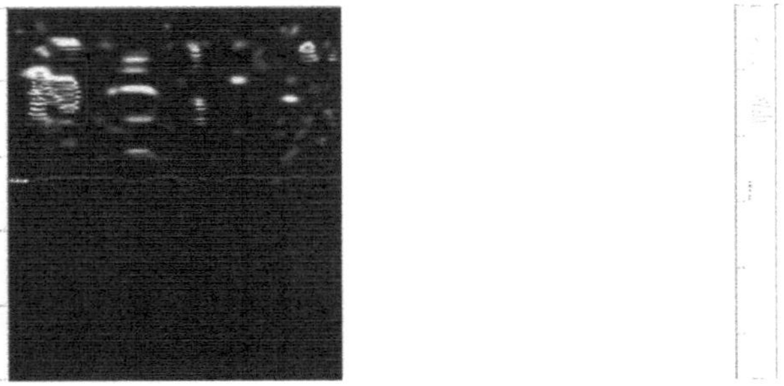</td></tr>
<tr><td>探测线路在 2.5m 范围内，存在一定的破损、内部不密实现象，1m 至 2m 内有一较大空洞，2.5m 以下为山体岩石层，密实度基本良好。红色线条为人工堆砌物与自然山体的分界线，红色区域为人工堆砌物的基本厚度</td></tr>
</table>

5 号北京蟠龙山长城探地雷达基础工程检测图

<table>
<tr><td>扫描地点</td><td>蟠龙山长城 305 号 ~ 306 号敌台间边墙</td><td rowspan="2">扫描数据图及结果分析结果</td></tr>
<tr><td>扫描方向位置</td><td>墙体顶部，自西向东</td></tr>
<tr><td colspan="2" rowspan="2"></td><td></td></tr>
<tr><td>探测线路在 2m 范围内，存在一定的破损、内部不密实现象，2m 以下为山体岩石层，密实度基本良好。红色线条为人工堆砌物与自然山体的分界线，红色区域为人工堆砌物的基本厚度</td></tr>
</table>

6 号北京蟠龙山长城探地雷达基础工程检测图

扫描地点	蟠龙山长城 305 号 ~ 306 号敌台间边墙南侧	扫描数据图及结果分析结果
扫描方向位置	墙体顶端南侧，由西向东	
		本段为垭口附近，内部 1.5m 左右，填土中空洞较大，不密实范围较大，空洞比较明显

7 号北京蟠龙山长城探地雷达基础工程检测图

<table>
<tr><td>扫描地点</td><td>蟠龙山长城 305 号～ 306 号敌台间边墙北侧</td><td rowspan="2">扫描数据图及结果分析结果</td></tr>
<tr><td>扫描方向位置</td><td>墙体顶端北侧，由东向西</td></tr>
<tr><td colspan="2" rowspan="2"></td><td></td></tr>
<tr><td>探测线路在 2m 范围内，填土存在空洞、内部不密实现象，2m 以下为山体岩石层，密实度基本良好。红色线条为人工堆砌物与自然山体的分界线，红色区域为人工堆砌物的基本厚度</td></tr>
</table>

8 号北京蟠龙山长城探地雷达基础工程检测图

扫描地点	蟠龙山长城 305 号 ~ 306 号敌台间边墙最东端	扫描数据图及结果分析结果
扫描方向位置	敌楼顶端，由西向东	
		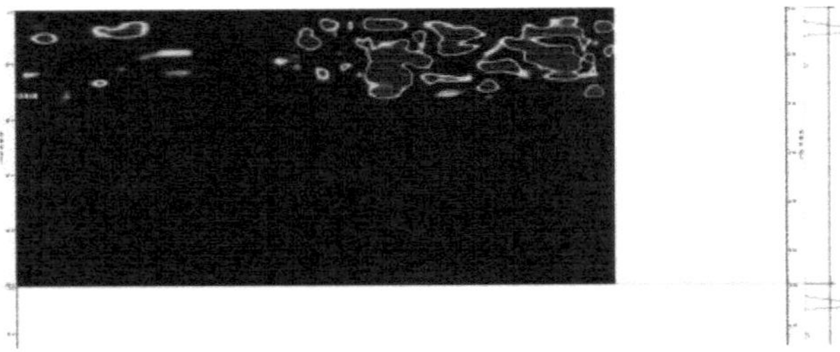 探测线路在 1.5m 范围内，填土内部空洞较大，不密实情况严重，处于不稳定状态，1.5m 以下为山体岩石层，密实度基本良好。红色线条为人工堆砌物与自然山体的分界线，红色区域为人工堆砌物的基本厚度

上述地质调查和地质雷达探测结果表明：

（1）区内城墙破坏的原因与地质构造条件密切相关，构造发育的地段城墙破坏严重，残留的城墙高度也较低。

（2）城墙的荷载不大，风化或强风化岩体的承载力可满足城墙的荷载要求，除裂隙带区域外，地基无须加固，对裂隙发育地段，在城墙修复时应考虑地质构造条件和地层条件进行处理，必要时基础应放在弱风化基岩上。

（3）由于边墙包砖的严重残损风化，特别是 307 号 ~ 308 号东段部分及 307 号敌台顶部植物生长茂盛，造成内部土石人工砌体的空洞化，需迅速进行抢救性修缮。

（4）305 号 ~ 306 号敌台间边墙特别是南侧砖墙和土石部分有大面积滑坡，造成人工砌体空隙较多，并有继续扩大的可能，需尽快进行修缮。

（四）城墙安全性评估

本次评估选取部分边墙截面，结合勘察现状进行平面建模分析，讨论墙体稳定性及未来发展趋势。

1. 305 号 ~ 306 号敌台间边墙 1–1 剖面稳定性分析

（1）剖面建模

305 号 ~ 306 号敌台及敌台间边墙 1–1 剖面，南侧发生大面积坍塌滑坡。

本次稳定性分析是利用离散元软件 UDEC 进行模拟。根据图 5–29 给出的剖面图建立地质模型，模型中，砖墙视为刚体，渣土碎石视为松散堆积体，如图 5–30 所示。现场调查城墙在天然工况下处于稳定状态，本次模拟计算城墙在降雨工况下的稳定性。

参考《工程地质手册》（第四版）的建议参数，降雨工况下模拟采用的参数如下表所示：

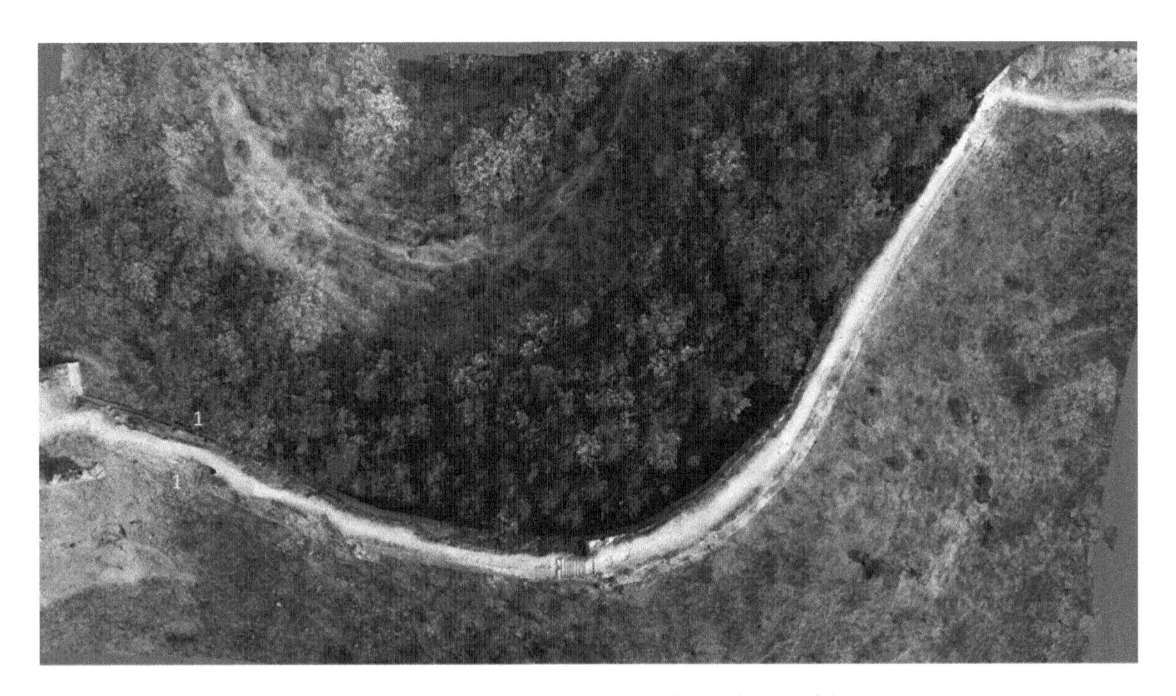

图 5-27　305 号 ~ 306 号敌台间边墙 1-1 剖面

图 5-28　305-306 号敌台间边墙 1-1 剖面

表 5-1　降雨工况下的模拟参数

名称	弹性模量 E（GPa）	泊松比 v	密度 ρ（kg/m^3）	内聚力 c（kPa）	内摩擦角 φ（°）	体积模量 K（GPa）	剪切模量 G（GPa）	法向刚度 kn	切向刚度 ks
古砖	10	0.1	1750	300	30	4.15	4.55	/	
渣土碎石	2	0.2	1500	100	10	0.83	0.91	2 × 108	2 × 108

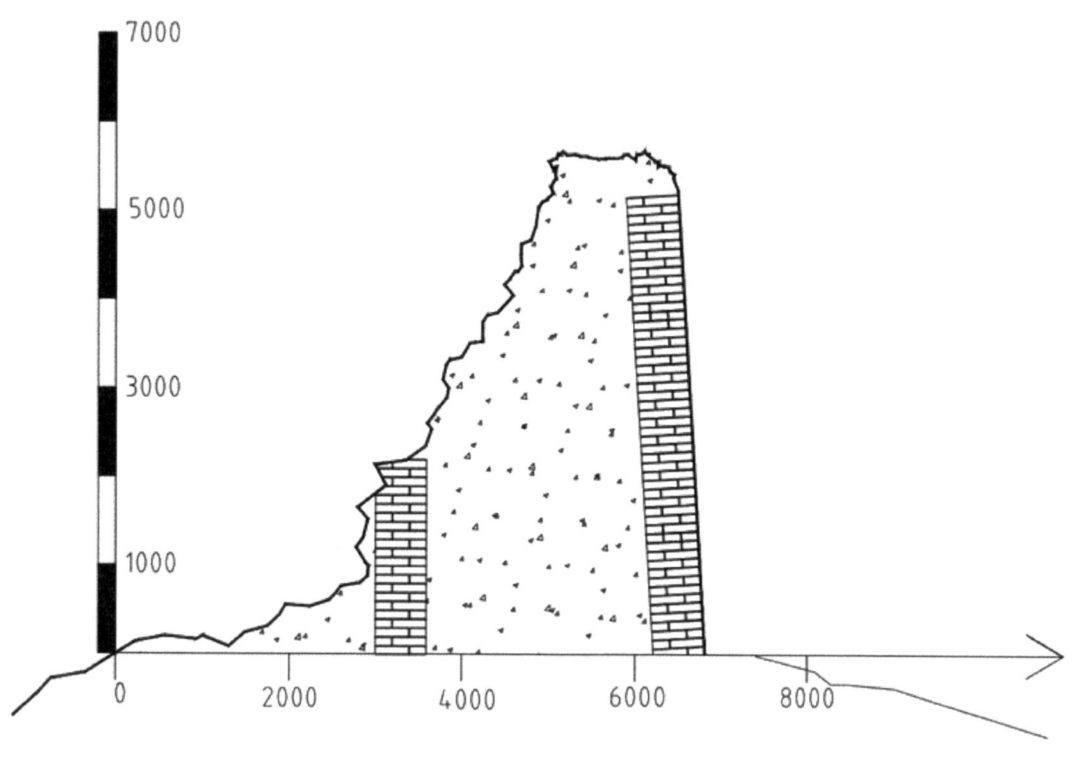

图 5-29　剖面图（单位 mm）

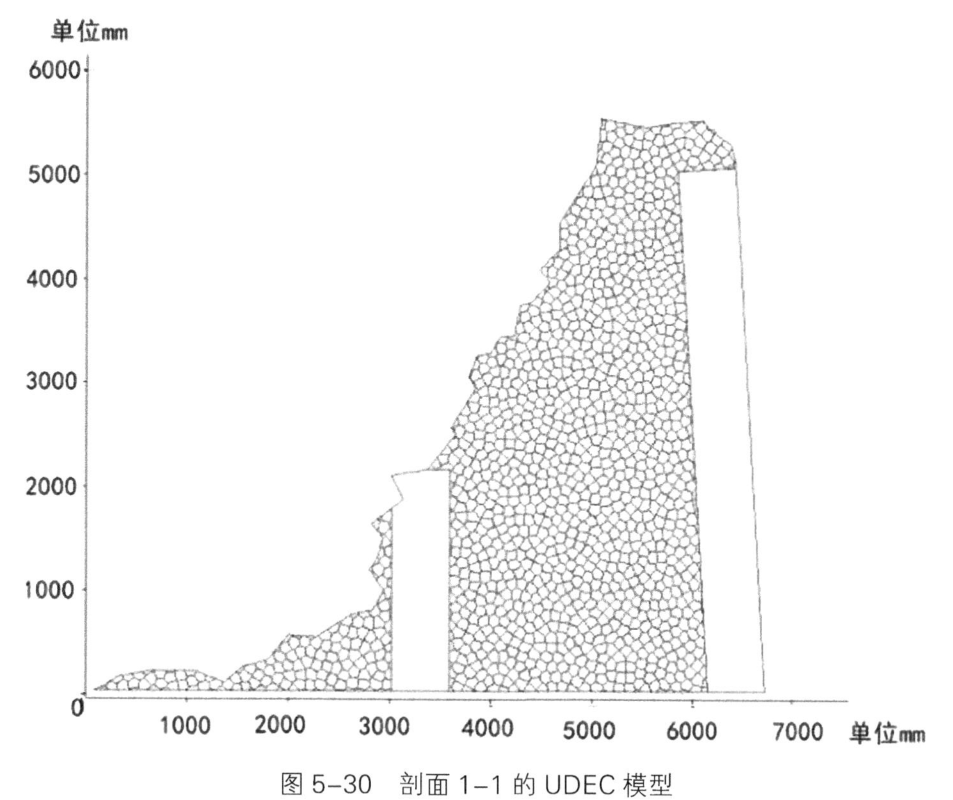

图 5-30　剖面 1-1 的 UDEC 模型

（2）应力场分析

如图 5-31 所示，最小主应力（压应力）云图显示渣土碎石坡体高度 2m 至 3m 的坡脚处压应力集中，高度 5m 处的坡体后缘与砖接触位置压应力集中；

如图 5-32 所示，最大主应力（拉应力）云图显示渣土碎石坡体高度 2m 至 5m 的坡体表面存在拉应力。

（3）位移场分析

通过模拟得到的位移云图（图 5-33）可知，位移变形在坡体表面较大，渣土碎石坡体可能发生破碎并滑移破坏。

综上所述，在降雨条件下，渣土碎石坡体受到雨水冲刷导致强度降低，坡脚在压应力作用下破坏，坡体后缘与古砖接触位置在压应力作用下产生后缘裂隙，在坡体表面的拉应力作用下，坡体可能发生滑移破坏，如图 5-34 所示。

2. 307 敌台 2-2 剖面稳定性分析

（1）剖面建模

本次稳定性分析是利用离散元软件 UDEC 进行模拟。根据图 5-36 给出的剖面图

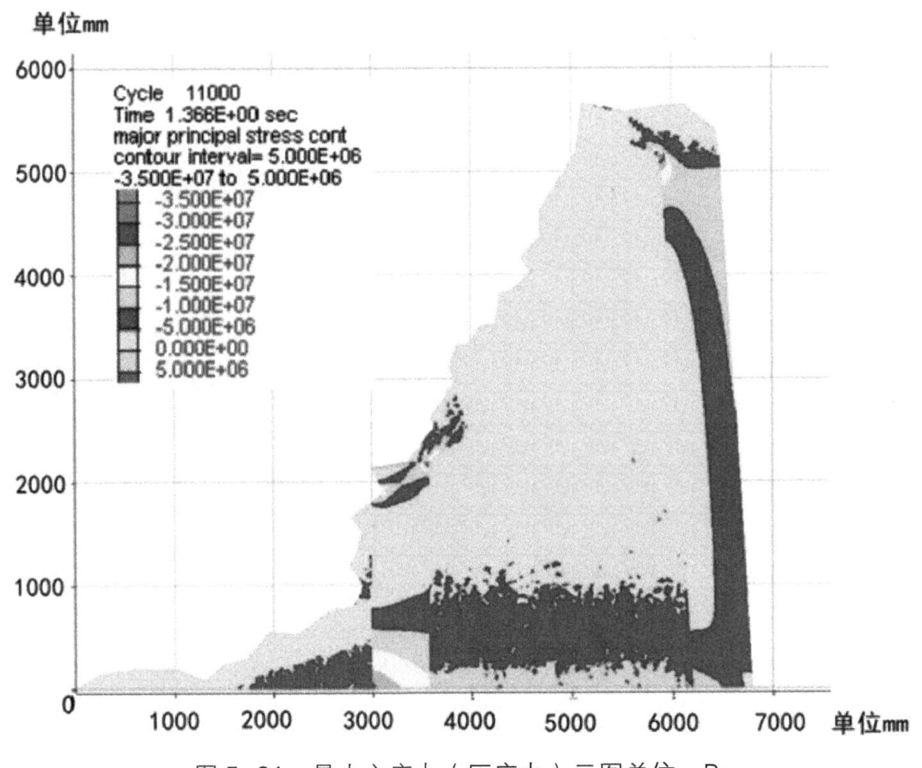

图 5-31　最小主应力（压应力）云图单位：Pa

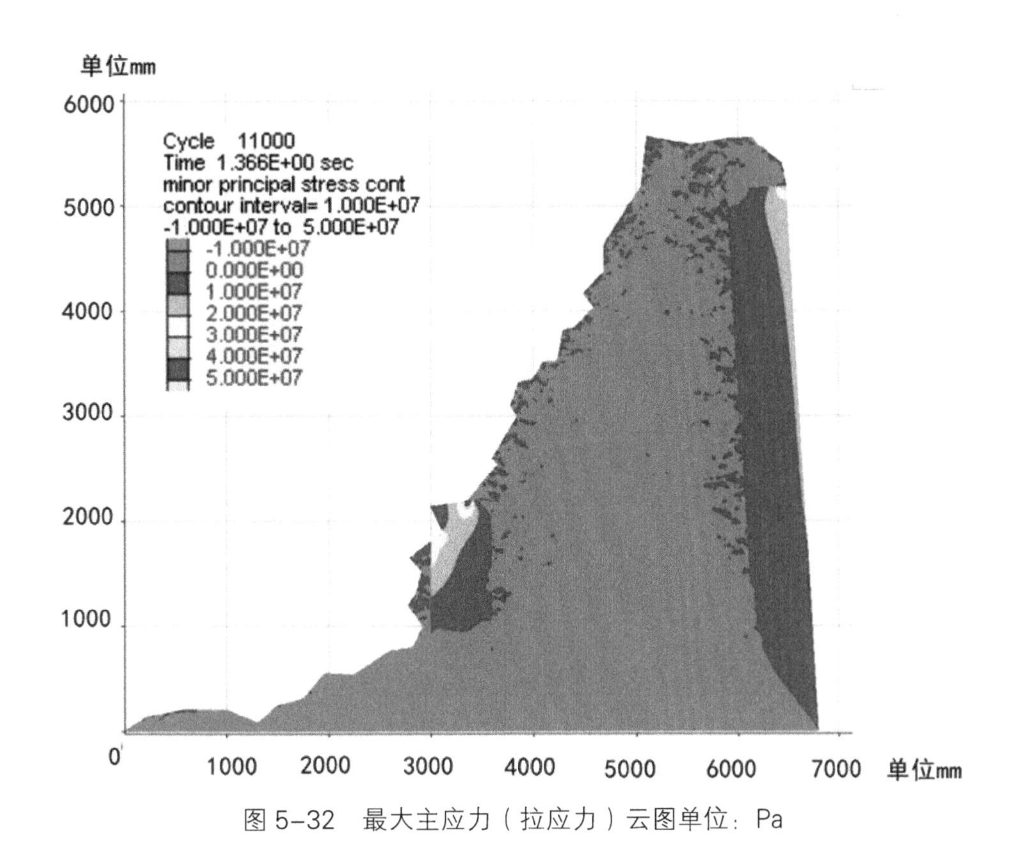

图 5-32　最大主应力（拉应力）云图单位：Pa

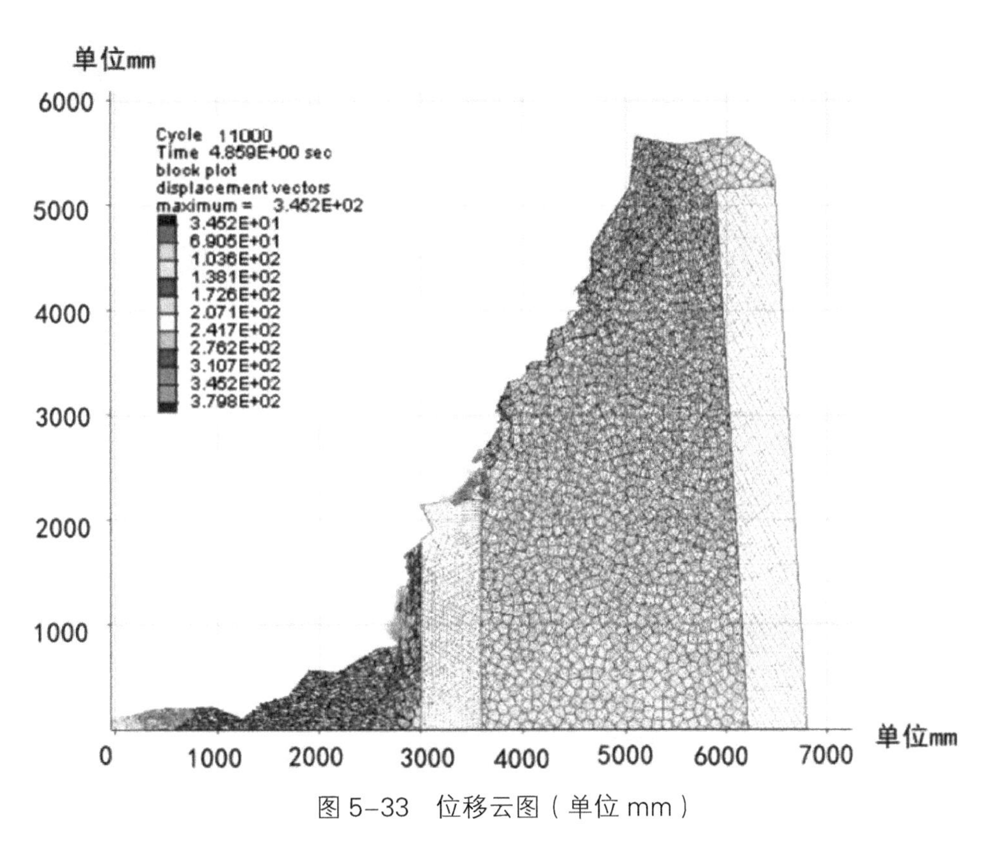

图 5-33　位移云图（单位 mm）

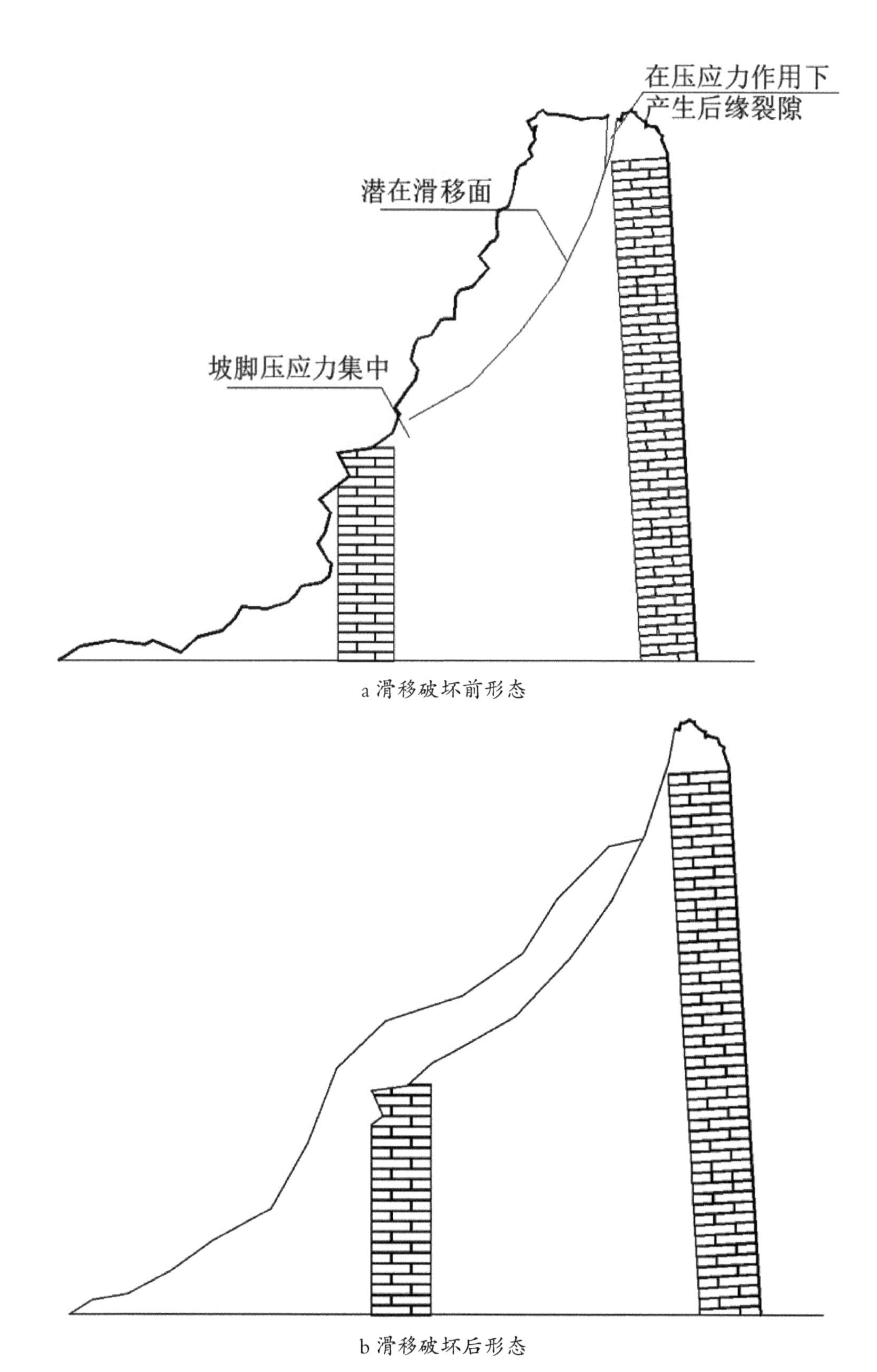

a 滑移破坏前形态

b 滑移破坏后形态

图 5-34 剖面失稳破坏前、后的形态

图 5-35　307 敌台 2-2 位置

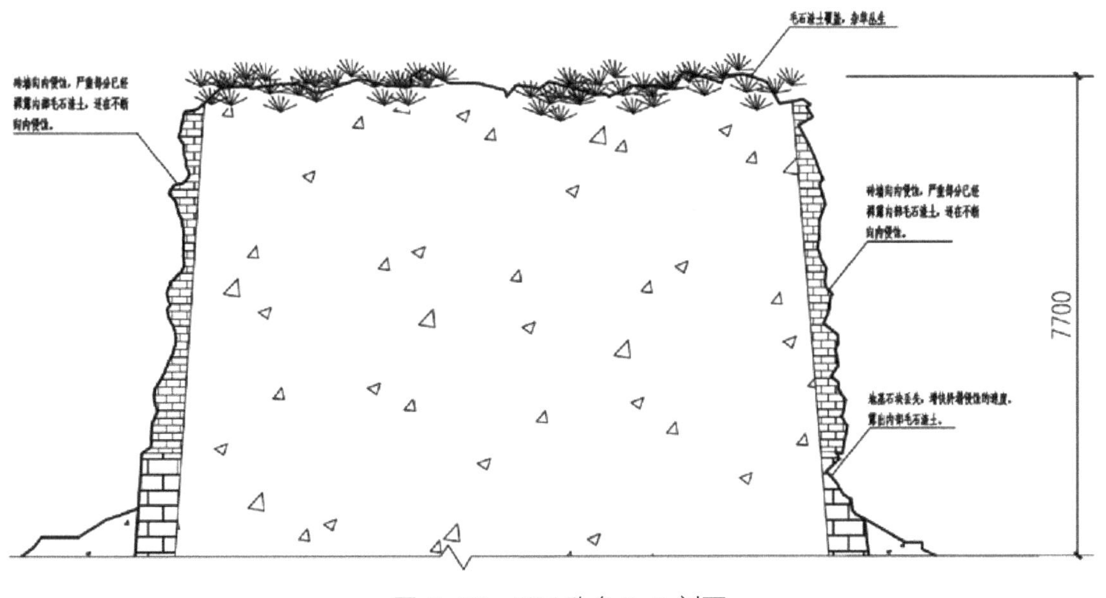

图 5-36　307 敌台 2-2 剖面

建立地质模型，模型中，砖墙视为刚体，渣土碎石视为松散堆积体，如图 5-37 所示。现场调查古城墙在天然工况下处于稳定状态，本次模拟计算古城墙在降雨工况下的稳定性。

参考《工程地质手册》（第四版）的建议参数，降雨工况下模拟采用的参数如下表所示：

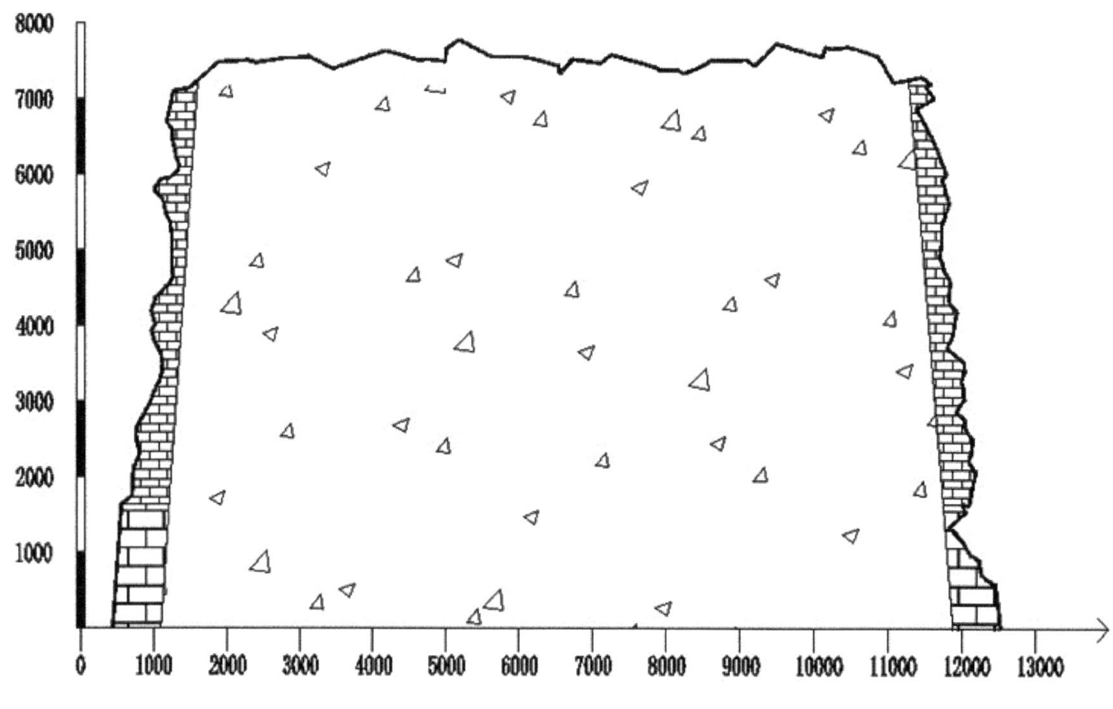

图 5-37　图 12-2 剖面图（单位 mm）

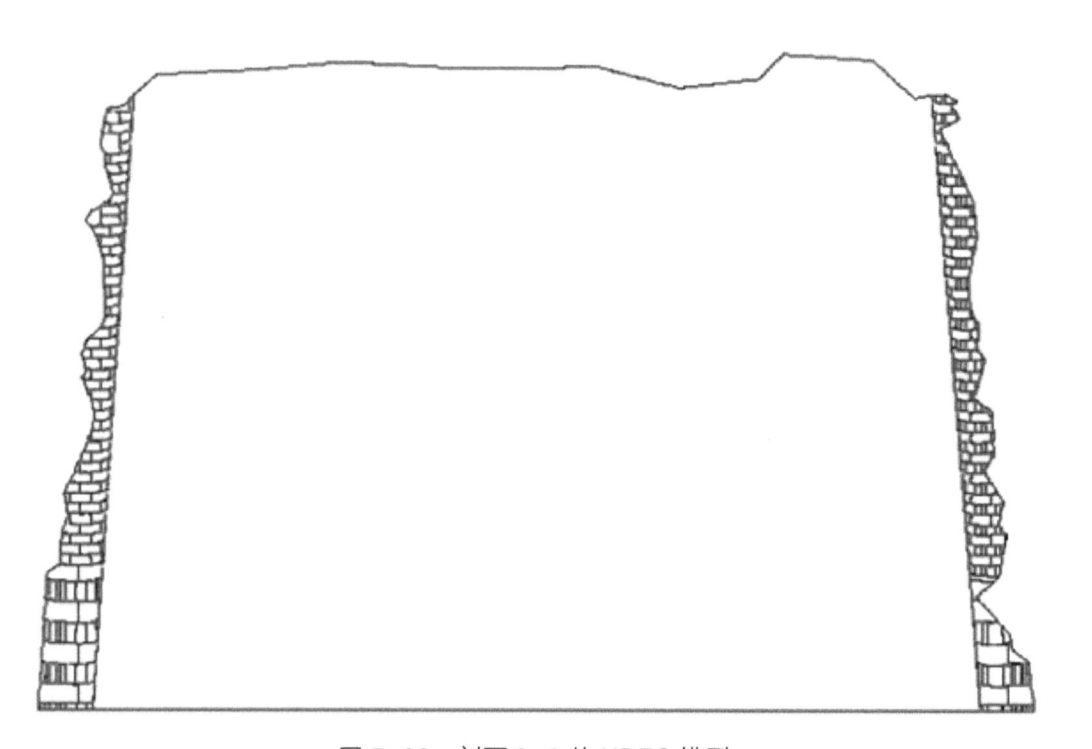

图 5-38　剖面 9-9 的 UDEC 模型

表 5-2　降雨工况下的模拟参数

名称	弹性模量 E（GPa）	泊松比 ν	密度 ρ（kg/m^3）	内聚力 c（kPa）	内摩擦角 φ（°）	体积模量 K（GPa）	剪切模量 G（GPa）	法向刚度 kn	切向刚度 ks
古砖	10	0.1	1750	300	30	4.15	4.55	/	
渣土碎石	2	0.2	1500	100	10	0.83	0.91	2 × 108	2 × 108

（2）应力场分析

如图 5-39 所示，最小主应力（压应力）云图显示，右侧砖墙在风化严重的位置产生应力集中；

如图 5-40 所示，最大主应力（拉应力）云图显示，砖墙的砖缝会有拉应力集中。

（3）位移场分析

通过模拟出的位移云图（图 5-41）得到，位移变形在两侧的砖墙比较大。

综上所述，在降雨条件下，渣土碎石坡体、砖墙受到雨水冲刷导致强度降低，砖墙在应力集中的位置破坏，如图 5-42 所示。

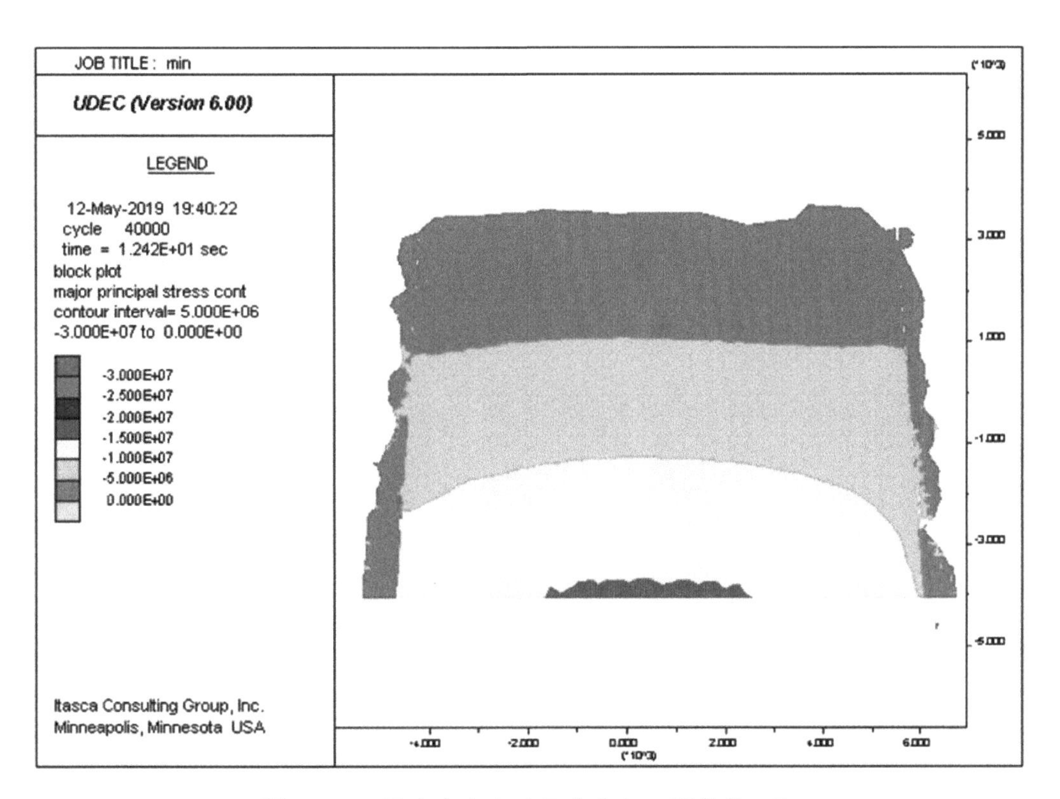

图 5-39　最小主应力（压应力）云图单位：Pa

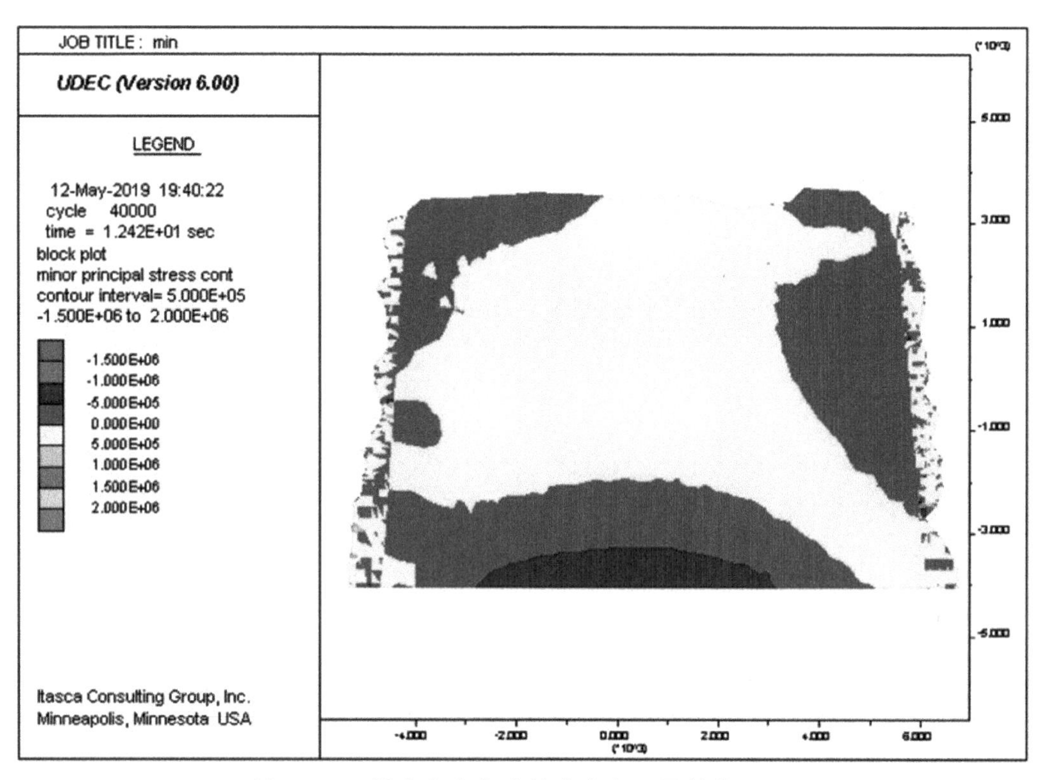

图 5-40　最大主应力（拉应力）云图单位：Pa

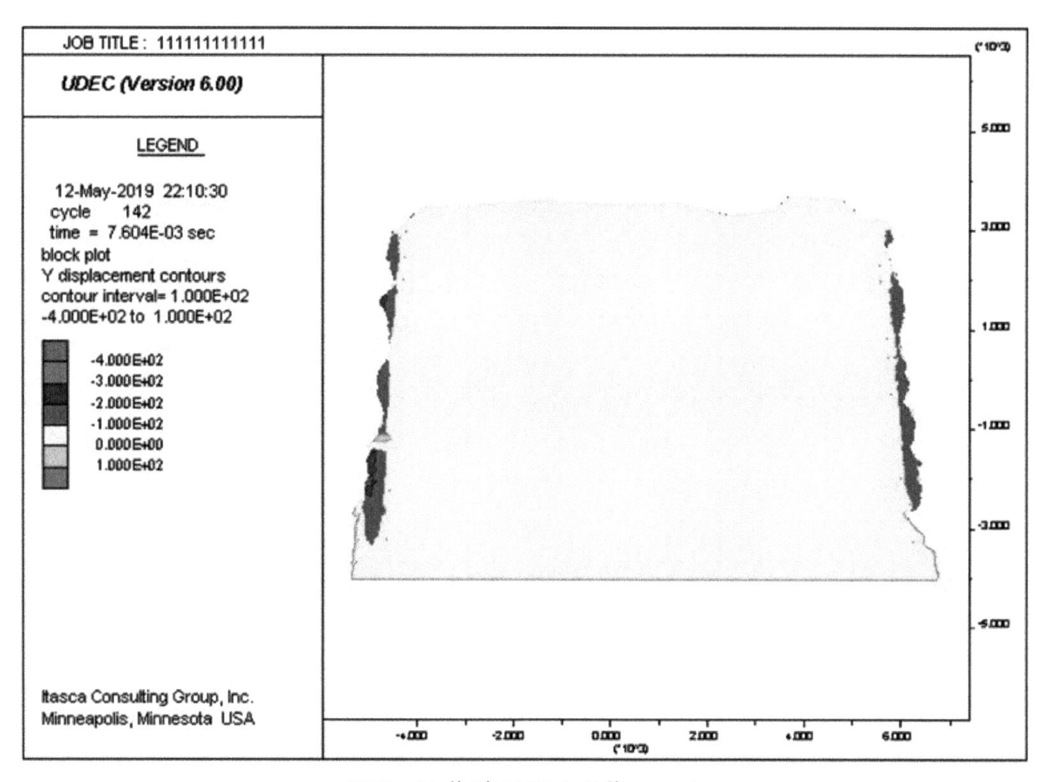

图 5-41 位移云图（单位 mm）

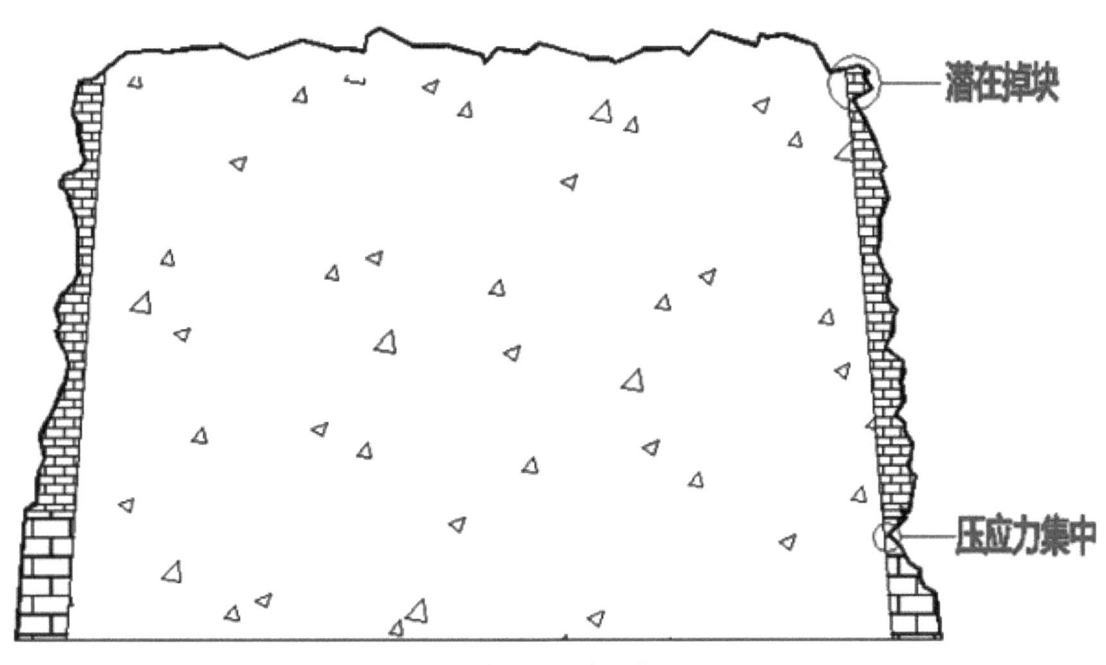

a 滑移破坏前形态

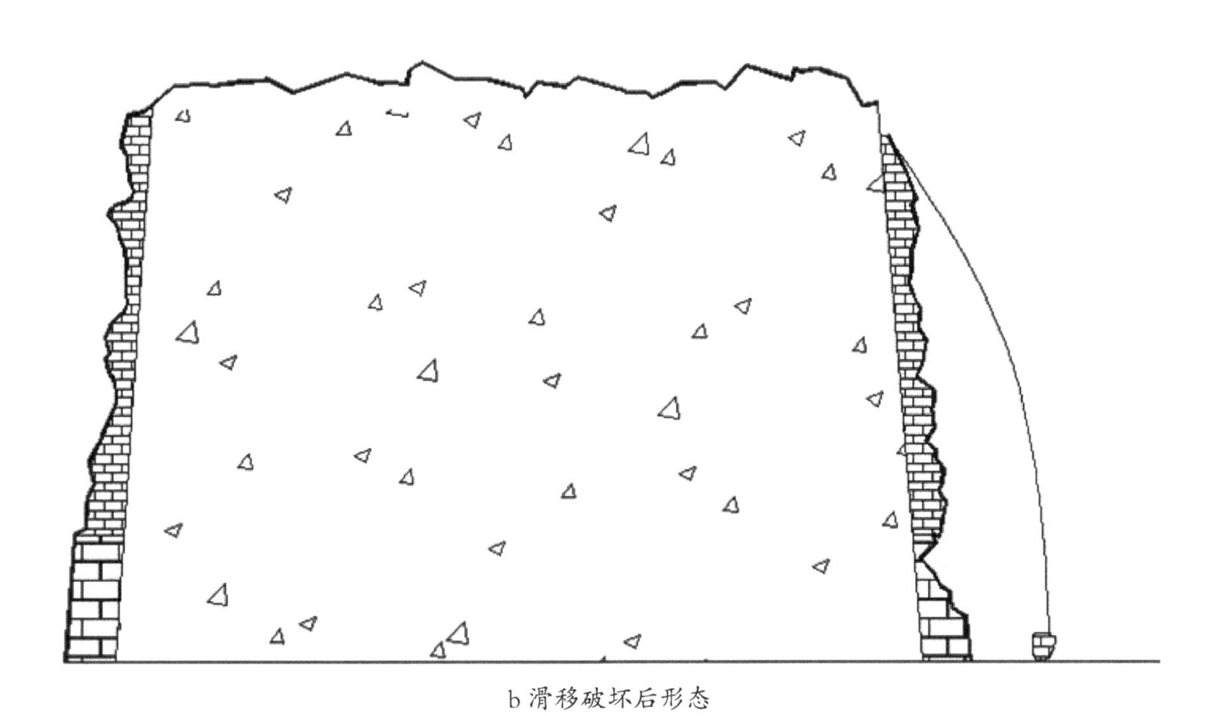

b 滑移破坏后形态

图 5-42　307-308 敌台间边墙 3-3 剖面稳定性分析

3. 307–308 敌台间边墙 3–3 剖面稳定性分析

（1）剖面建模

本次稳定性分析是利用离散元软件 UDEC 进行模拟。根据图 5–43 给出的剖面图建立地质模型，模型中，砖墙视为刚体，渣土碎石视为松散堆积体，如图 5–44 所示。现场调查城墙在天然工况下处于稳定状态，本次模拟计算城墙在降雨工况下的稳定性。

参考《工程地质手册》（第四版）的建议参数，降雨工况下模拟采用的参数如下表所示

表 5–3　降雨工况下的模拟参数

名称	弹性模量 E（GPa）	泊松比 v	密度 ρ（kg/m³）	内聚力 c（kPa）	内摩擦角 φ（°）	体积模量 K（GPa）	剪切模量 G（GPa）	法向刚度 kn	切向刚度 ks
古砖	10	0.1	1750	300	30	4.15	4.55	/	
渣土碎石	2	0.2	1500	100	10	0.83	0.91	2 × 108	2 × 108

（2）应力场分析

如图 5–46 所示，最小主应力（压应力）云图显示，右侧砖墙在风化严重的位置产生应力集中；

如图 5–47 所示，最大主应力（拉应力）云图显示，砖墙的砖缝会有拉应力集中。

（3）位移场分析

通过模拟出的位移云图（图 5–48）可以得到，位移变形在砖墙中部较大，渣土碎石坡体可能在上部靠近砖墙的位置发生破碎并滑移破坏，从而导致砖墙破坏。

综上所述，在降雨条件下，渣土碎石坡体受到雨水冲刷导致强度降低，砖墙上半部分容易受到背后土体强度降低的影响，从而导致上半部分砖墙破坏。右边砖墙风化严重，局部凹陷，存在较强的应力集中，整个截面最薄弱的位置潜在的破坏形式如图 5–49 所示。

经过三维激光扫描与无人机摄影测量结合的手段对 305–306、307–308 两段长城的几何信息进行采集，同时获得更为精确的残损部位的范围统计；通过探地雷达进行多条线路的检测，发现在墙体与土体间隙不密实，有较多空隙，致使长时间雨水侵入、冻融等问题造成土层流失，土体强度降低，外部包砖缺乏稳定性，并最终发生垮塌；

图 5-43　307-308 敌台间边墙 3-3 剖面

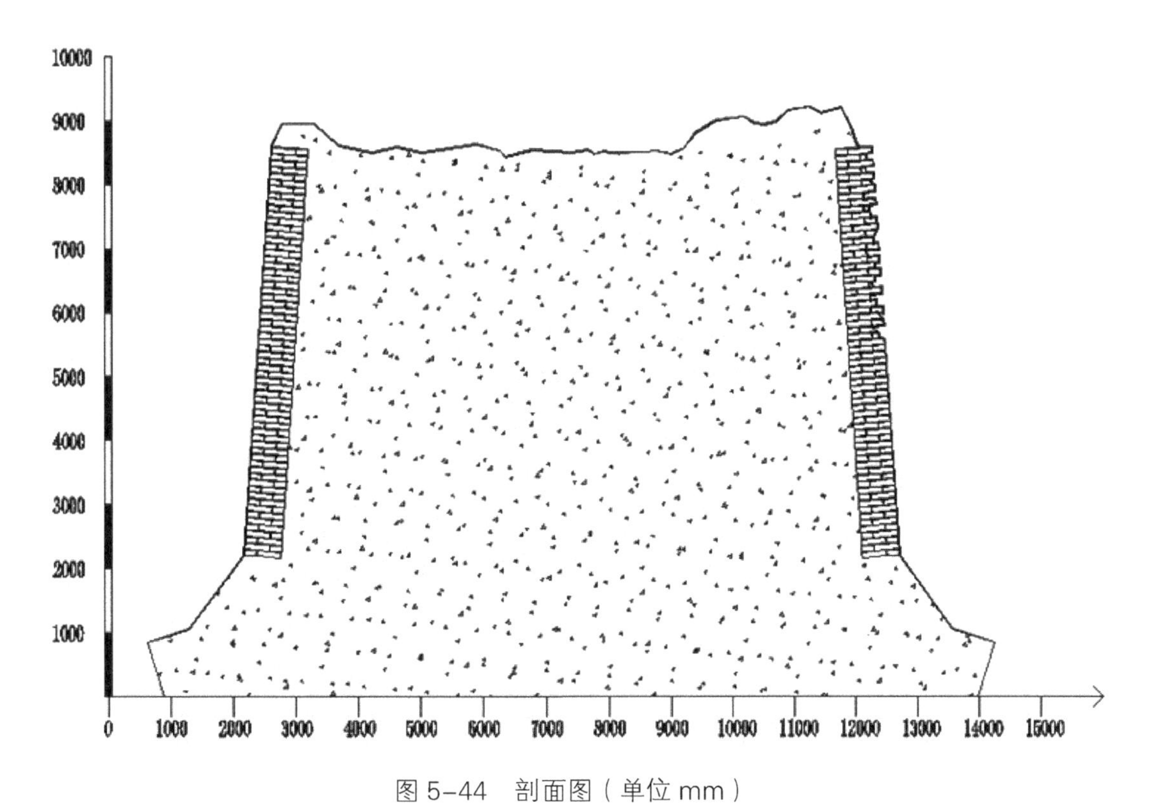

图 5-44　剖面图（单位 mm）

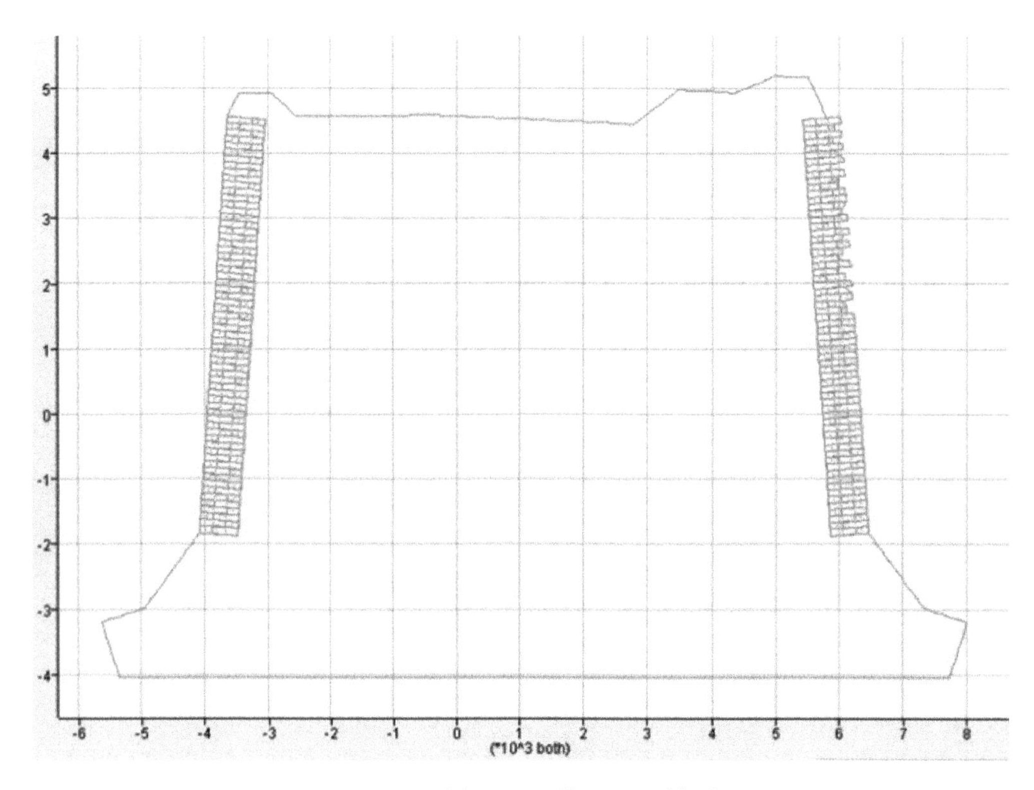

图 5-45　剖面 3-3 的 UDEC 模型

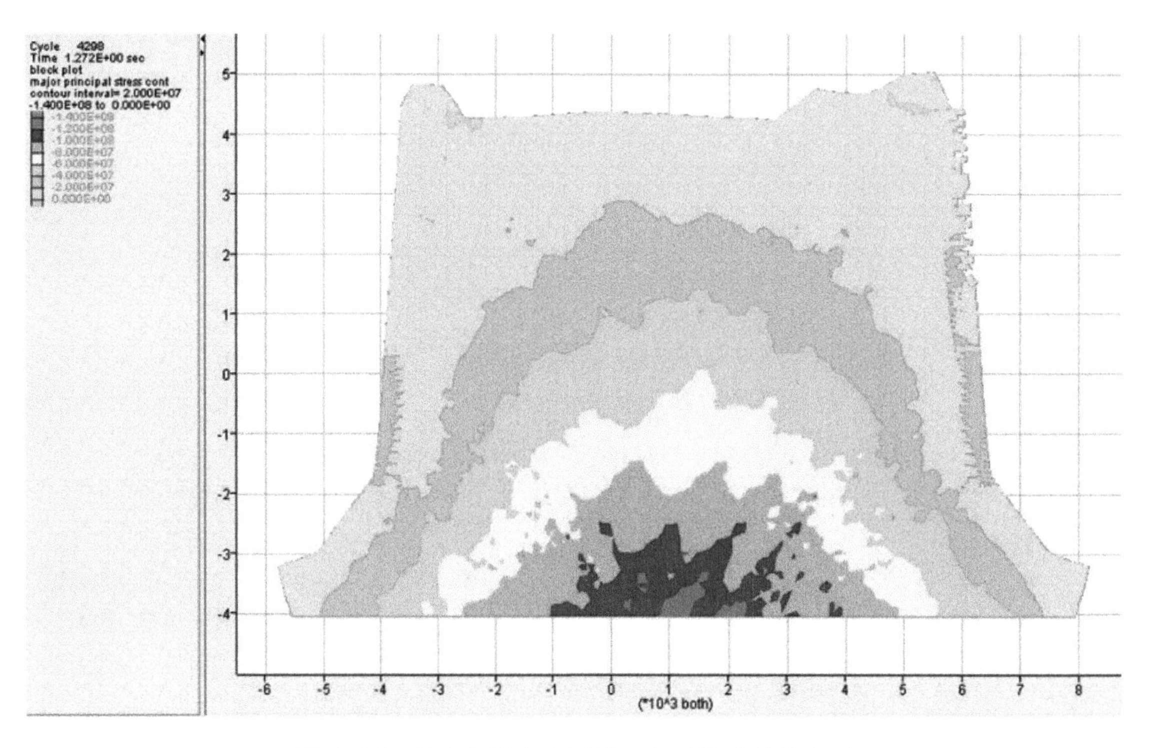

图 5-46　最小主应力（压应力）云图（单位 Pa）

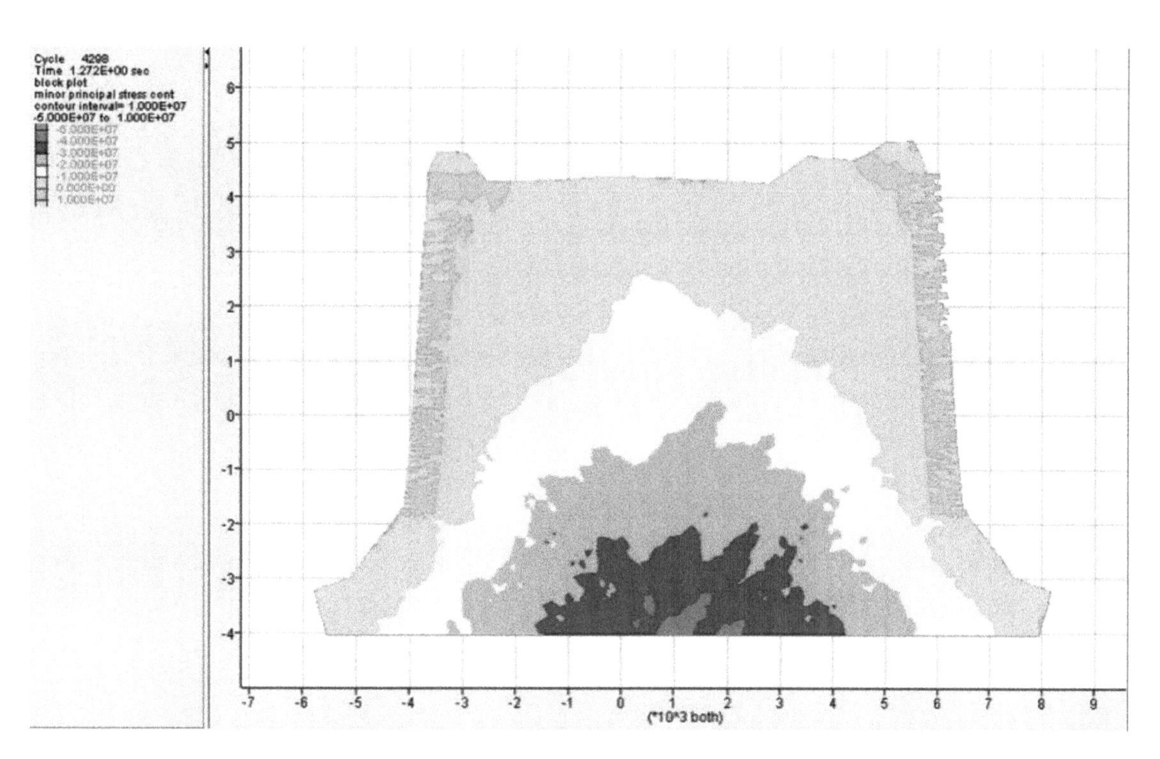

图 5-47　最大主应力（拉应力）云图（单位 Pa）

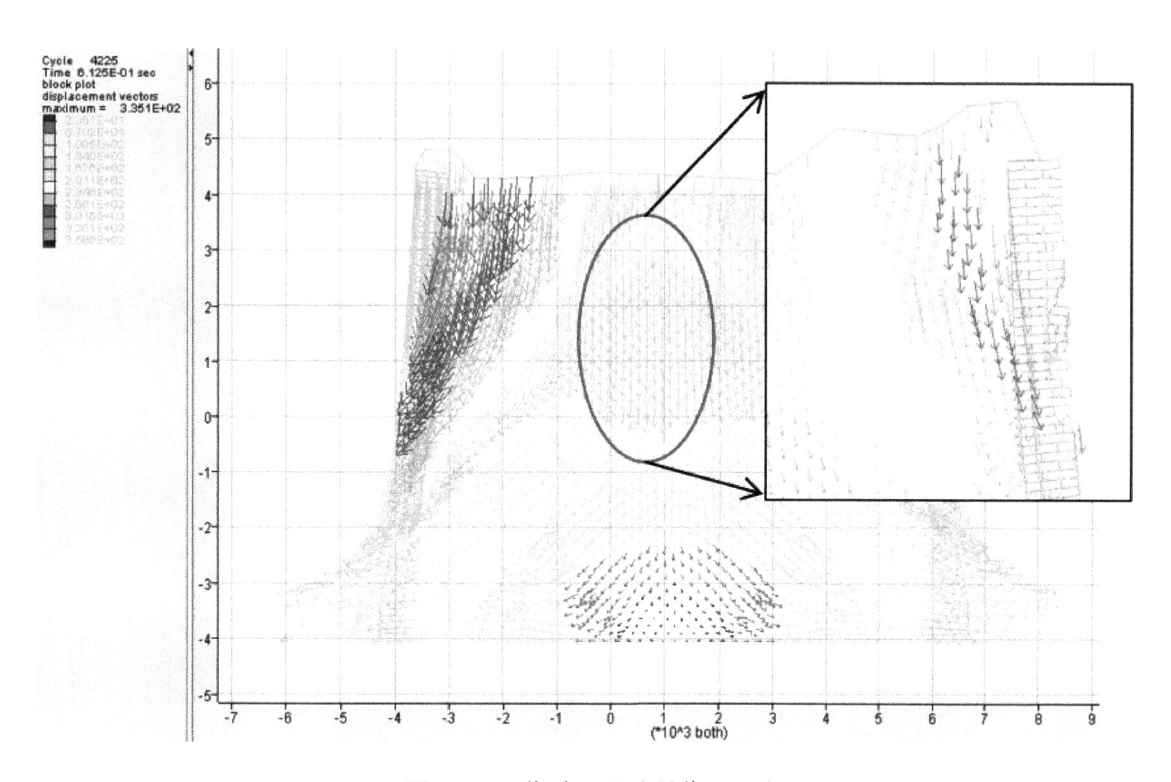

图 5-48　位移云图（单位 mm）

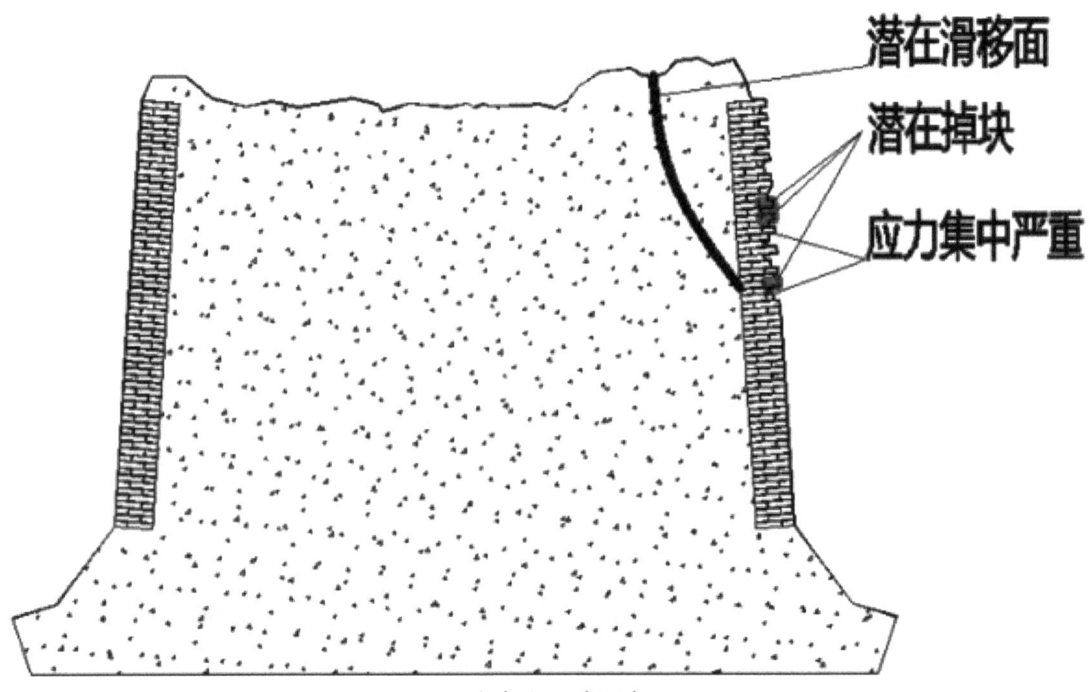

a 砖墙破坏前形态

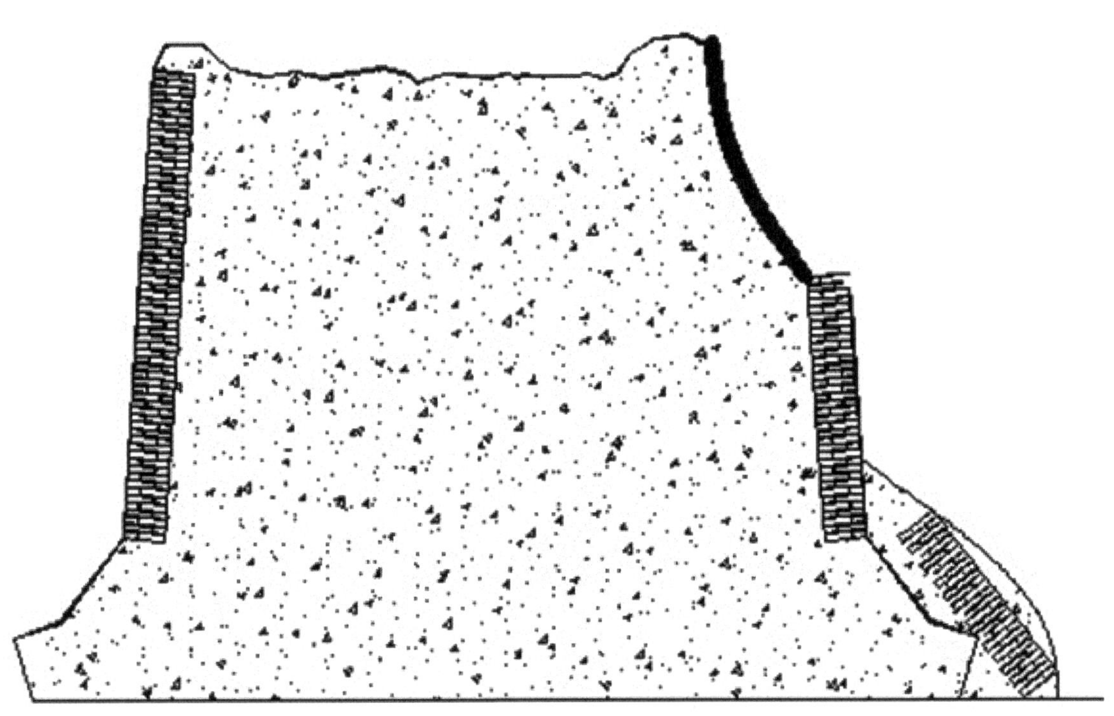

b 砖墙破坏后形态

图 5-49　剖面失稳破坏前、后的形态

通过离散元进行问题较严重的截面建模分析，判断出在发生降雨、外力等自然与人为影响下薄弱面的破坏趋势和破坏形式。鉴于两段墙体已处于残损严重、稳定性较差的情况，建议在夏季雨季到来前，进行及时抢修，防止文物破坏加重。

二、宛平城城墙结构检测及安全评估

（一）工程概况

1. 建筑简况

宛平城位于卢沟桥东，建于明崇祯十三年（1640 年），城东西长 640m，南北长 320m。宛平城有东西两座城门，东门叫“顺治”门，西门叫“威严”门。城墙四周外侧有垛口、望孔，下有射眼。1984 年国家对城墙、东西城楼进行了修缮，2000 年左右又对城墙及南北两侧城楼进行了修缮。

因年久失修，城墙外观缺陷较多，如墙体出现严重风化侵蚀，多处开裂等损坏现象，对主体结构的安全性能存在不利的影响。为掌握该结构性能的客观状况，现对该结构进行检查与安全评定。

2. 结构形式简介

宛平城墙为砖石土混合结构，东西两门上设城楼并辅有瓮城，南北两侧城墙上共有 10 个城楼，瓮城、城楼均为后期复建。

3. 宛平城现状照片

宛平城的现状照片见图 5-50 ~ 图 5-55。

4. 建筑测绘图纸

宛平城总平面示意图及各段平立面图见图 5-56 ~ 图 5-64。

图 5-50　南侧城墙外立面

图 5-51　西侧城墙外立面

图 5-52　西侧瓮城

图 5-53　西侧外城门

图 5-54　西侧内城门

图 5-55　城墙西南角顶部

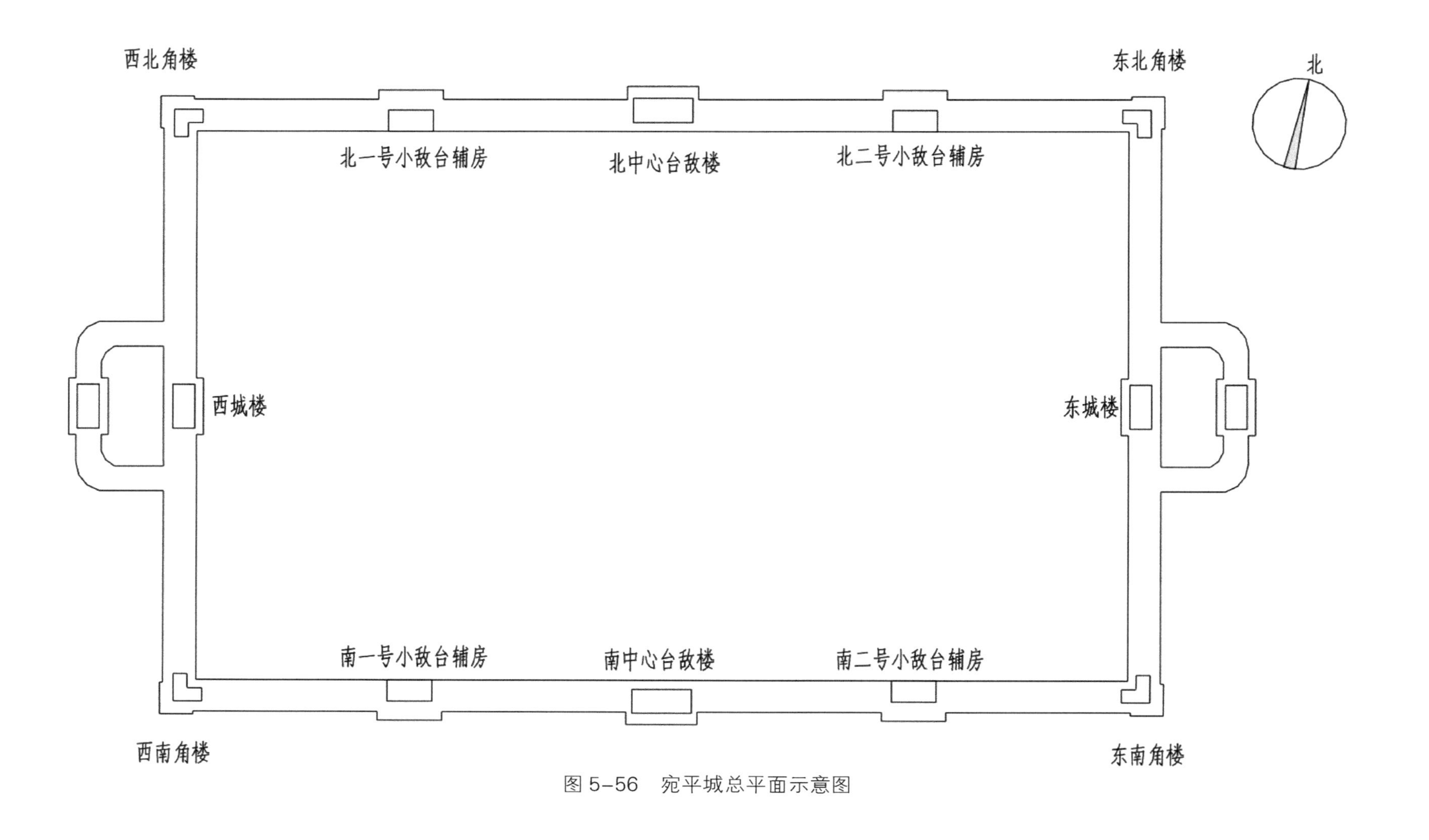

图 5-56　宛平城总平面示意图

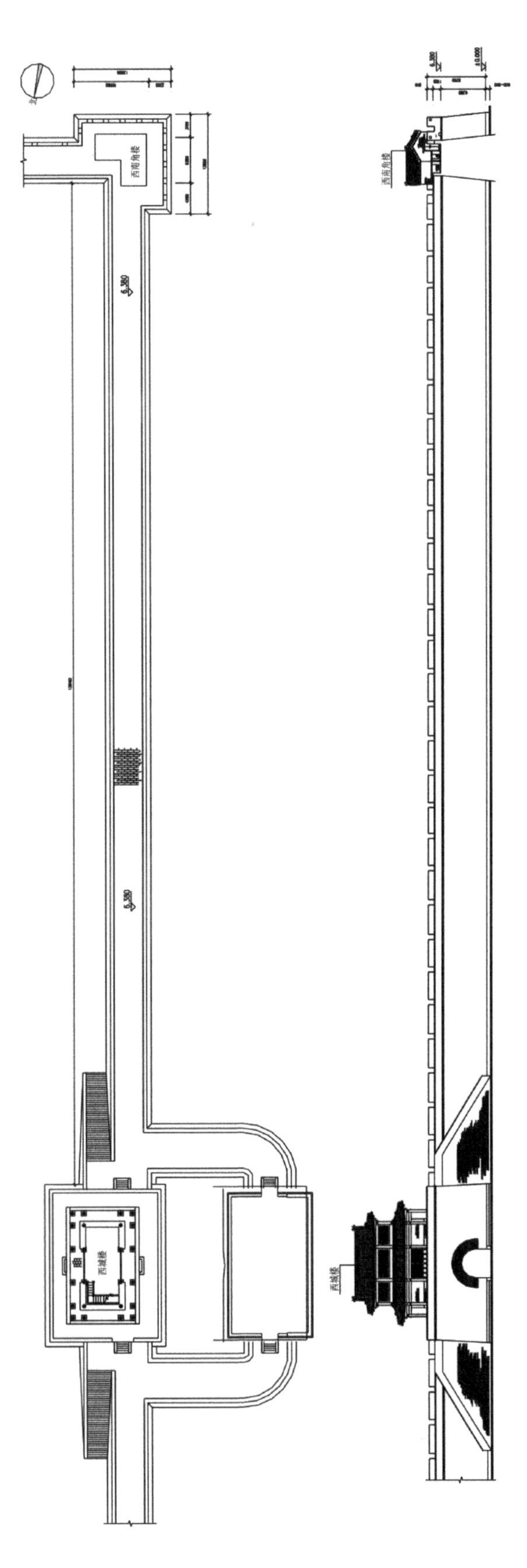

图 5-57 西城楼至西南角楼平面及立面图

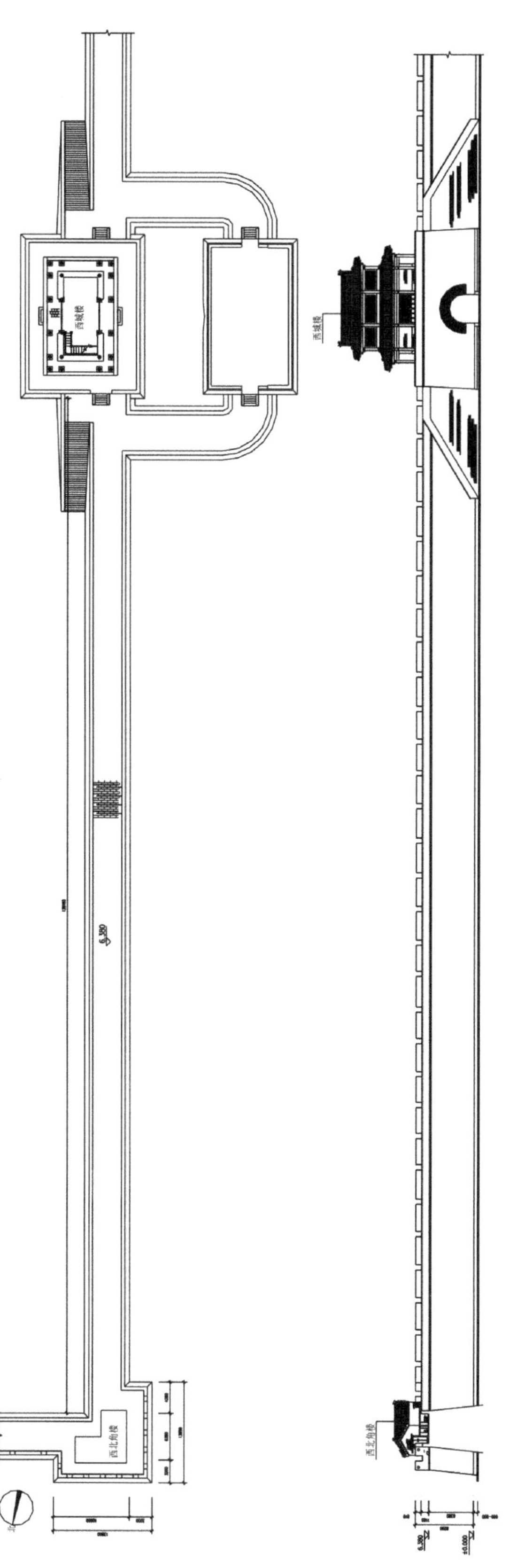

图 5-58　西北角楼至西城楼平面及立面图

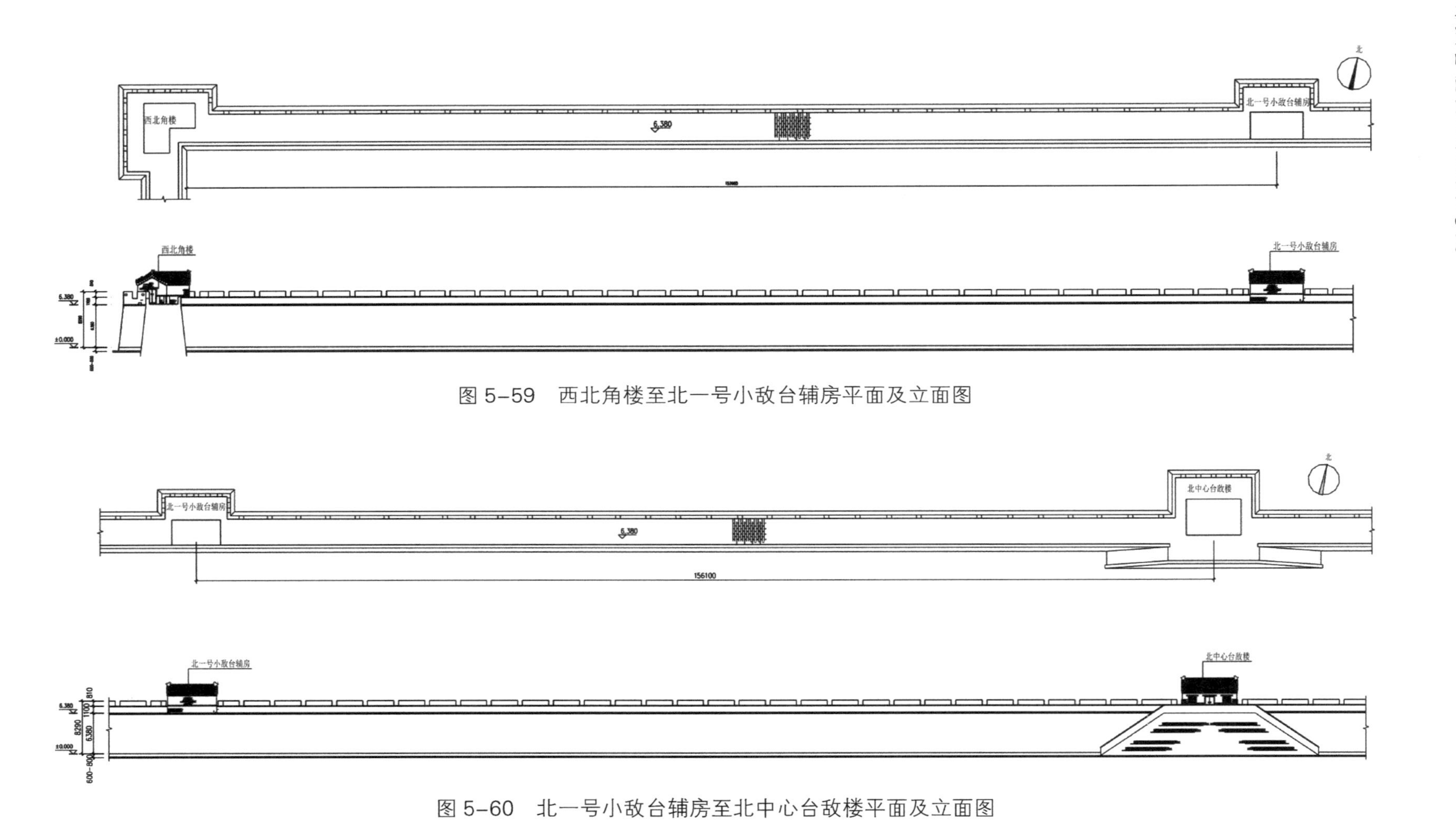

图 5-59　西北角楼至北一号小敌台辅房平面及立面图

图 5-60　北一号小敌台辅房至北中心台敌楼平面及立面图

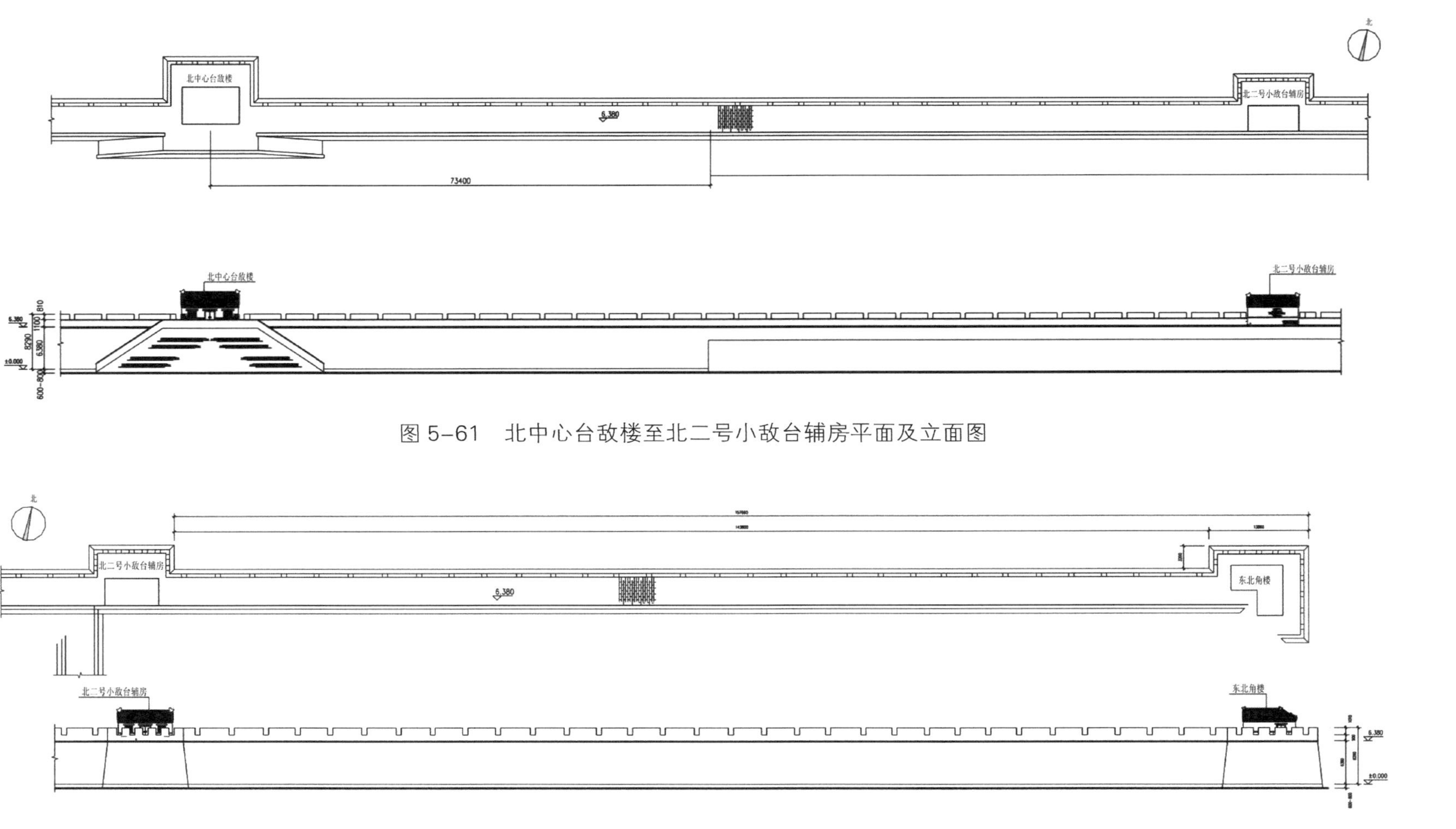

图 5-61　北中心台敌楼至北二号小敌台辅房平面及立面图

图 5-62　北二号小敌台辅房至东北角楼平面及立面图

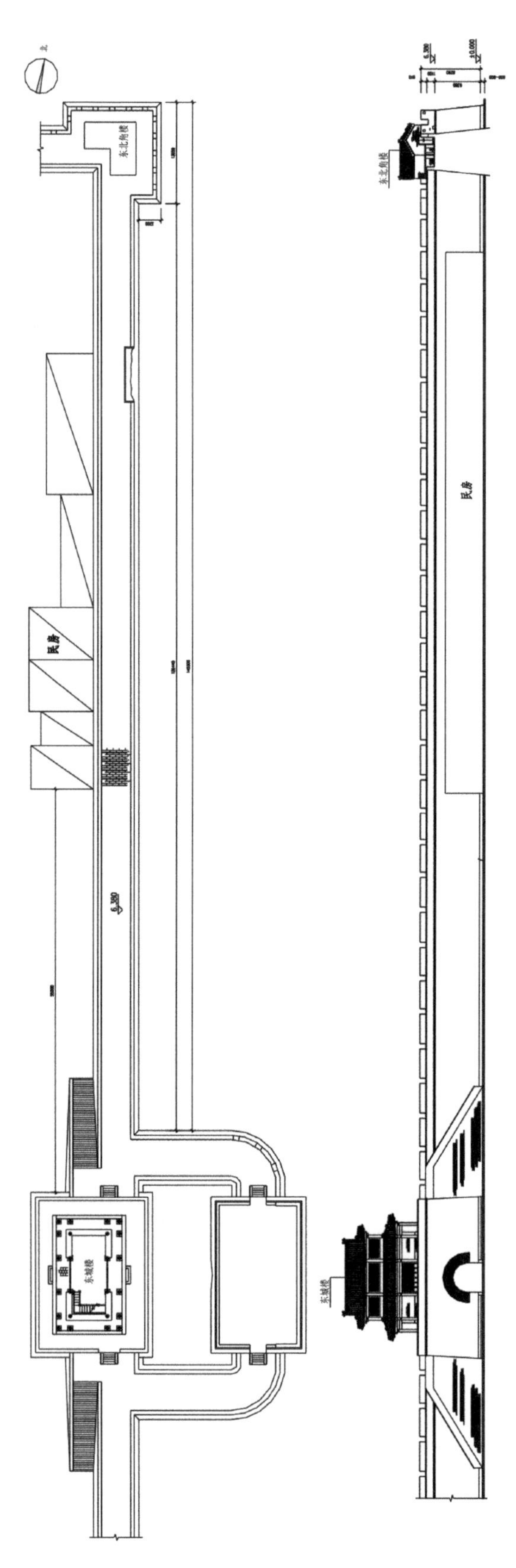

图 5-63　东城楼至东北角楼平面及立面图

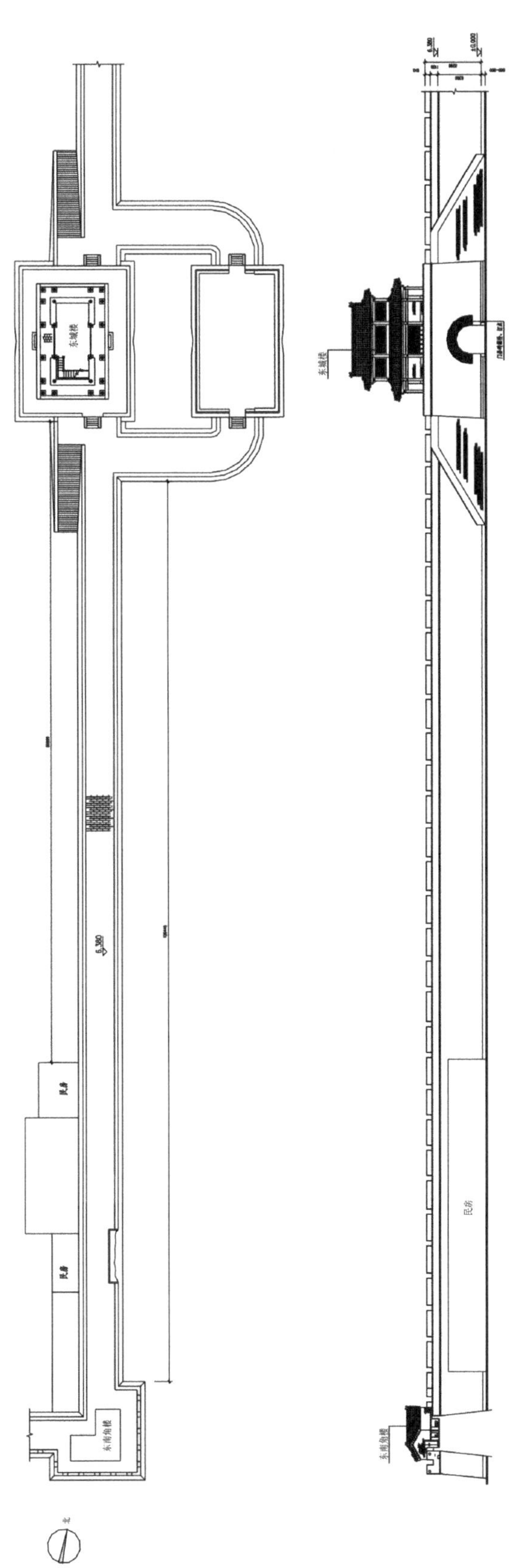

图 5-64　东城楼至东南角楼平面及立面图

（二）检查鉴定项目及依据

1. 检查鉴定内容

检查建筑主体结构和主要承重构件的承载状况；查找结构中是否存在严重的残损部位；根据检查结果，评估在现有使用条件下结构的安全状况，并提出合理可行的维护建议。

2. 检查鉴定依据

（1）《古建筑木结构维护与加固技术规范》GB 50165-92

（2）《民用建筑可靠性鉴定标准》GB 50292-1999

（3）《危险房屋鉴定标准》JGJ 125-99 2004 年版

（4）《建筑地基基础设计规范》GB50007-2011

3. 地基基础勘查

本工程的岩土工程详细勘察工作的主要结论如下：

（1）根据本次岩土工程勘察资料，结合区域地质资料，判定建筑场地无影响建筑物稳定性的不良地质作用，为可进行建设的一般场地。

（2）场地均匀性评价：根据本次勘察现有钻探地层资料，建筑场区地基土层除人工填土外在水平方向分布均匀，成层性较好，判定为均匀地基。

（3）建筑场地上部人工填土层均匀性较差，压缩性较高，承载力较低。

（4）建筑场地抗震设防烈度为 8 度。场地土类型属于中硬土。当抗震设防烈度为 8 度时，本场地的地基土判定为不液化。

（5）由于地下水埋藏较深，故可不考虑地下水对混凝土和钢筋的腐蚀性。在干湿交替作用环境下，本场地土对混凝土结构有微腐蚀性，对混凝土中的钢筋有微腐蚀性，对钢结构有微腐蚀性。

（6）建筑场地地基土的标准冻结深度按 0.8m 考虑。

（四）地基基础雷达探查

采用地质雷达对城墙墙体进行探查，雷达天线频率分别为 150MHz 和 300MHz，路线 1 ~ 10 为雷达沿墙体外侧进行测试的结果，路线 11-22 为雷达沿墙顶海墁进行测试

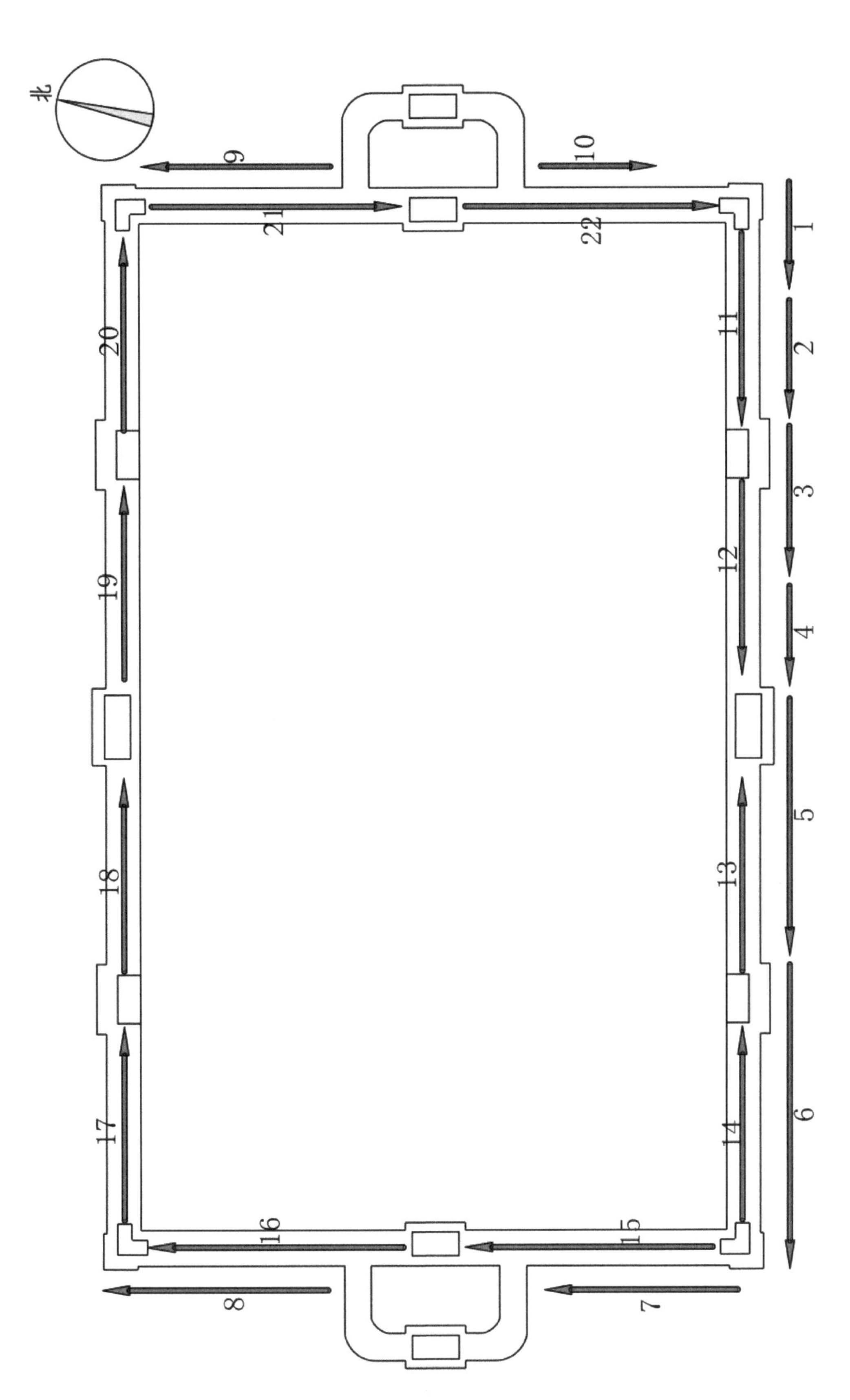

图 5-65　雷达扫描路线示意图

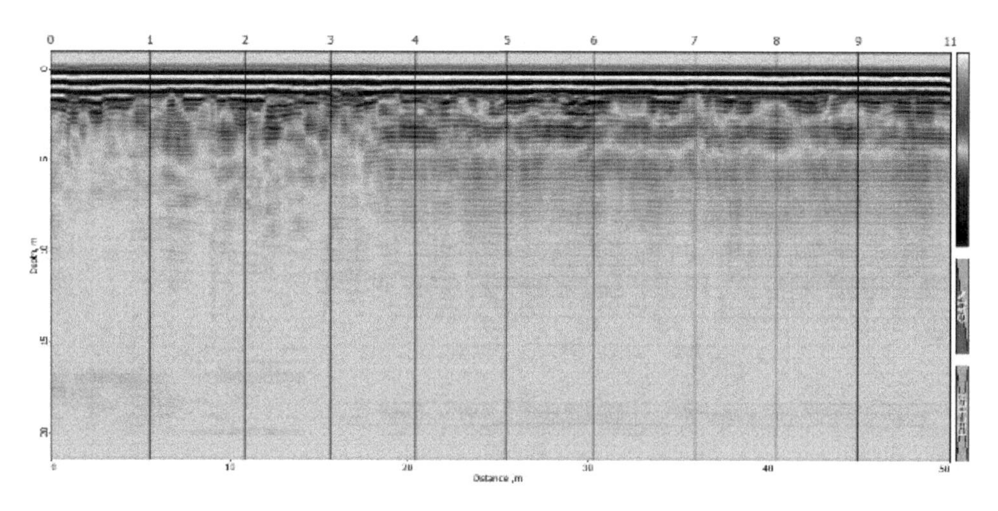

图 5-66　路线 1

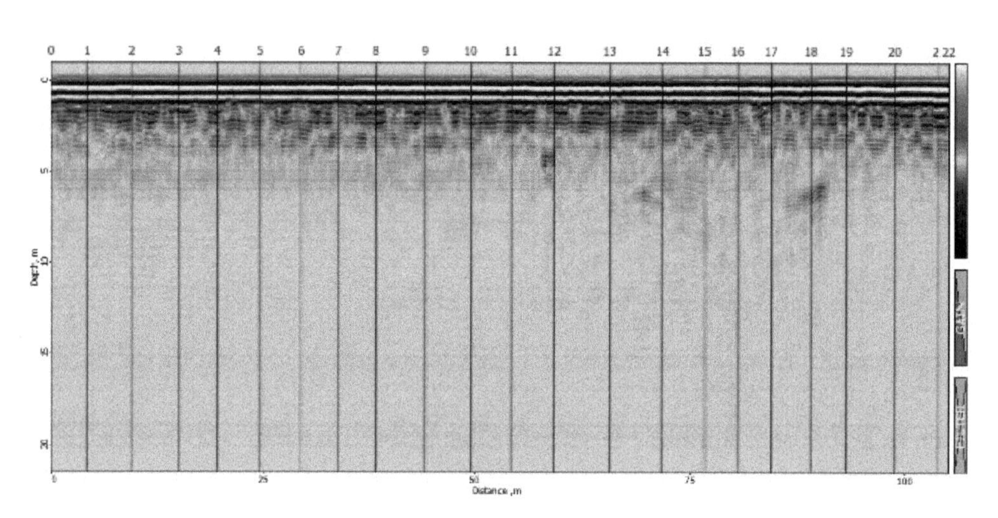

图 5-67　路线 2

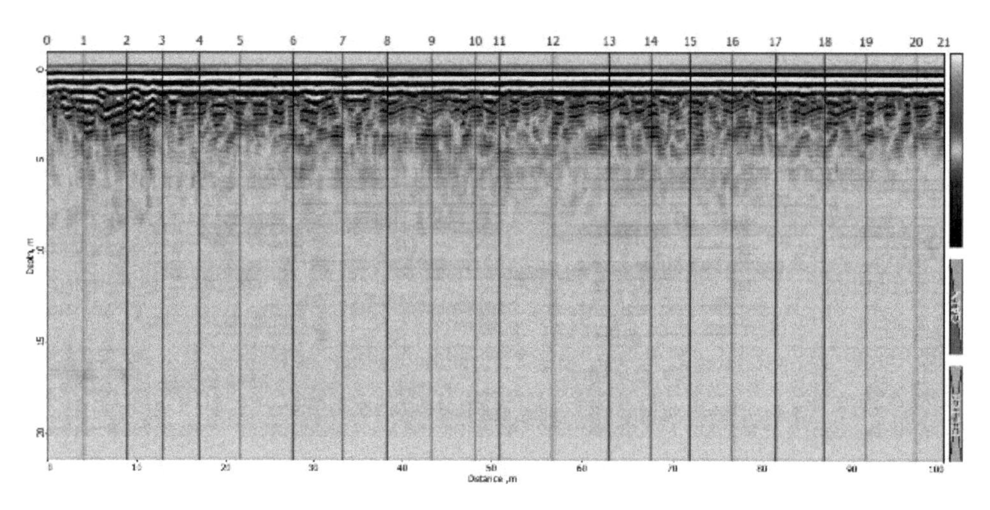

图 5-68　路线 3

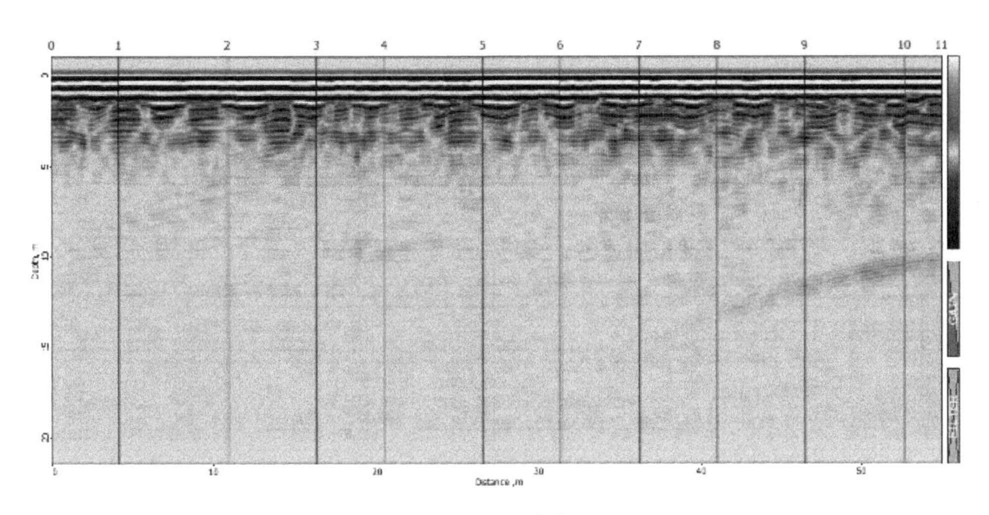

图 5-69　路线 4

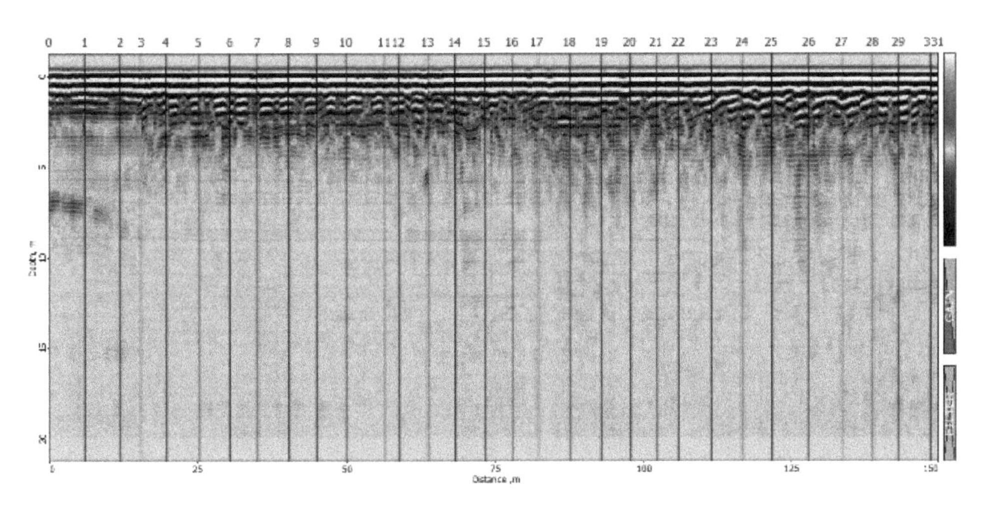

图 5-70　路线 5

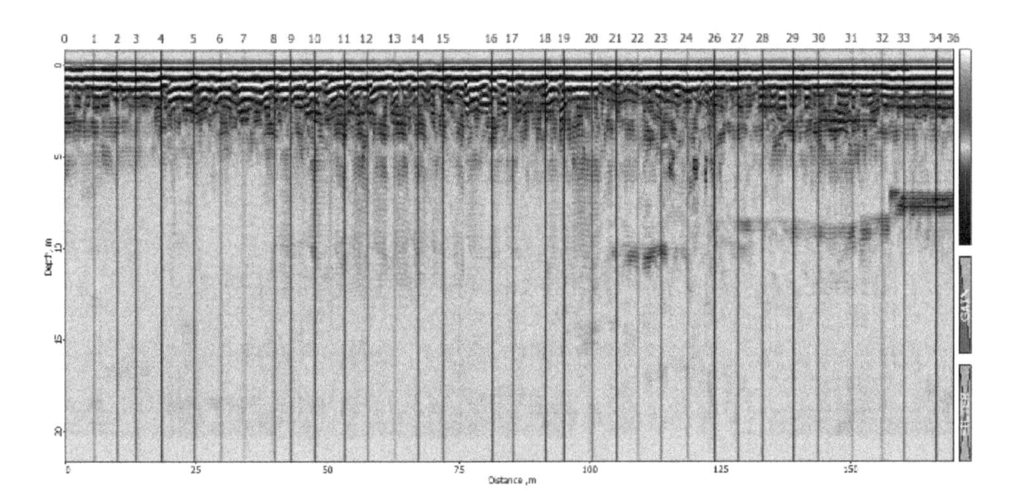

图 5-71　路线 6

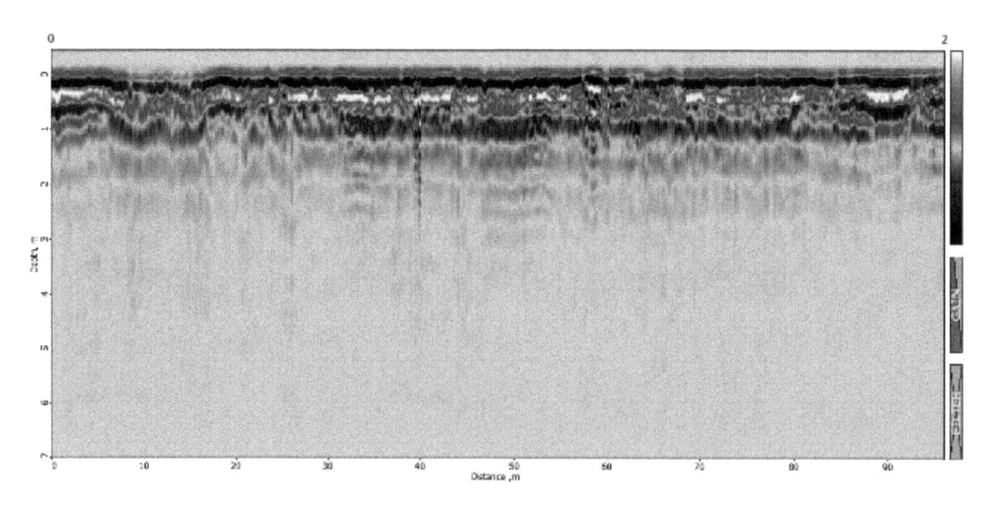

图 5-72　路线 7

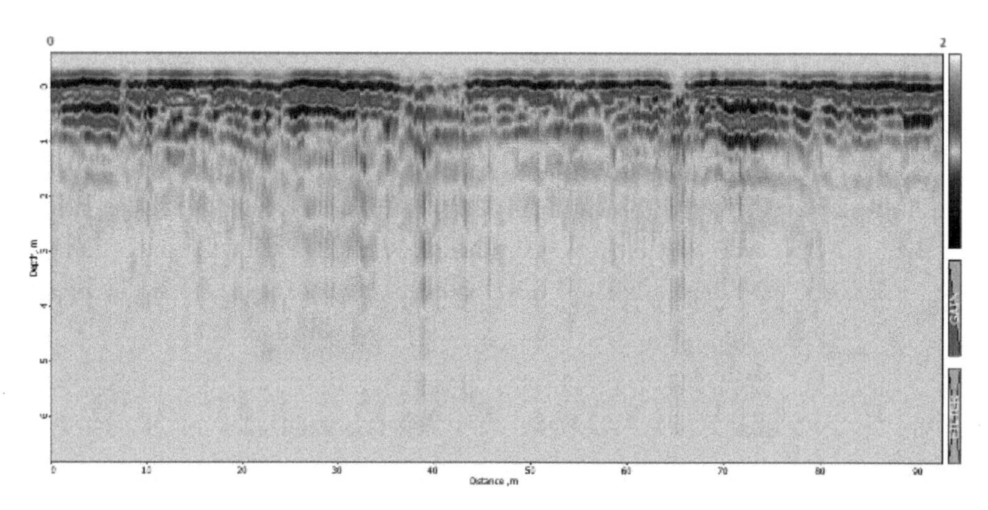

图 5-73　路线 8

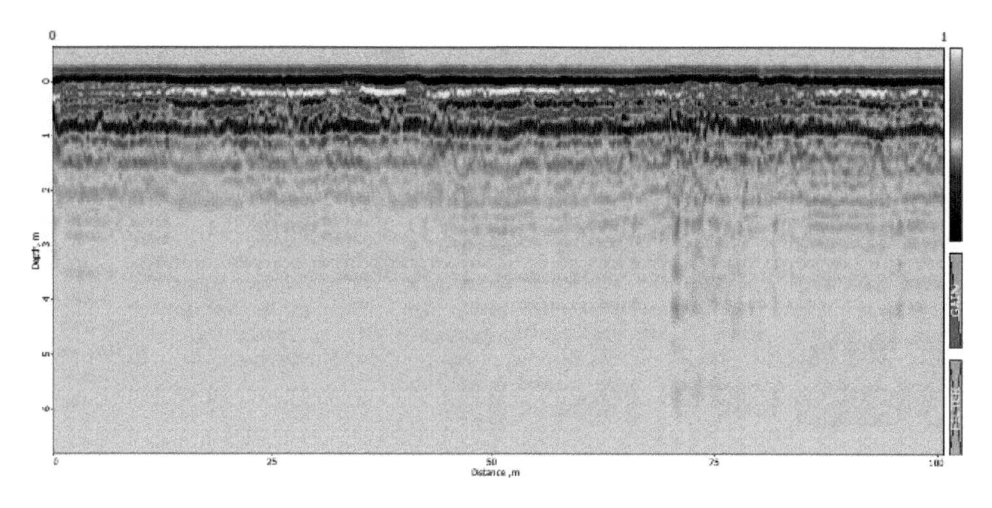

图 5-74　路线 9

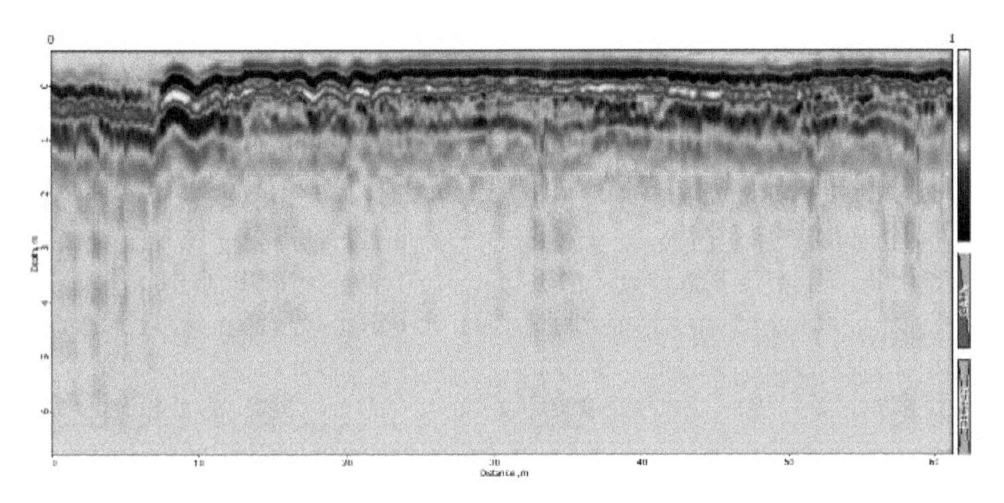

图 5-75　路线 10

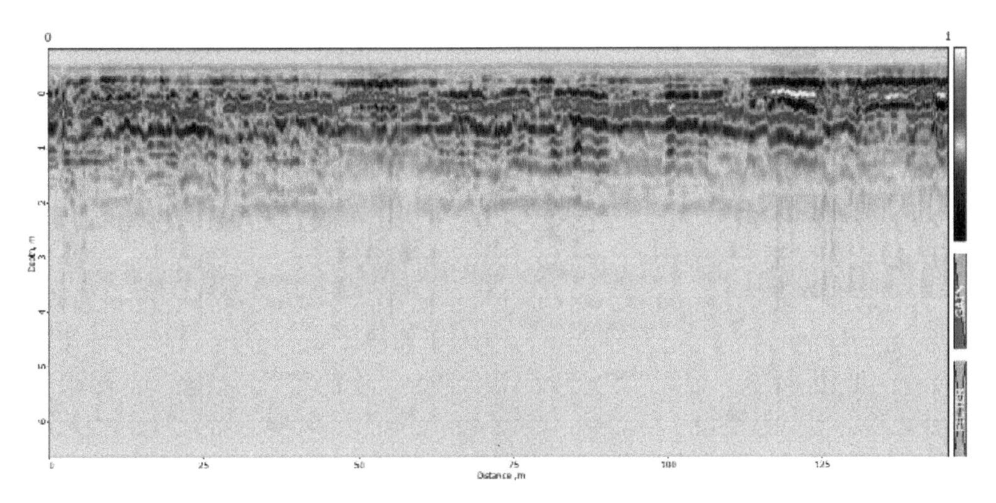

图 5-76　路线 11

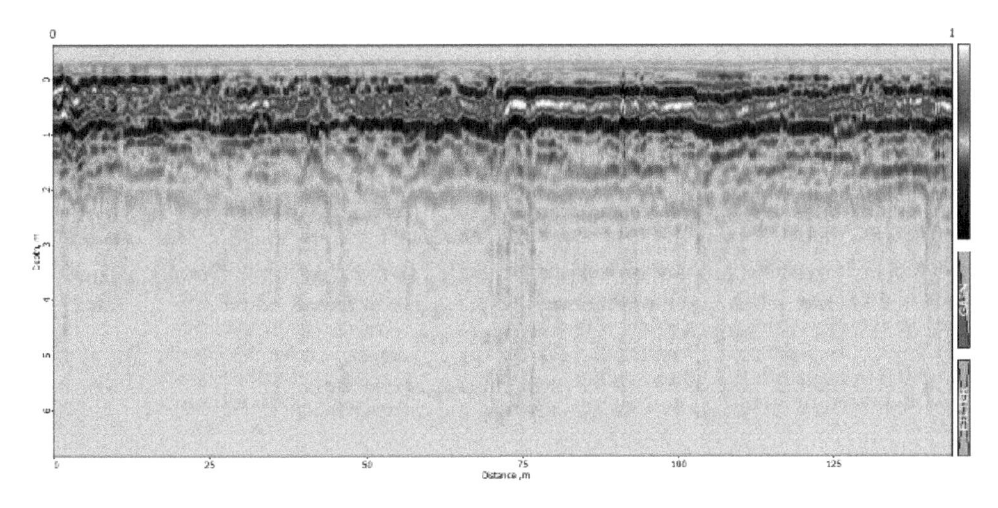

图 5-77　路线 12

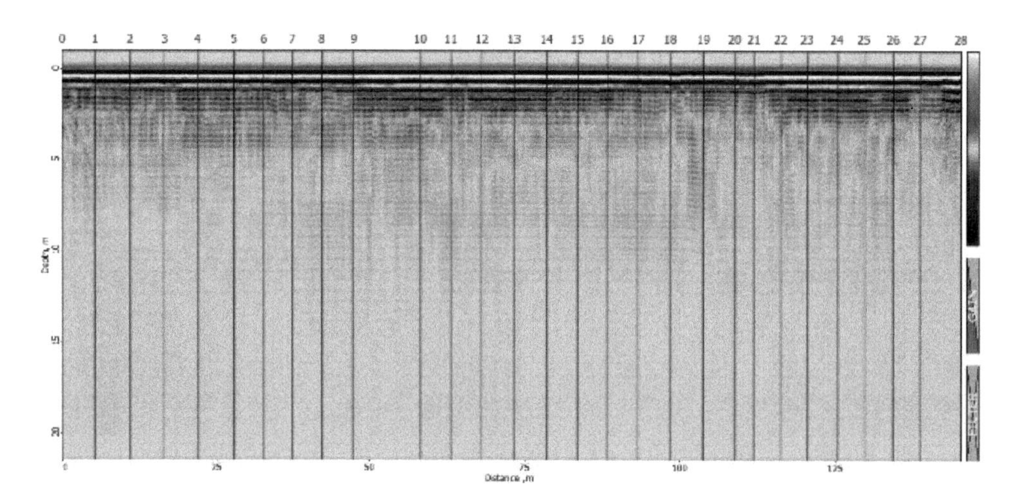

图 5-78　路线 13

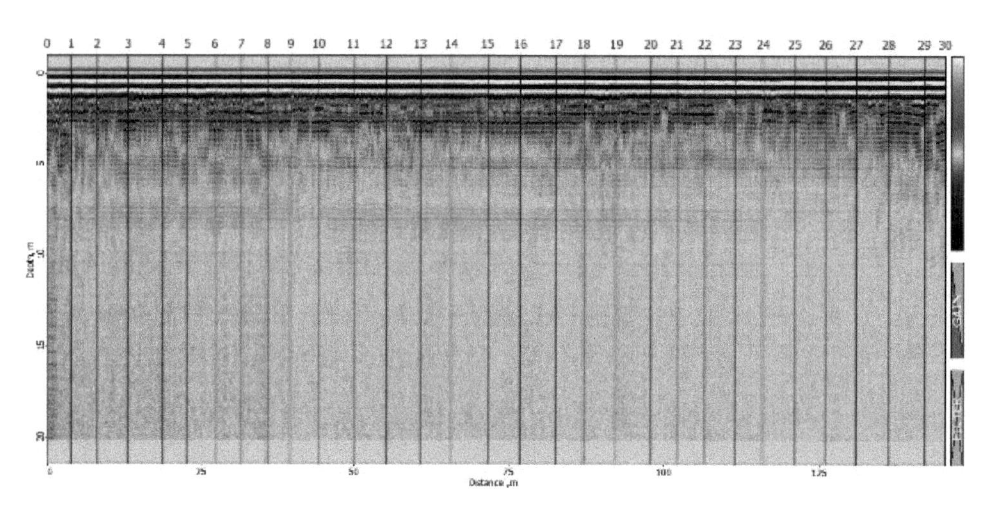

图 5-79　路线 14

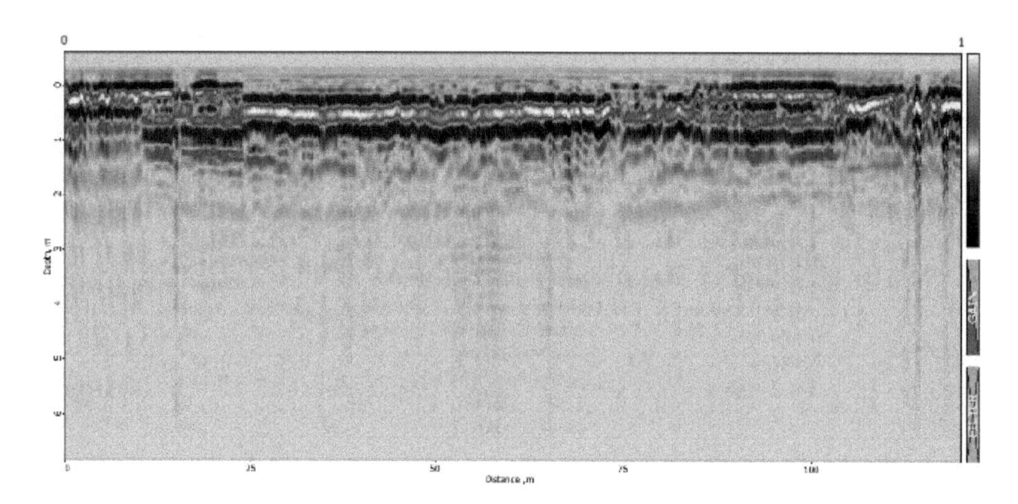

图 5-80　路线 15

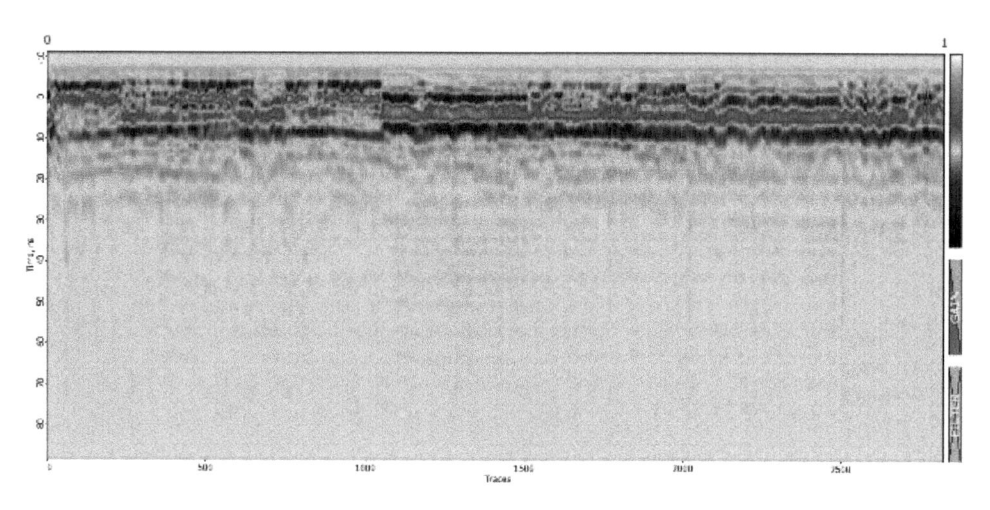

图 5-81　路线 16

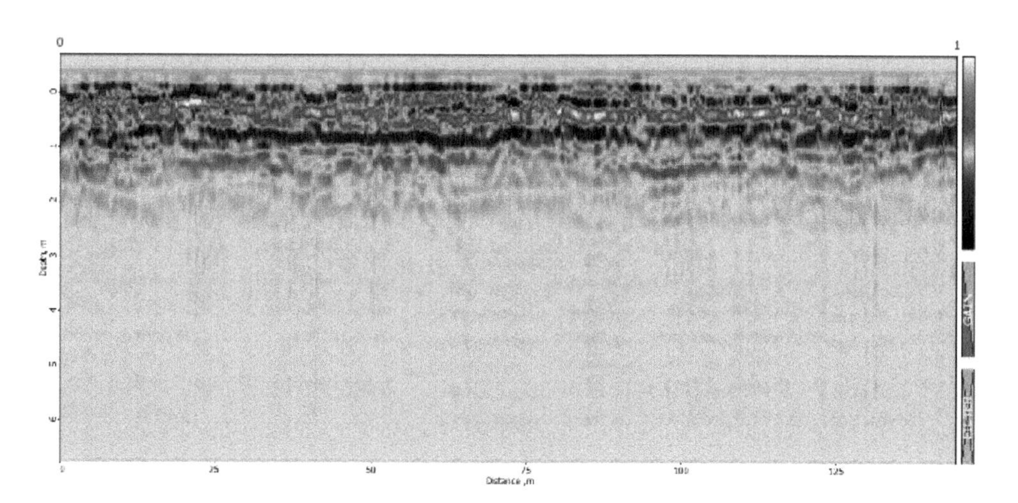

图 5-82　路线 17

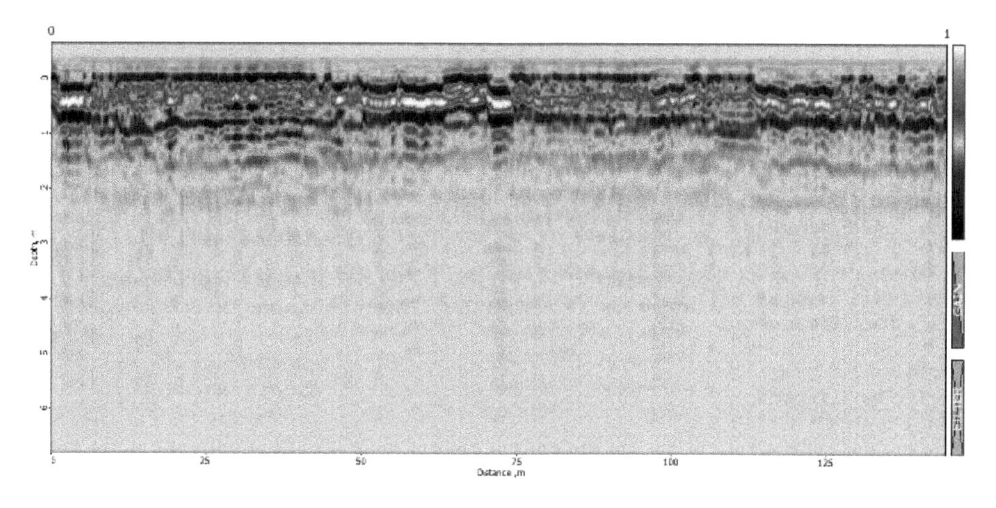

图 5-83　路线 18

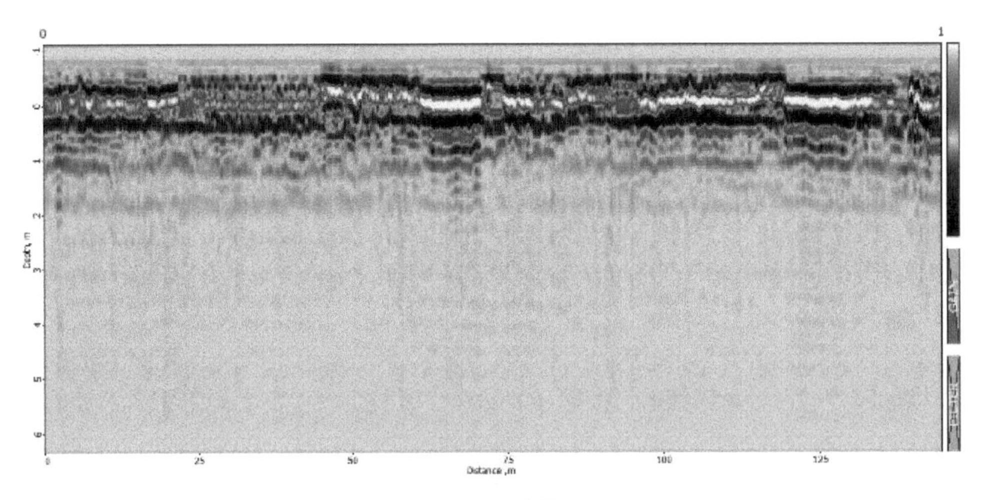

图 5-84 路线 19

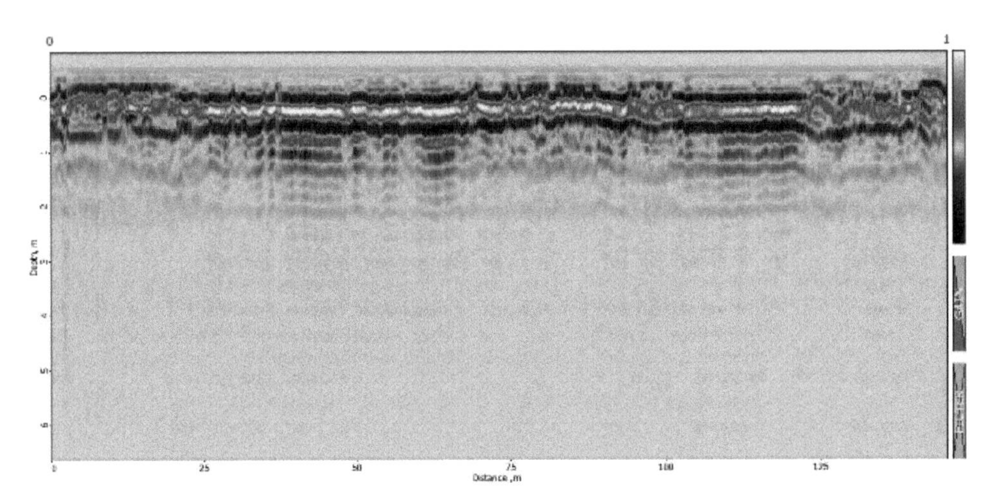

图 5-85 路线 20

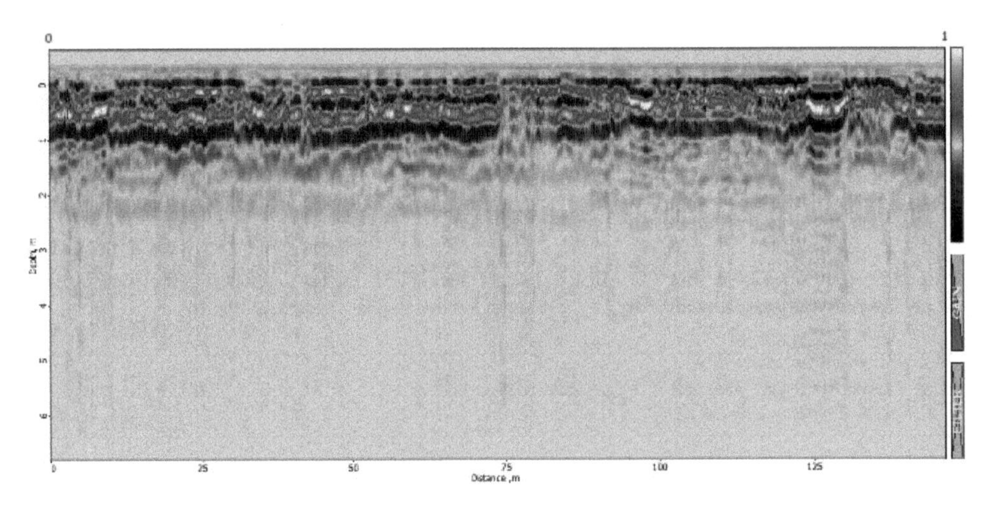

图 5-86 路线 21

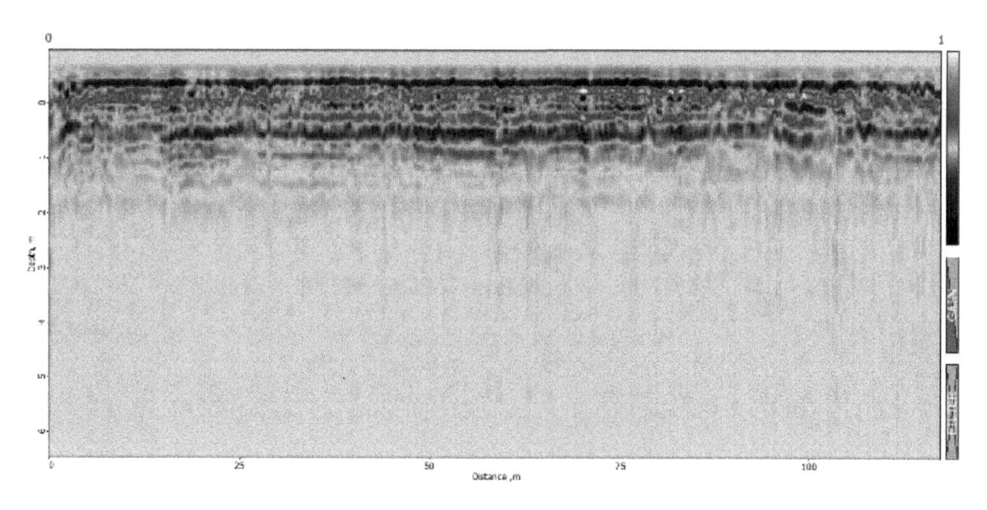

图 5-87　路线 22

的结果，其中路线 1-6，13-14 使用 150MHz 雷达测试，其余使用 300MHz 雷达测试。

假定探测范围内介质基本均匀，介电常数取 4。

1. 由路线 1-6 可见，雷达波 1.5m 厚度处出现明显分层，这与结构内部探查结果基本相符：墙体外侧 1.5m 左右厚度处为砖墙，内侧为夯土；其中，路线 3-6 内侧夯土反射波与路线 1-2 相比，稍显杂乱，内侧夯土可能存在区别；路线 2 在距起始点 60m，深度 4.5m 处有一处强反射区域（A 点），此处可能存在异常，其余雷达测试结果未发现明显异常。

2. 由路线 13-22 可见，雷达波在 1m 深度处出现明显分层，由探查结果可知，海墁表面约 0.3m 内为砌砖，内侧为灰土，表明在 1m 处上下灰土的做法可能存在区别。在 1m 往下的区域，未发现明显异常。

由于雷达测试区域无法全面开挖并与雷达图像进行比对，此解释结果仅作为参考。

（五）结构振动测试

现场使用 941B 型超低频测振仪、Dasp 数据采集分析软件对结构进行振动测试，测振仪放置在墙顶海墁中间部位，主要测量各段墙体的固有频率，测点位置见图 5-88，测试结果统计见表 5-4，详细测试结果见图 5-89 ~ 图 5-107。

自振频率是由质量和刚度共同决定的，其中，建筑平面体型、墙体布置、结构内部损伤等因素会影响结构的刚度。由检测结果可见，城墙各部位的频率在 4.88HZ 到

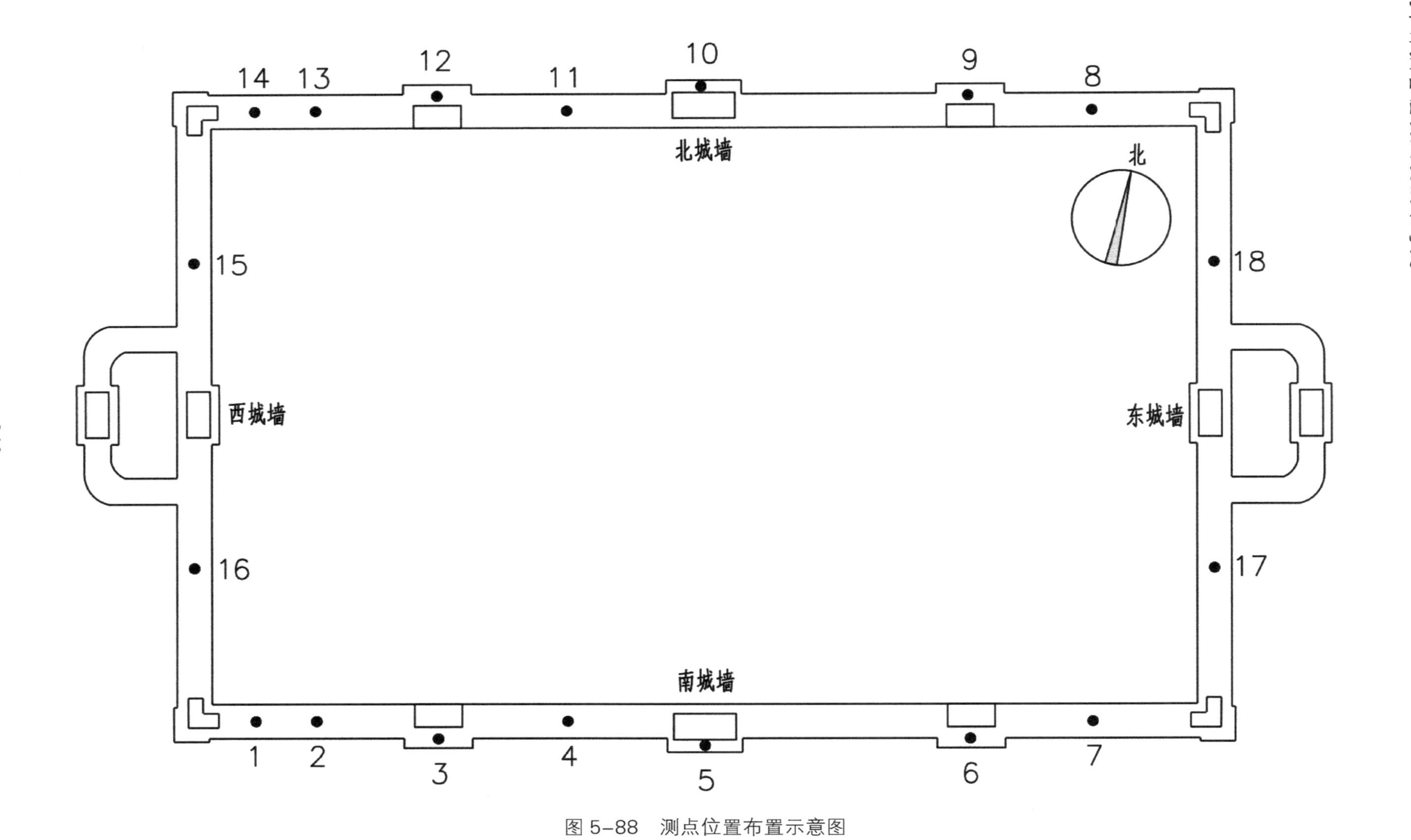

图 5-88 测点位置布置示意图

6.93HZ之间，由于城墙为双向对称结构，对以下对称部位的测试结果进行比较分析：

1. 测点2、7、8、13为对称部位，其频率分别为6.25HZ、5.86HZ、6.54HZ、5.27HZ，可见，测点2及测点8频率相对较高，其中，测点2处于后期修缮墙体处，测点2相邻位置的测点1频率最低，仅为4.88HZ，此测点位于墙体臌胀处附近，此部分墙体质量可能存在差异；

2. 测点3、6、9、12为对称部位，其频率分别为5.86HZ、6.05HZ、5.86HZ、5.66HZ，以上位置的频率差别不大；

3. 测点15、16、17、18为对称部位，其频率分别为6.64HZ、5.86HZ、6.84HZ、6.54HZ，西城墙南段的频率较低，仅为5.86HZ，此部分墙体质量可能存在差异。

表5-4 结构振动测试结果

位置	方向	峰值频率（HZ）
南城墙1号点	南北向	4.88
南城墙2号点	南北向	6.25
南城墙3号点	南北向	5.86
南城墙4号点	南北向	5.76
南城墙5号点	南北向	6.93
南城墙6号点	南北向	6.05
南城墙7号点	南北向	5.86
北城墙8号点	南北向	6.54
北城墙9号点	南北向	5.86
北城墙10号点	南北向	6.05
北城墙11号点	南北向	5.66
北城墙12号点	南北向	5.66
北城墙13号点	南北向	5.27
北城墙14号点	南北向	5.27
西城墙15号点	东西向	6.64
西城墙16号点	东西向	5.86
东城墙17号点	东西向	6.84
东城墙18号点	东西向	6.54

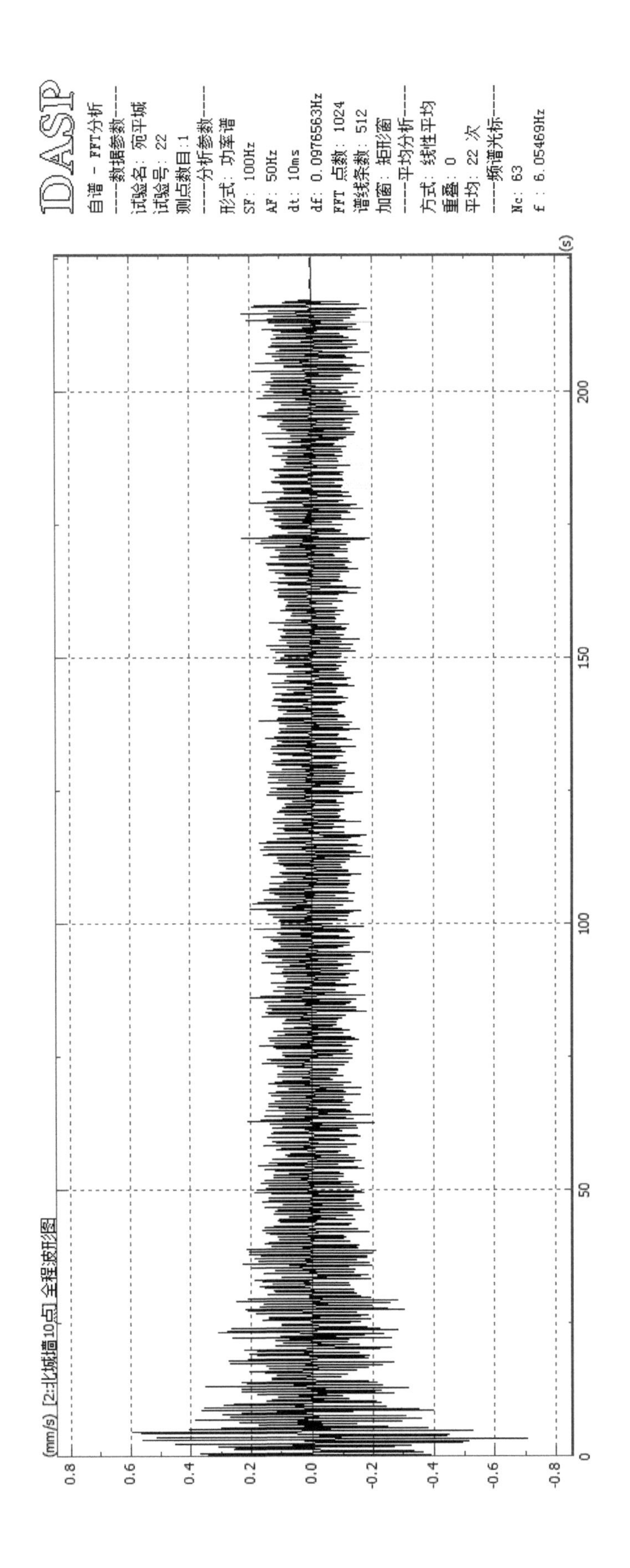

DASP
自谱 - FFT分析
数据参数
试验名：宛平城
试验号：22
测点数目：1
分析参数
形式：功率谱
SF：100Hz
AF：50Hz
dt：10ms
df：0.0976563Hz
FFT 点数：1024
谱线条数：512
加窗：矩形窗
平均分析
方式：线性平均
重叠：0
平均：22 次
频谱光标
Nc：63
f：6.05469Hz
(mm/s) [2:北城墙10点] 全程波形图
0.8
0.6
0.4
0.2
0.0
-0.2
-0.4
-0.6
-0.8
0
50
100
150
200
(s)

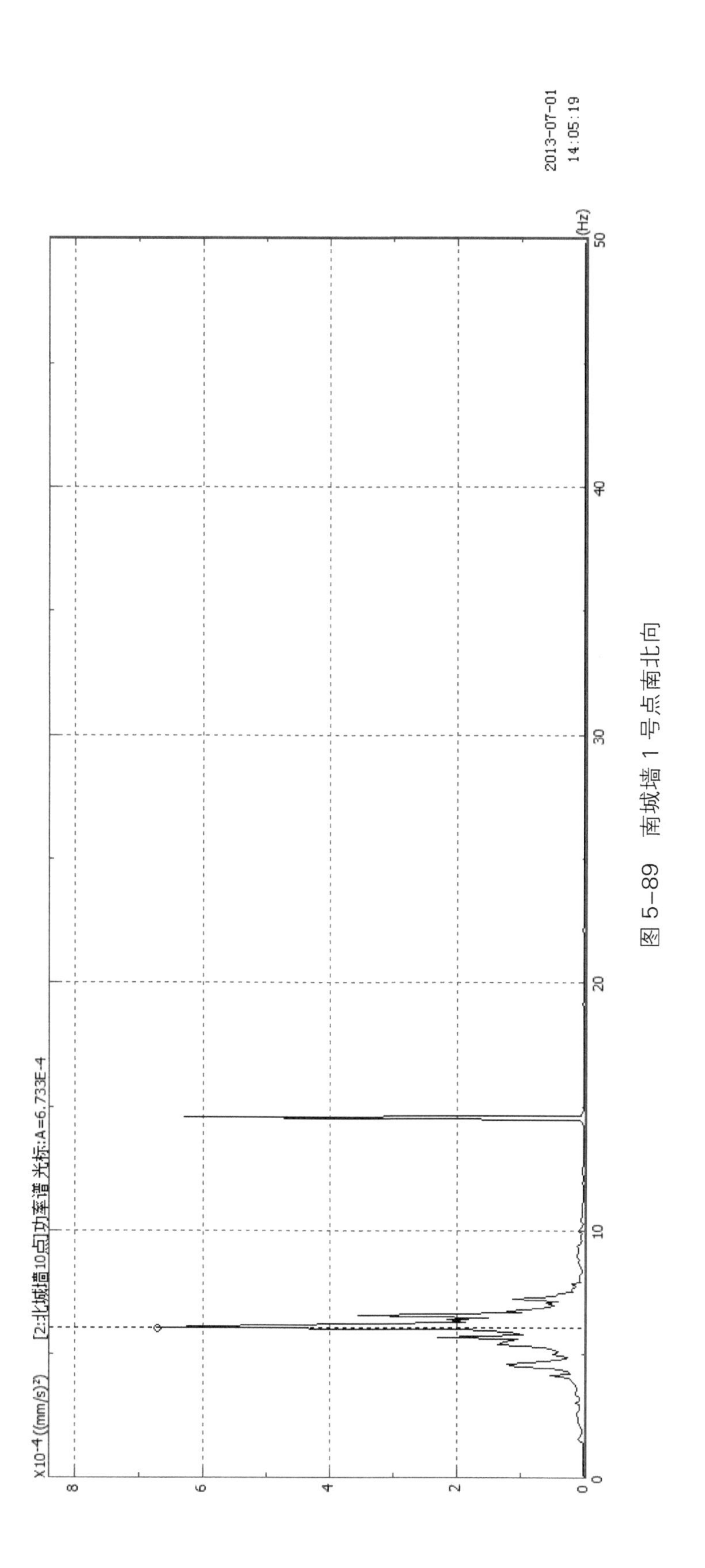

图 5-89 南城墙 1 号点南北向

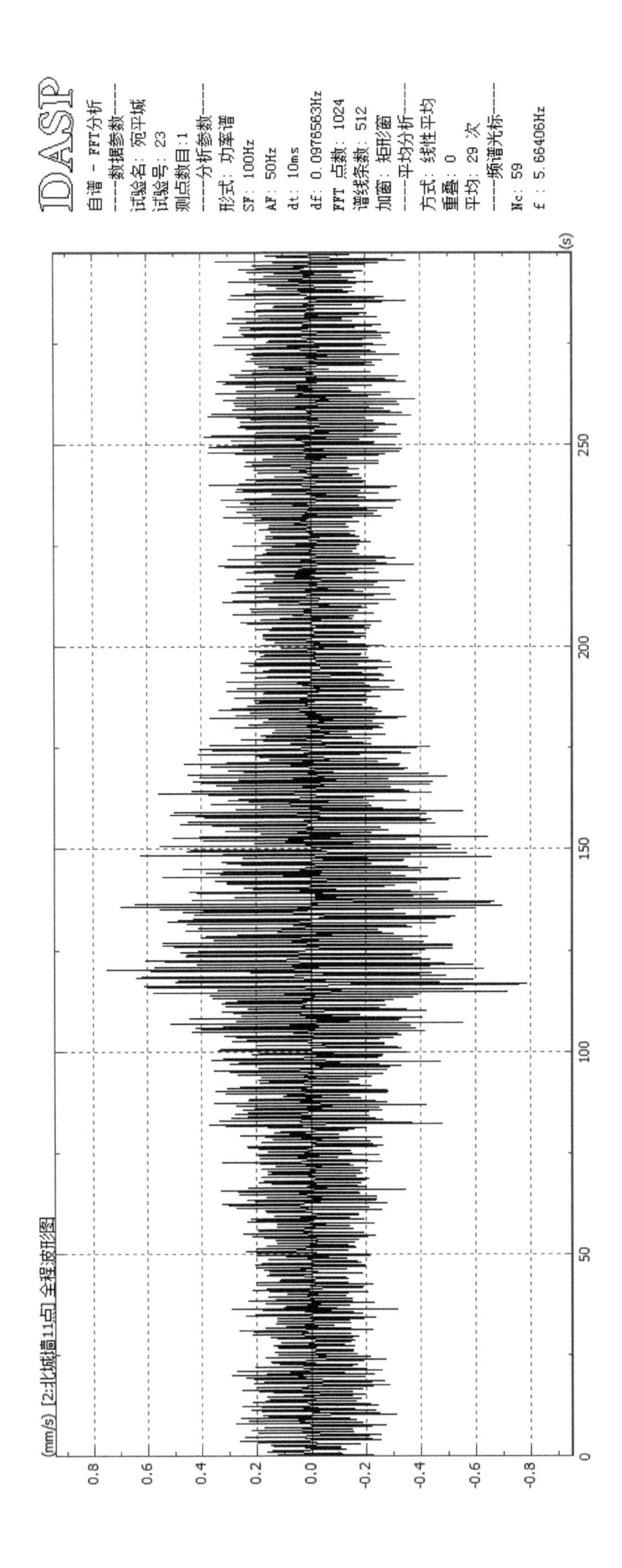
DASP
自谱 - FFT分析
数据参数
试验名：宛平城
试验号：23
测点数目:1
分析参数
形式：功率谱
SF: 100Hz
AF: 50Hz
dt: 10ms
df: 0.0976563Hz
FFT 点数：1024
谱线条数：512
加窗：矩形窗
平均分析
方式：线性平均
重叠：0
平均：29 次
频谱光标
Nc: 59
f: 5.66406Hz
(mm/s) [2:北城墙11点] 全程波形图
0.8
0.6
0.4
0.2
0.0
-0.2
-0.4
-0.6
-0.8
0
50
100
150
200
250
(s)

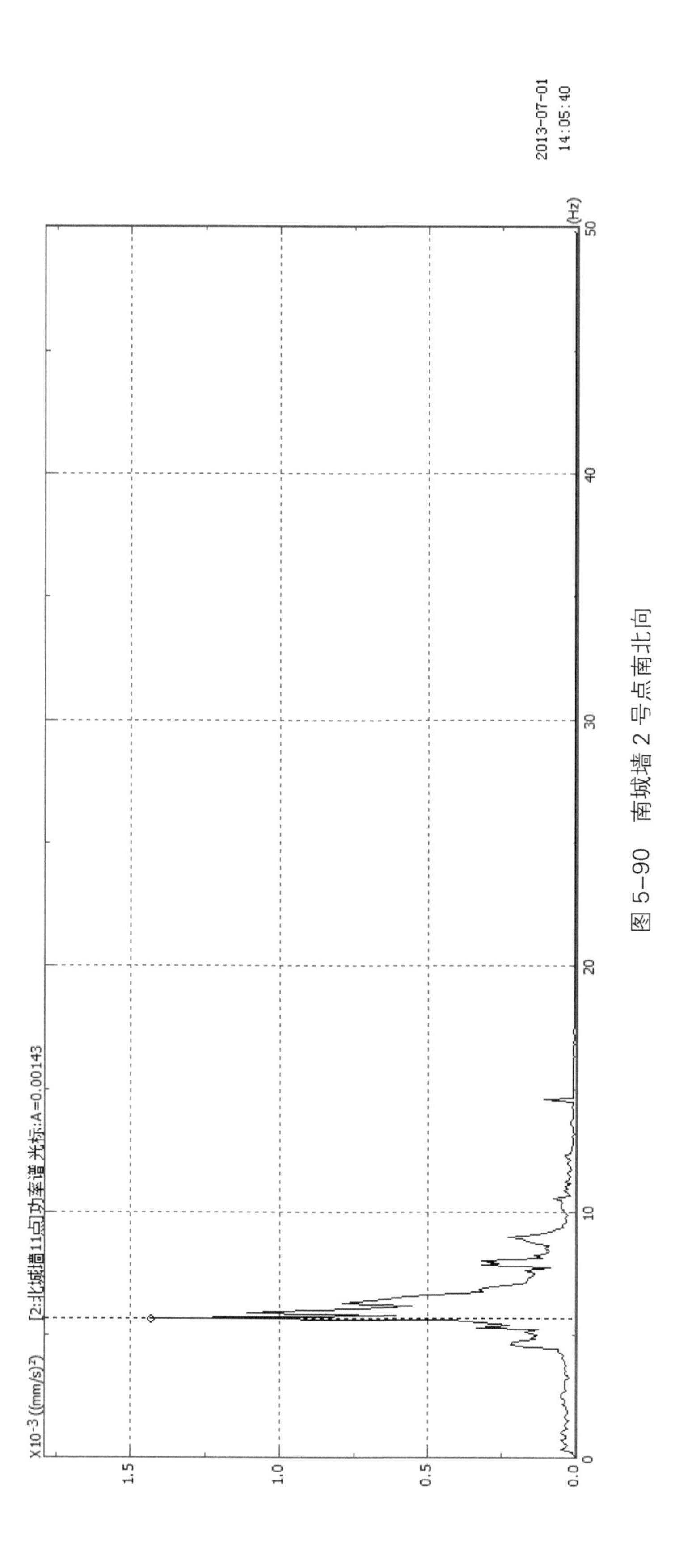

图 5-90　南城墙 2 号点南北向

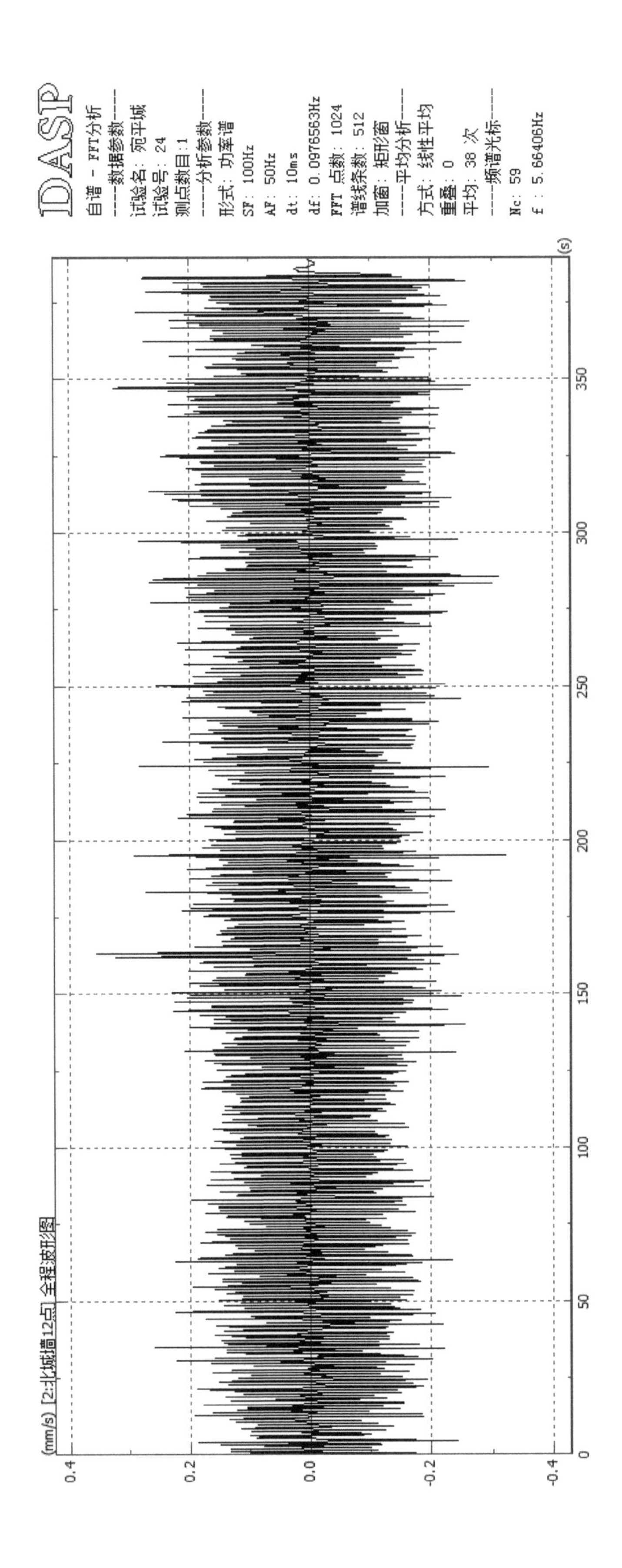
DASP
自谱 - FFT分析
数据参数
试验名：宛平城
试验号：24
测点数目：1
分析参数
形式：功率谱
SF：100Hz
AF：50Hz
dt：10ms
df：0.0976563Hz
FFT 点数：1024
谱线条数：512
加窗：矩形窗
平均分析
方式：线性平均
重叠：0
平均：38 次
频谱光标
Nc：59
f：5.66406Hz
(mm/s) [2:北城墙12点] 全程波形图
(s)

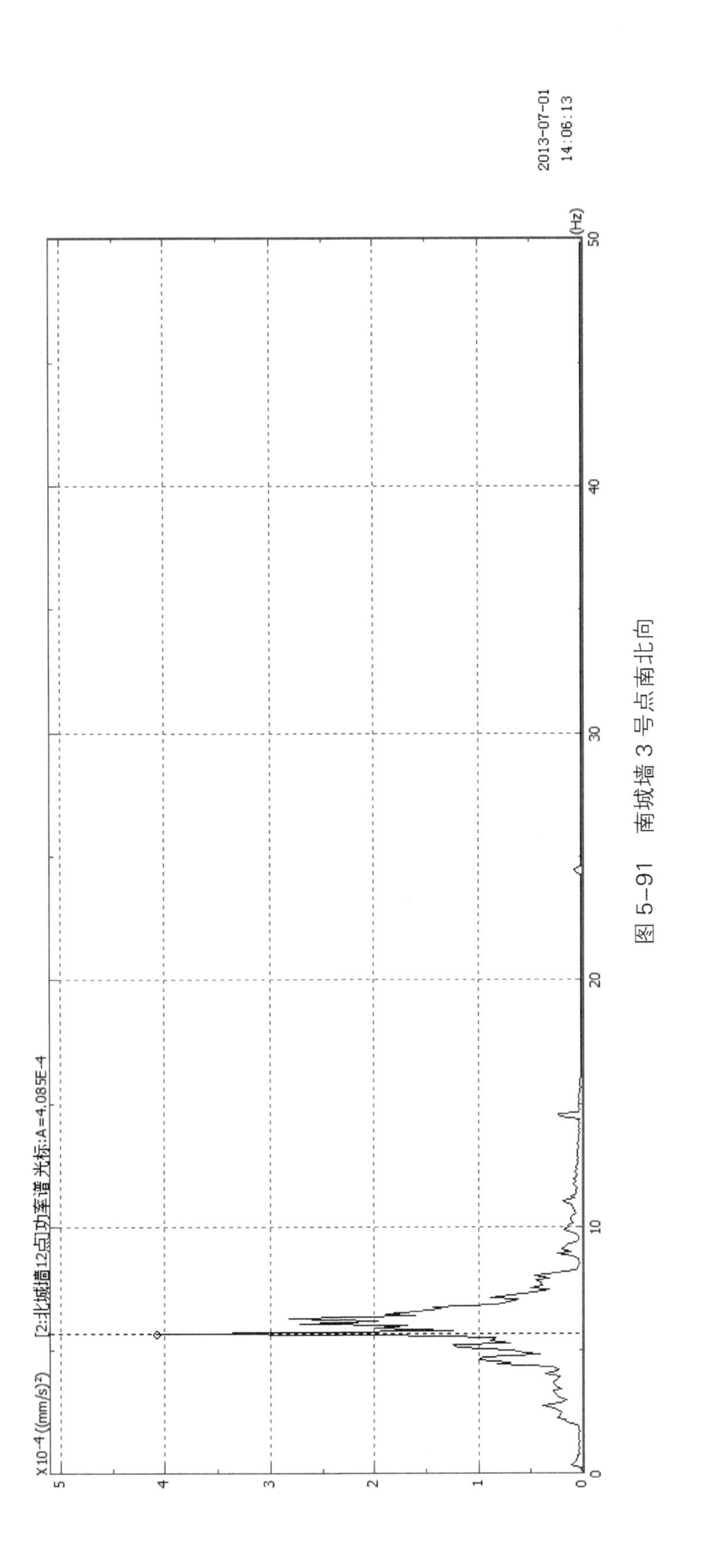

图 5-91　南城墙 3 号点南北向

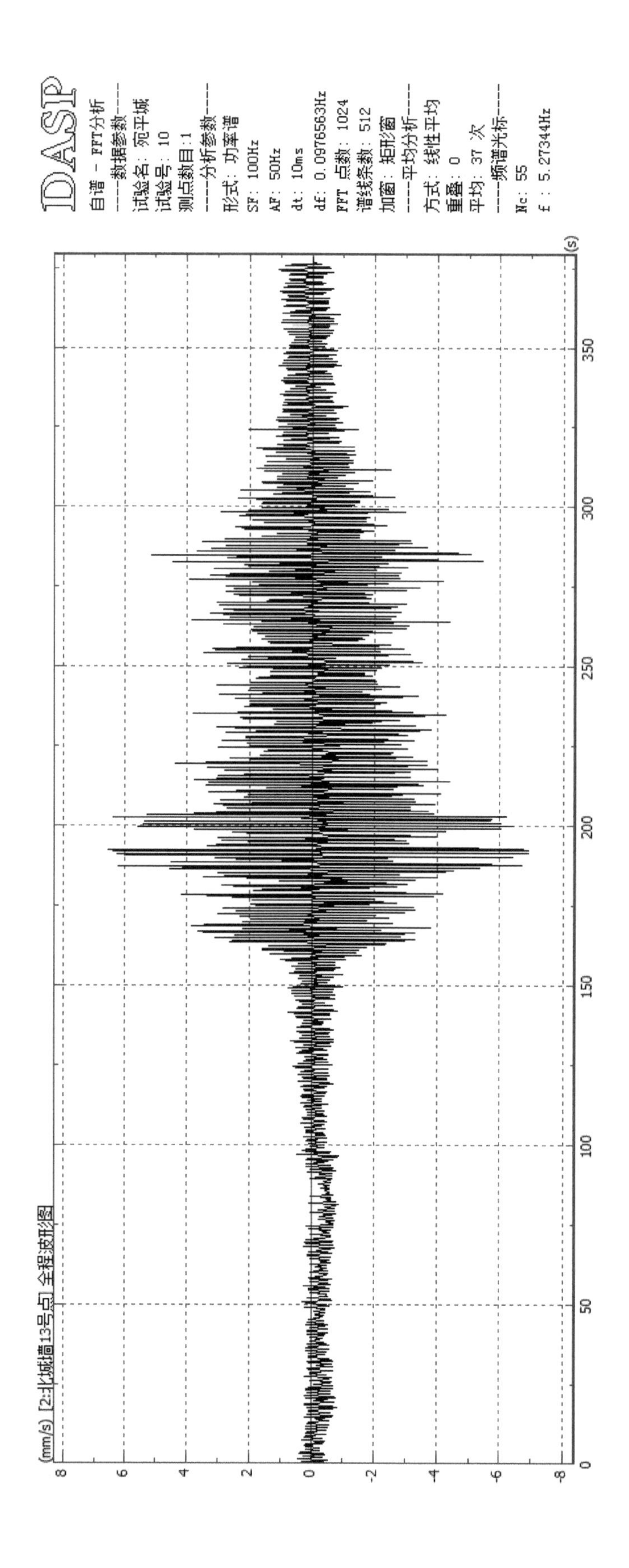
DASP
自谱 - FFT分析
----数据参数----
试验名：宛平城
试验号：10
测点数目：1
----分析参数----
形式：功率谱
SF：100Hz
AF：50Hz
dt：10ms
df：0.0976563Hz
FFT 点数：1024
谱线条数：512
加窗：矩形窗
----平均分析----
方式：线性平均
重叠：0
平均：37 次
----频谱光标----
Nc：55
f ：5.27344Hz
(mm/s) [2:北城墙13号点] 全程波形图
(s)
8
6
4
2
0
-2
-4
-6
-8
0
50
100
150
200
250
300
350

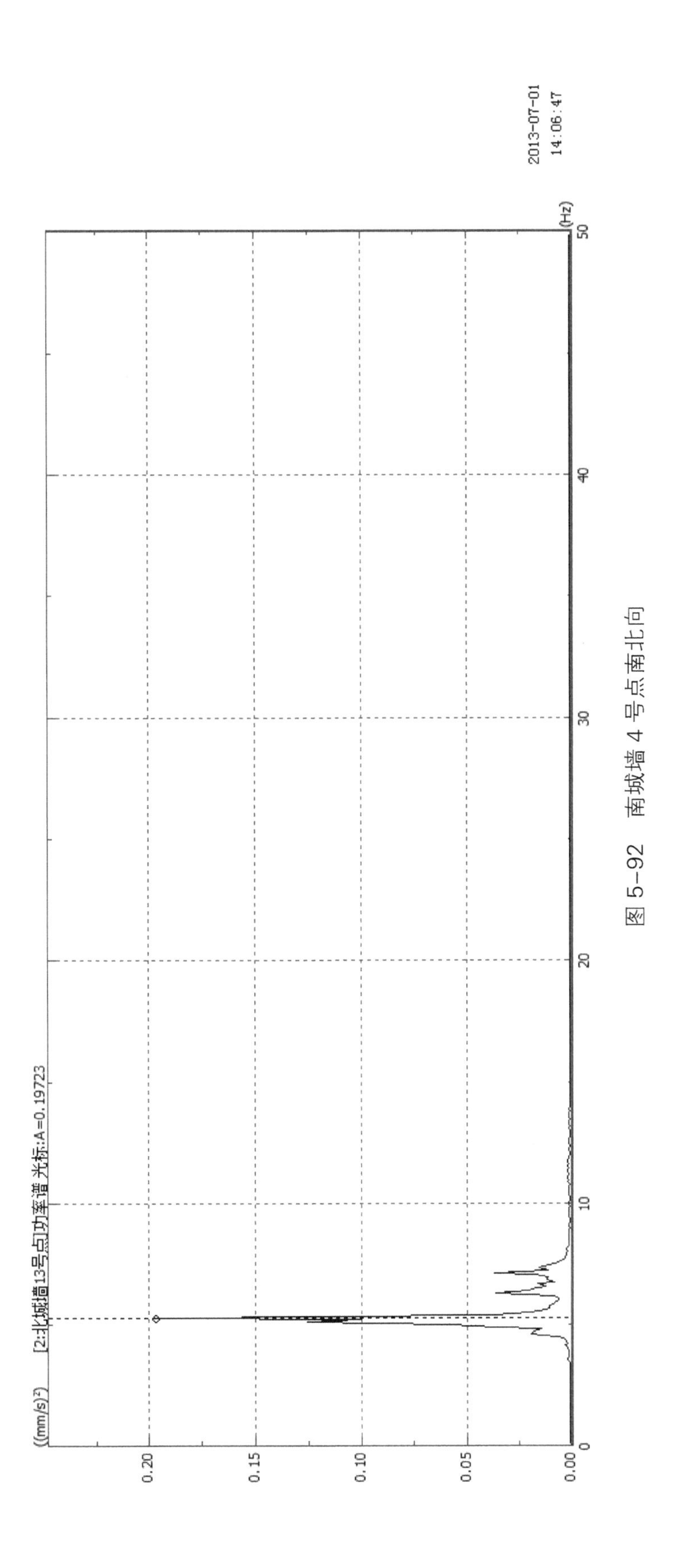

图 5-92　南城墙 4 号点南北向

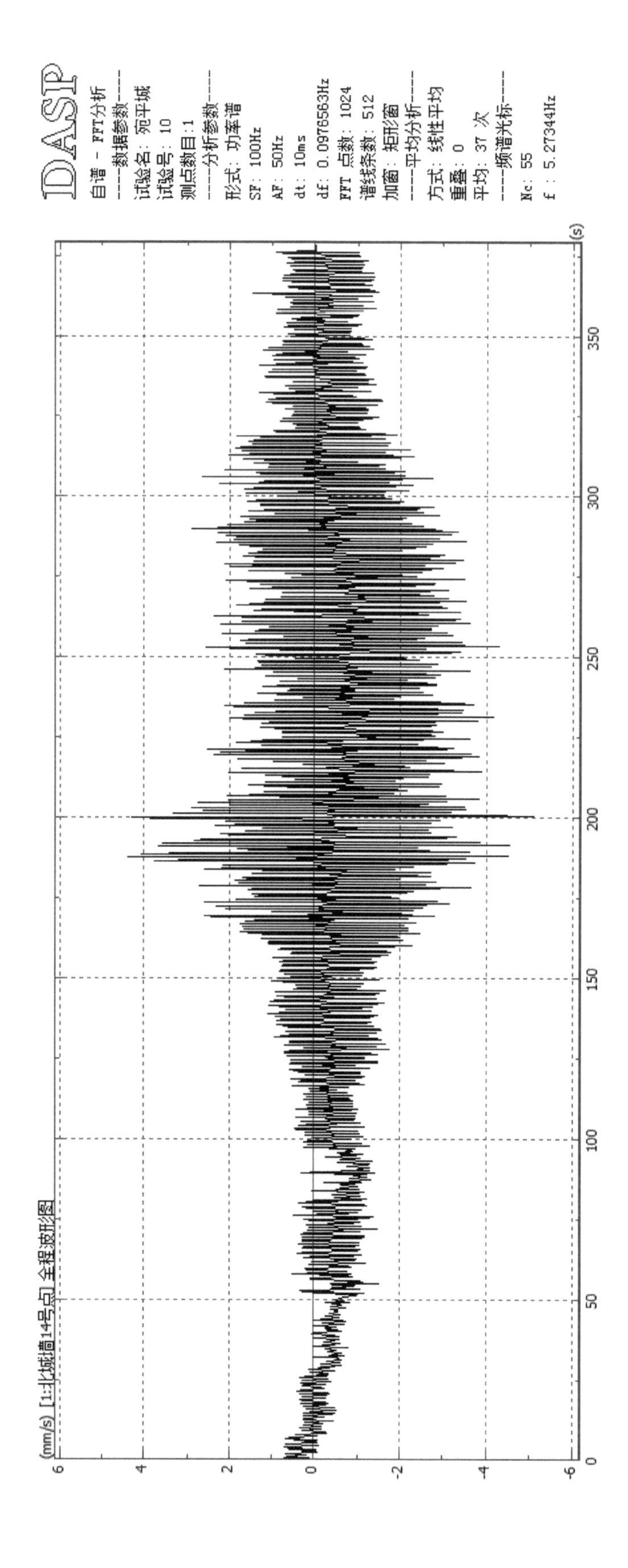

(mm/s) [1:北城墙14号点] 全程波形图
DASP
自谱 - FFT分析
----数据参数----
试验名：宛平城
试验号：10
测点数目:1
----分析参数----
形式：功率谱
SF：100Hz
AF：50Hz
dt：10ms
df：0.0976563Hz
FFT 点数：1024
谱线条数：512
加窗：矩形窗
----平均分析----
方式：线性平均
重叠：0
平均：37 次
----频谱光标----
Nc：55
f：5.27344Hz
(s)

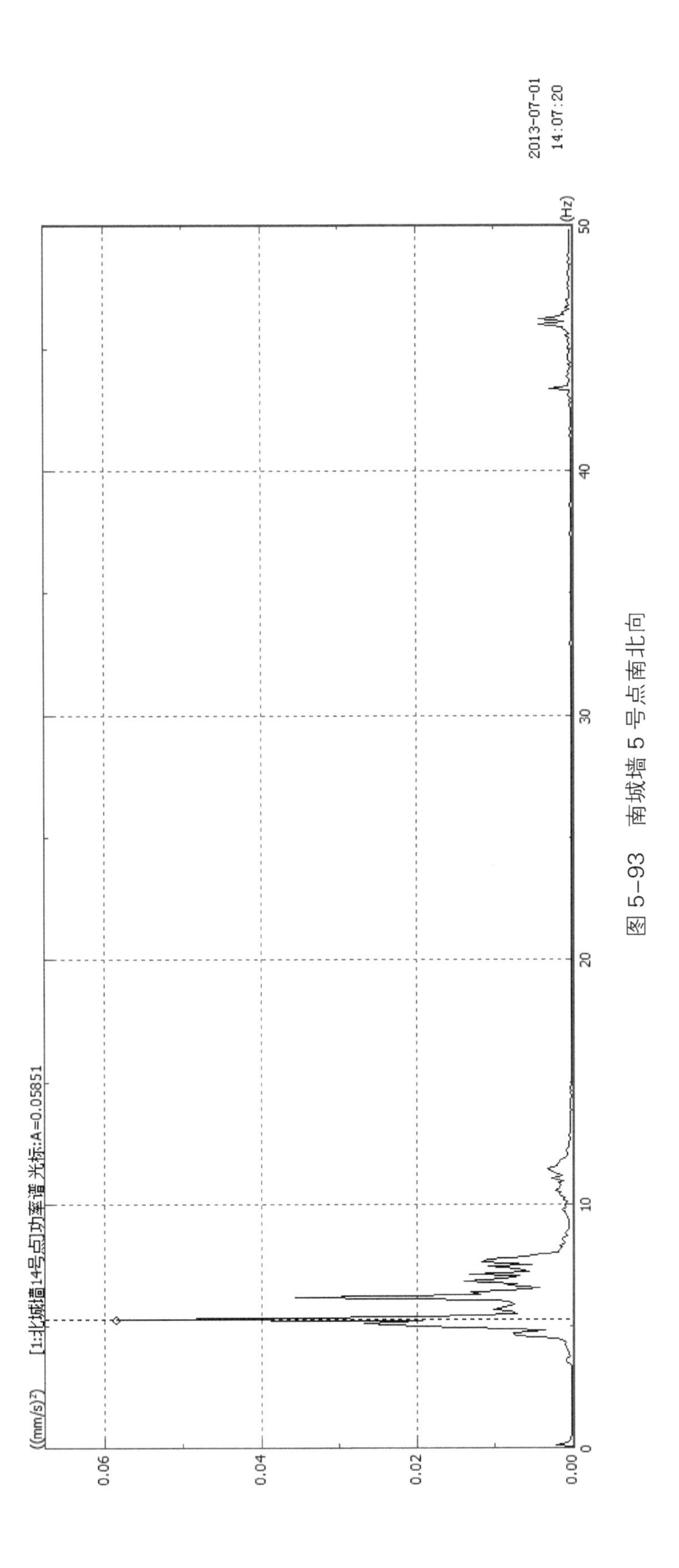

图 5-93　南城墙 5 号点南北向

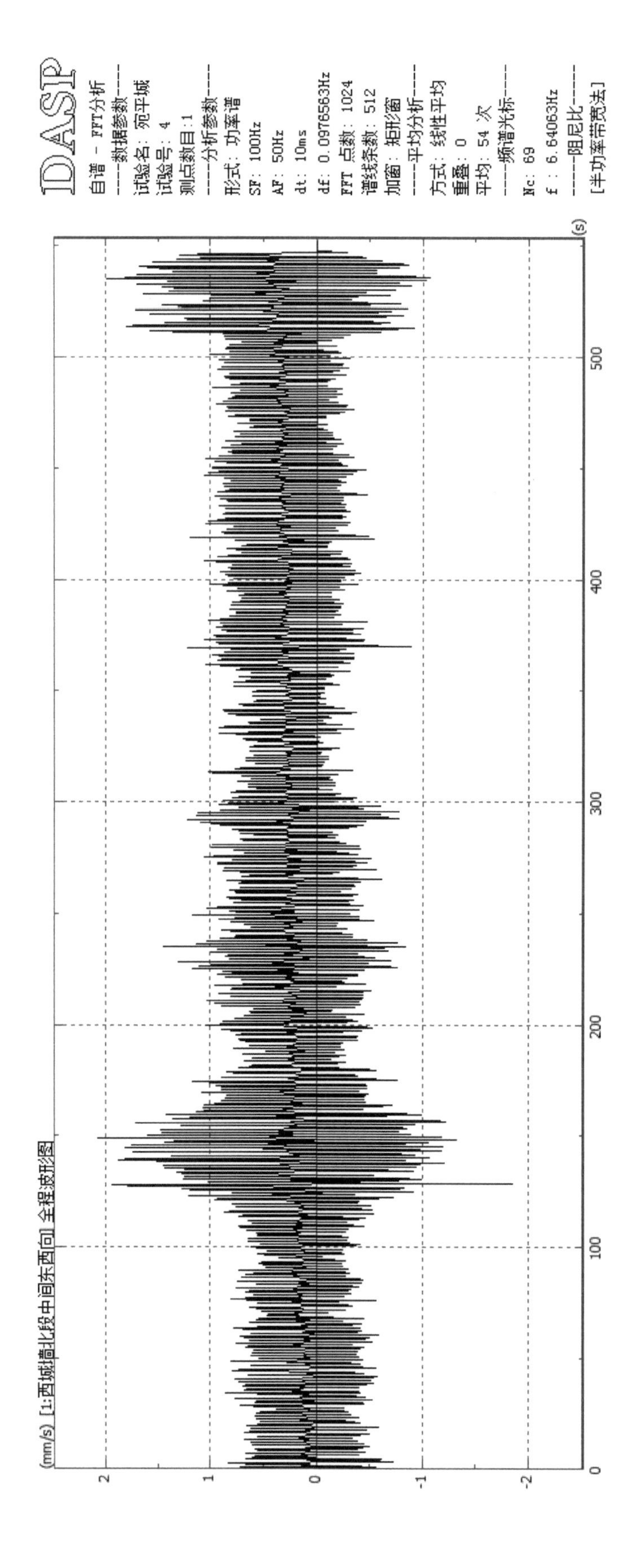
(mm/s) [1:西城墙北段中间东西向] 全程波形图
2
1
0
-1
-2
0
100
200
300
400
500
(s)
DASP
自谱 - FFT分析
数据参数
试验名：宛平城
试验号：4
测点数目：1
分析参数
形式：功率谱
SF: 100Hz
AF: 50Hz
dt: 10ms
df: 0.0976563Hz
FFT 点数：1024
谱线条数：512
加窗：矩形窗
平均分析
方式：线性平均
重叠：0
平均：54 次
频谱光标
Nc: 69
f : 6.64063Hz
阻尼比
[半功率带宽法]

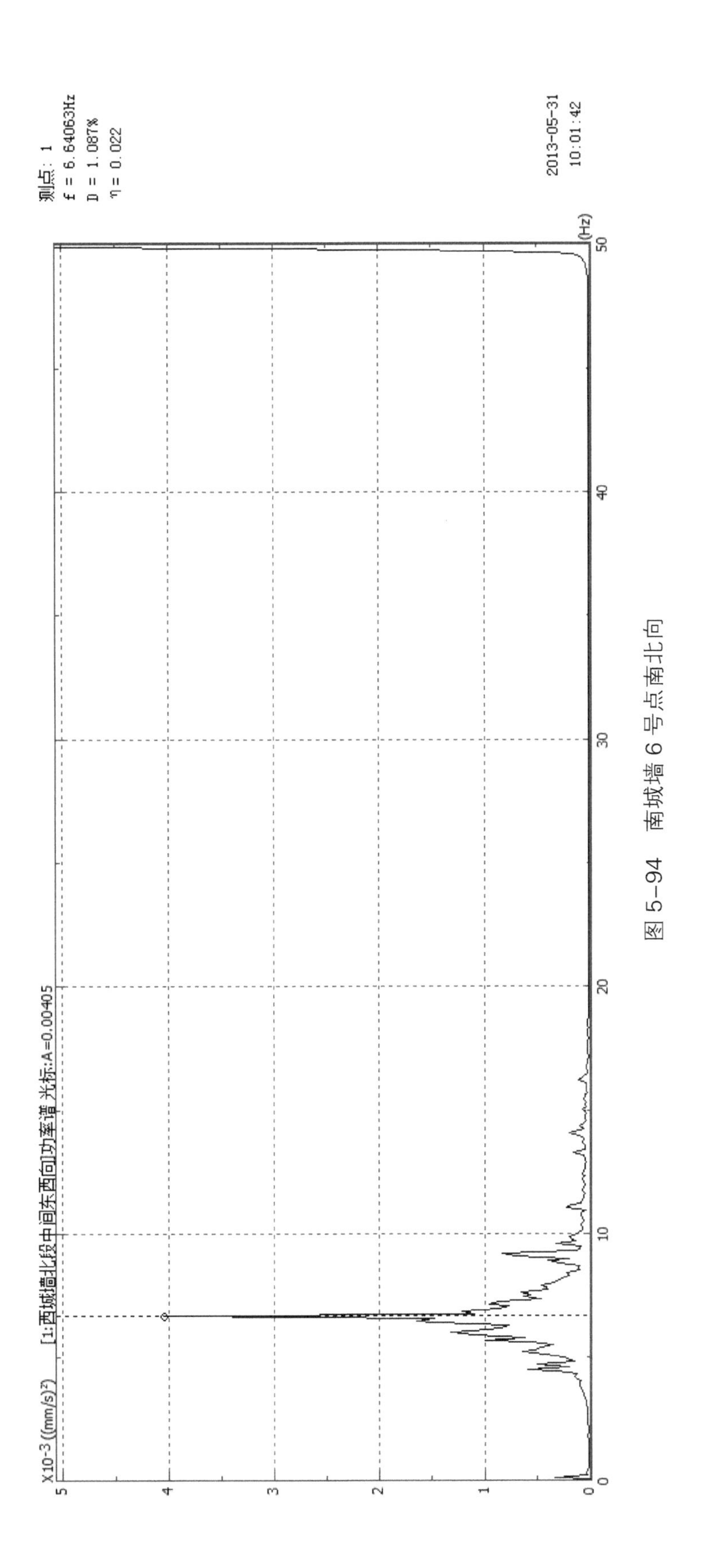

图 5-94 南城墙 6 号点南北向

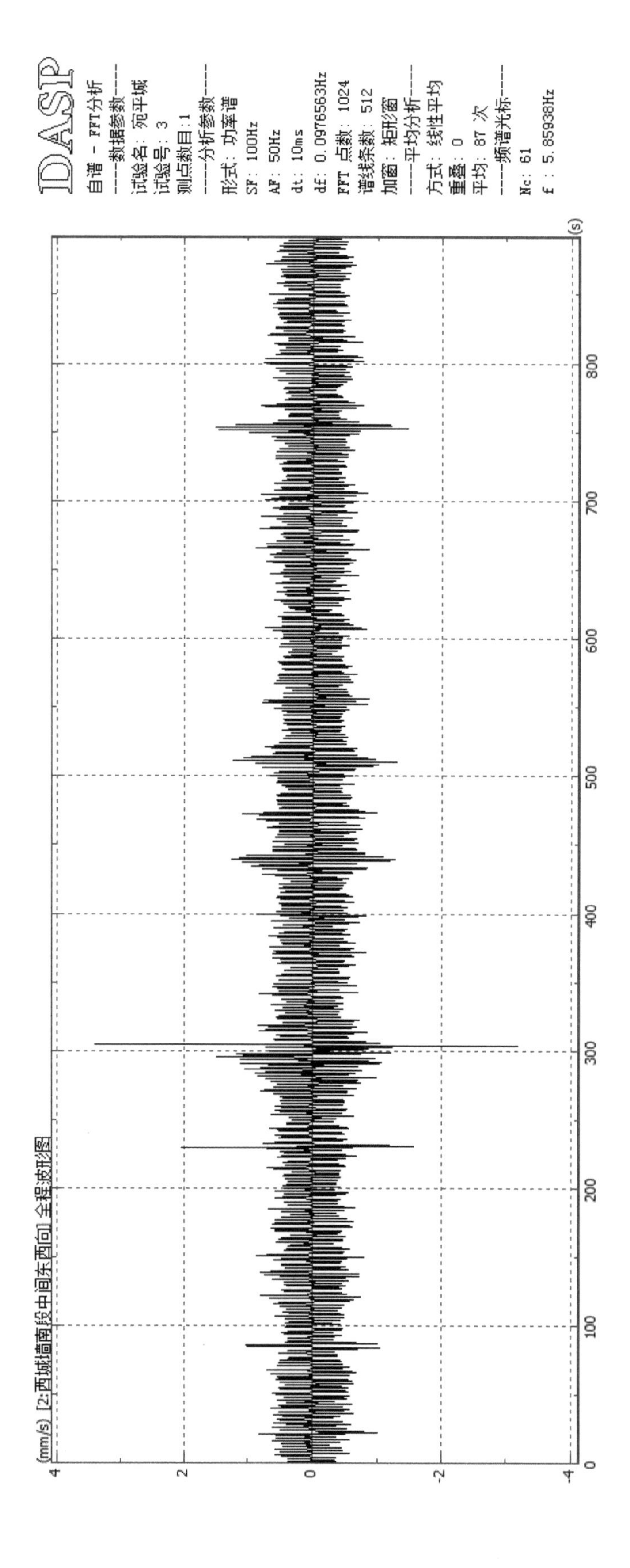
DASP
自谱 - FFT分析
数据参数
试验名: 宛平城
试验号: 3
测点数目:1
分析参数
形式: 功率谱
SF: 100Hz
AF: 50Hz
dt: 10ms
df: 0.0976563Hz
FFT 点数: 1024
谱线条数: 512
加窗: 矩形窗
平均分析
方式: 线性平均
重叠: 0
平均: 87 次
频谱光标
Nc: 61
f: 5.85938Hz
(mm/s) [2:西城墙南段中间东西向] 全程波形图
(s)

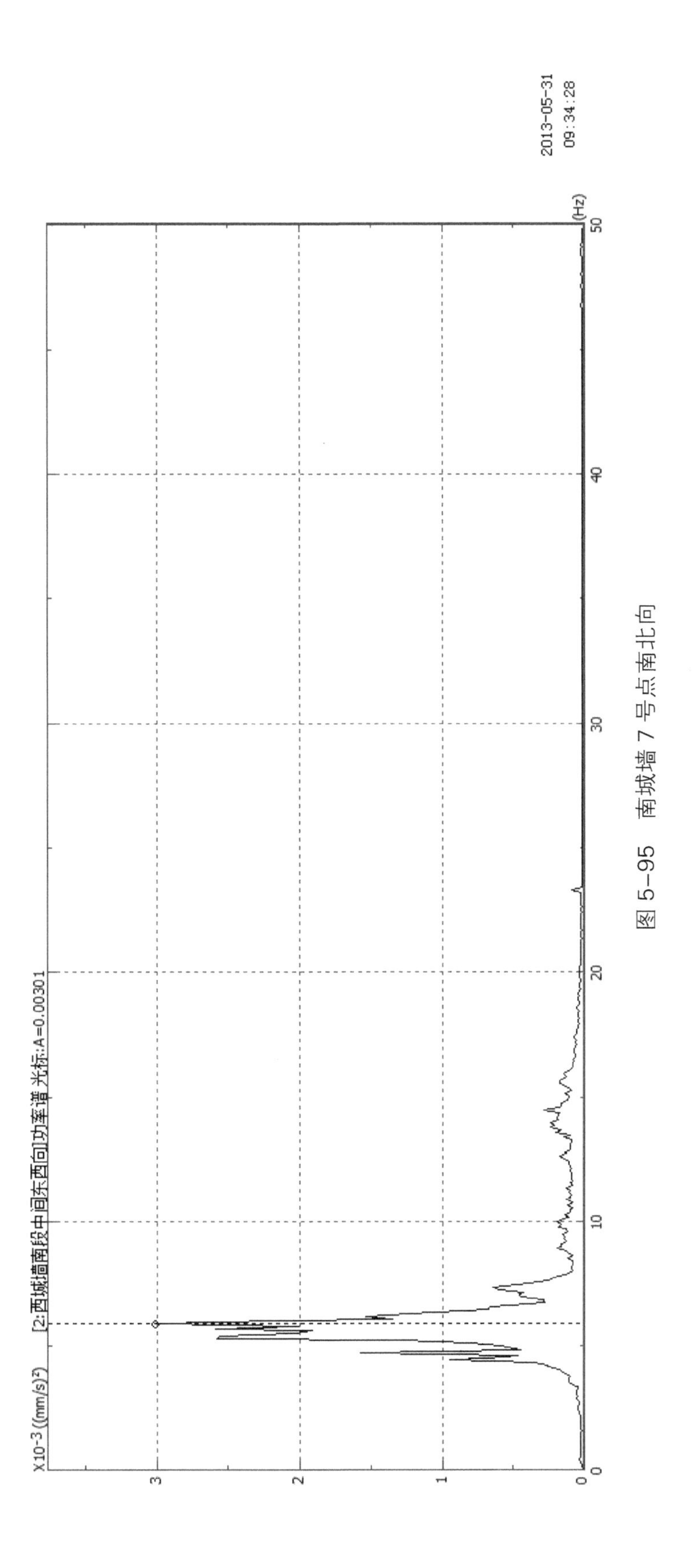

图 5-95　南城墙 7 号点南北向

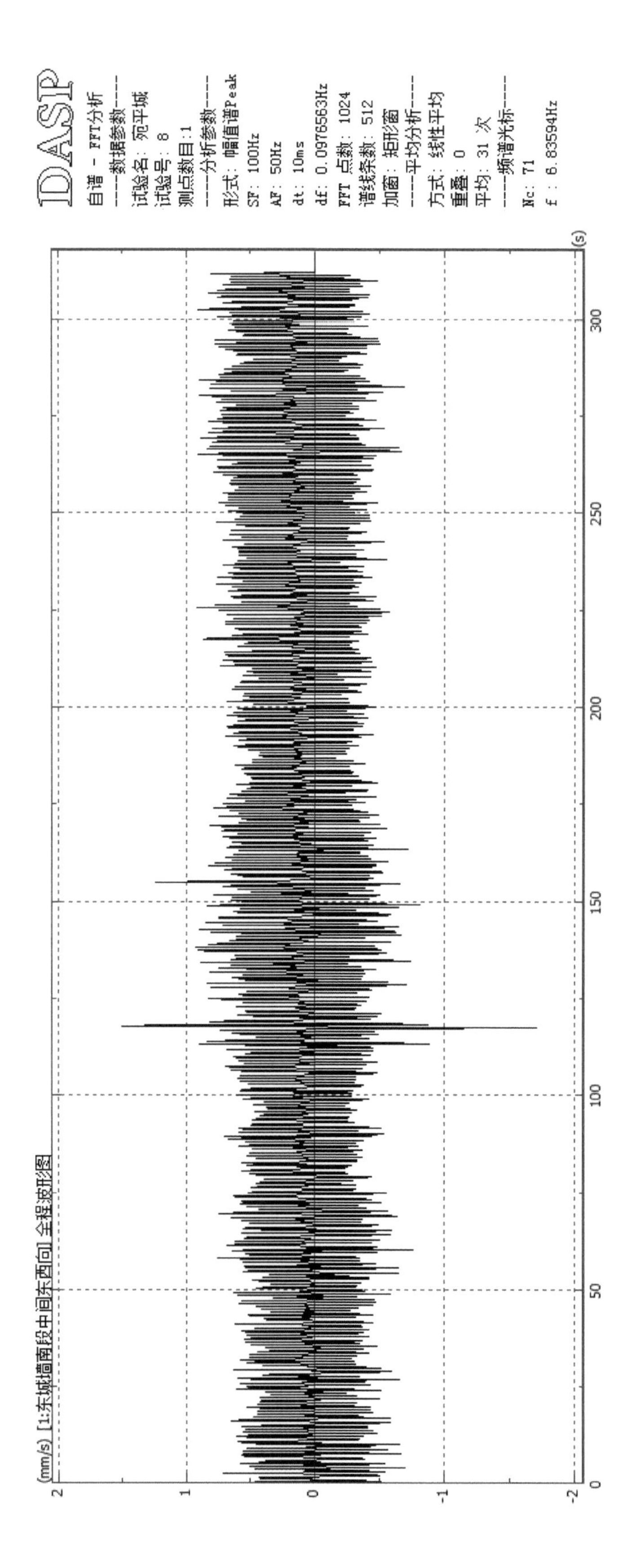

DASP
自谱 - FFT分析
----数据参数----
试验名：宛平城
试验号：8
测点数目：1
----分析参数----
形式：幅值谱Peak
SF：100Hz
AF：50Hz
dt：10ms
df：0.0976563Hz
FFT 点数：1024
谱线条数：512
加窗：矩形窗
----平均分析----
方式：线性平均
重叠：0
平均：31 次
----频谱光标----
Nc：71
f：6.83594Hz
(mm/s) [1:东城墙南段中间东西向] 全程波形图
2
1
0
-1
-2
0
50
100
150
200
250
300
(s)

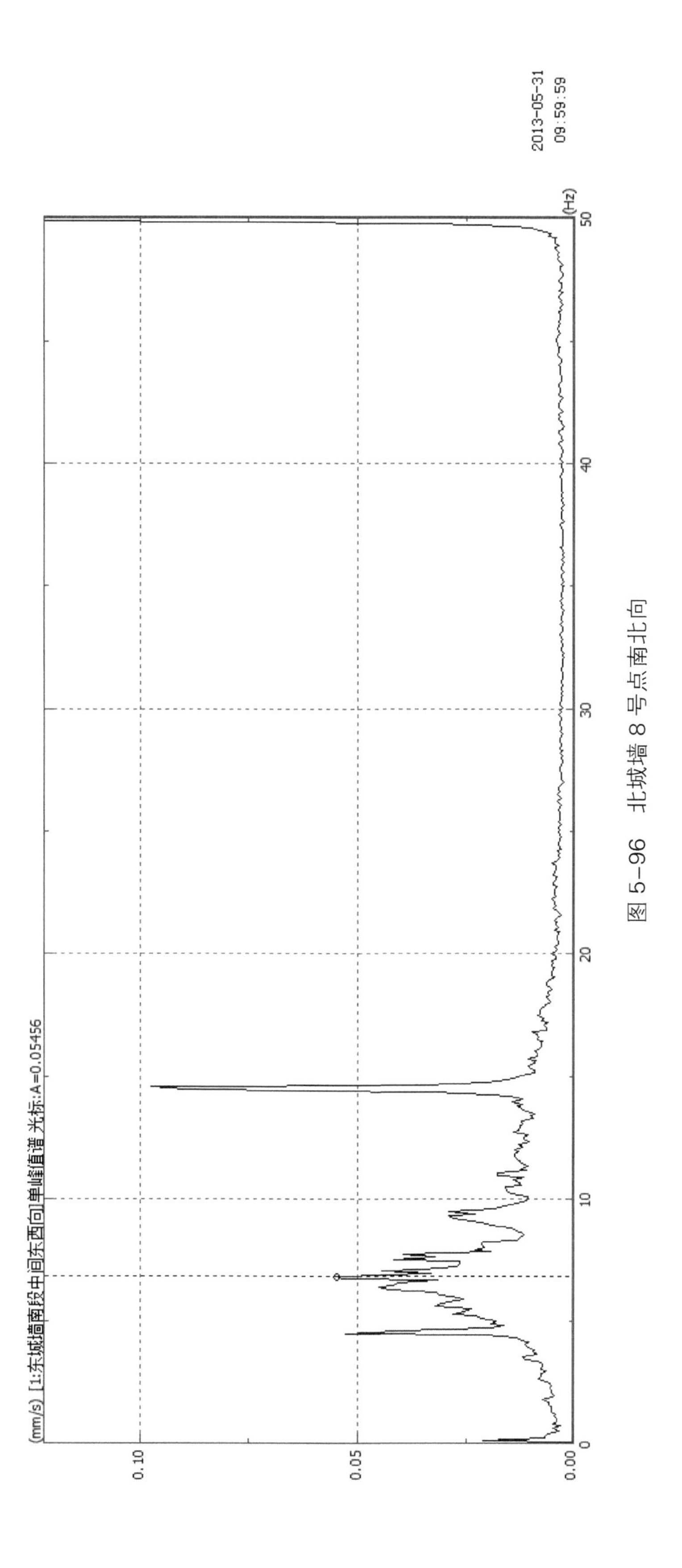

图 5-96　北城墙 8 号点南北向

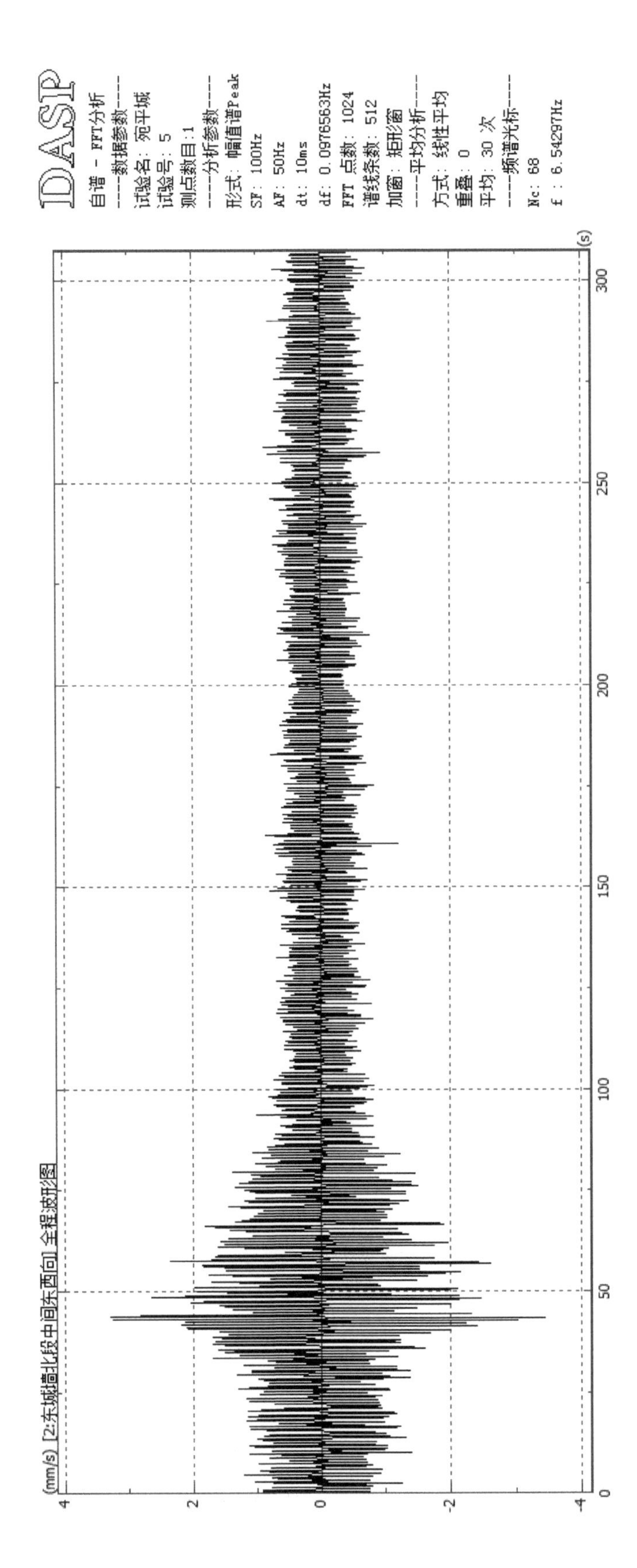
DASP
自谱 - FFT分析
----数据参数----
试验名：宛平城
试验号：5
测点数目：1
----分析参数----
形式：幅值谱Peak
SF：100Hz
AF：50Hz
dt：10ms
df：0.09765563Hz
FFT 点数：1024
谱线条数：512
加窗：矩形窗
----平均分析----
方式：线性平均
重叠：0
平均：30 次
----频谱光标----
Nc：68
f：6.54297Hz
(mm/s) [2:东城墙北段中间东西向] 全程波形图
(s)

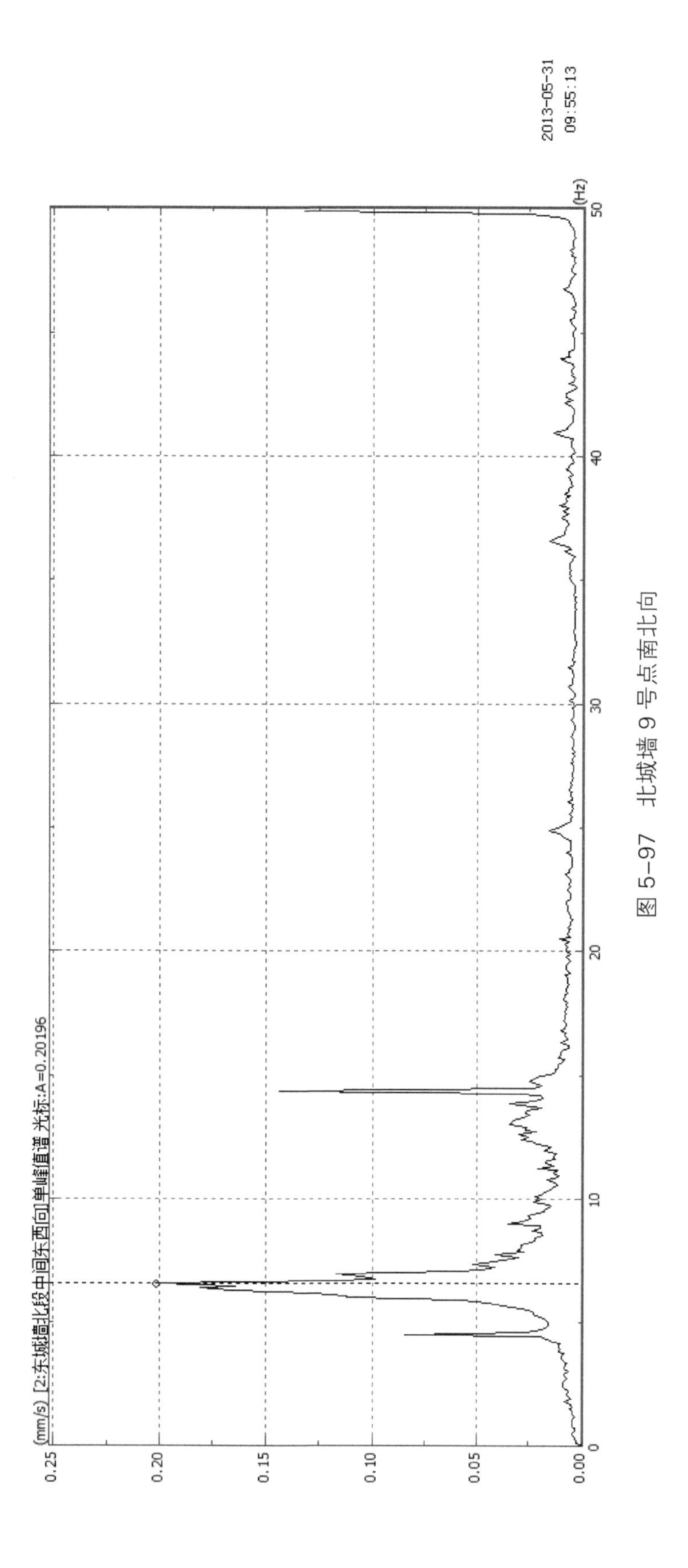

图 5-97　北城墙 9 号点南北向

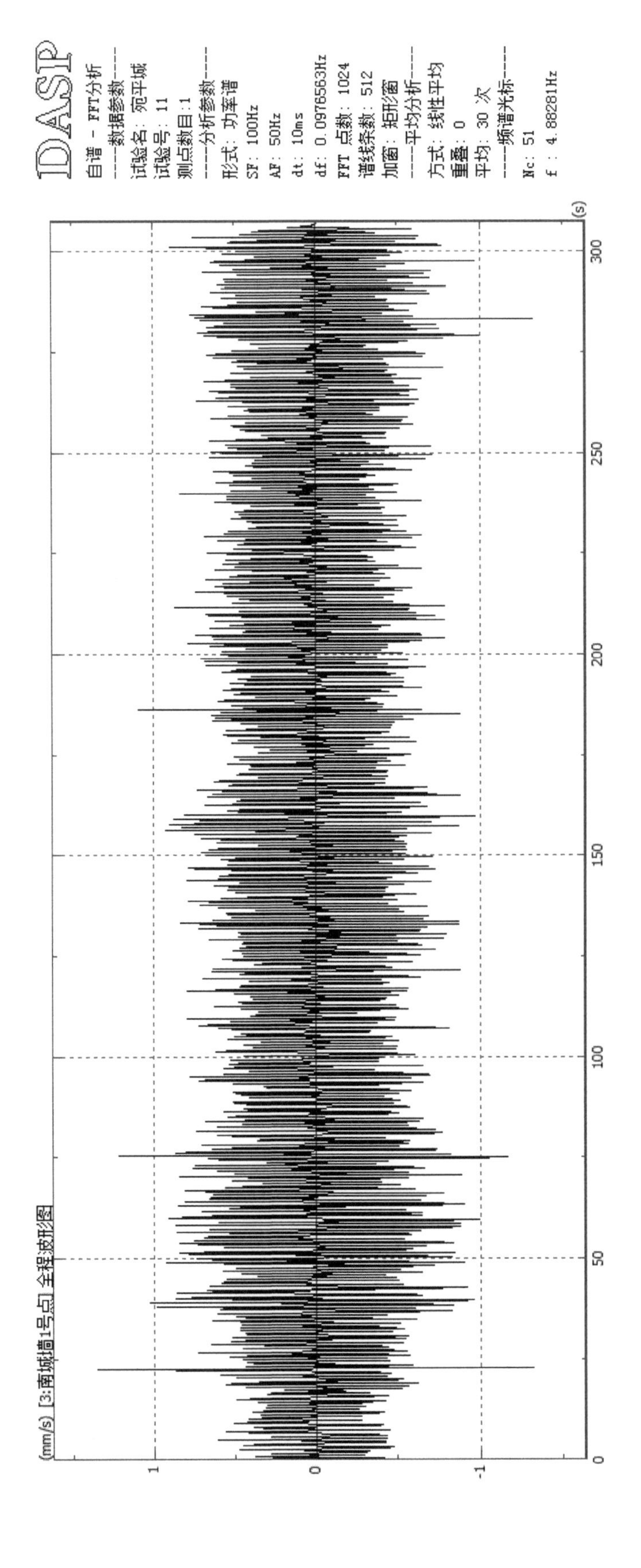
DASP
自谱 - FFT分析
----数据参数----
试验名: 宛平城
试验号: 11
测点数目:1
----分析参数----
形式: 功率谱
SF: 100Hz
AF: 50Hz
dt: 10ms
df: 0.0976563Hz
FFT 点数: 1024
谱线条数: 512
加窗: 矩形窗
----平均分析----
方式: 线性平均
重叠: 0
平均: 30 次
----频谱光标----
Nc: 51
f : 4.88281Hz
(mm/s) [3:南城墙1号点] 全程波形图
1
0
-1
0
50
100
150
200
250
300
(s)

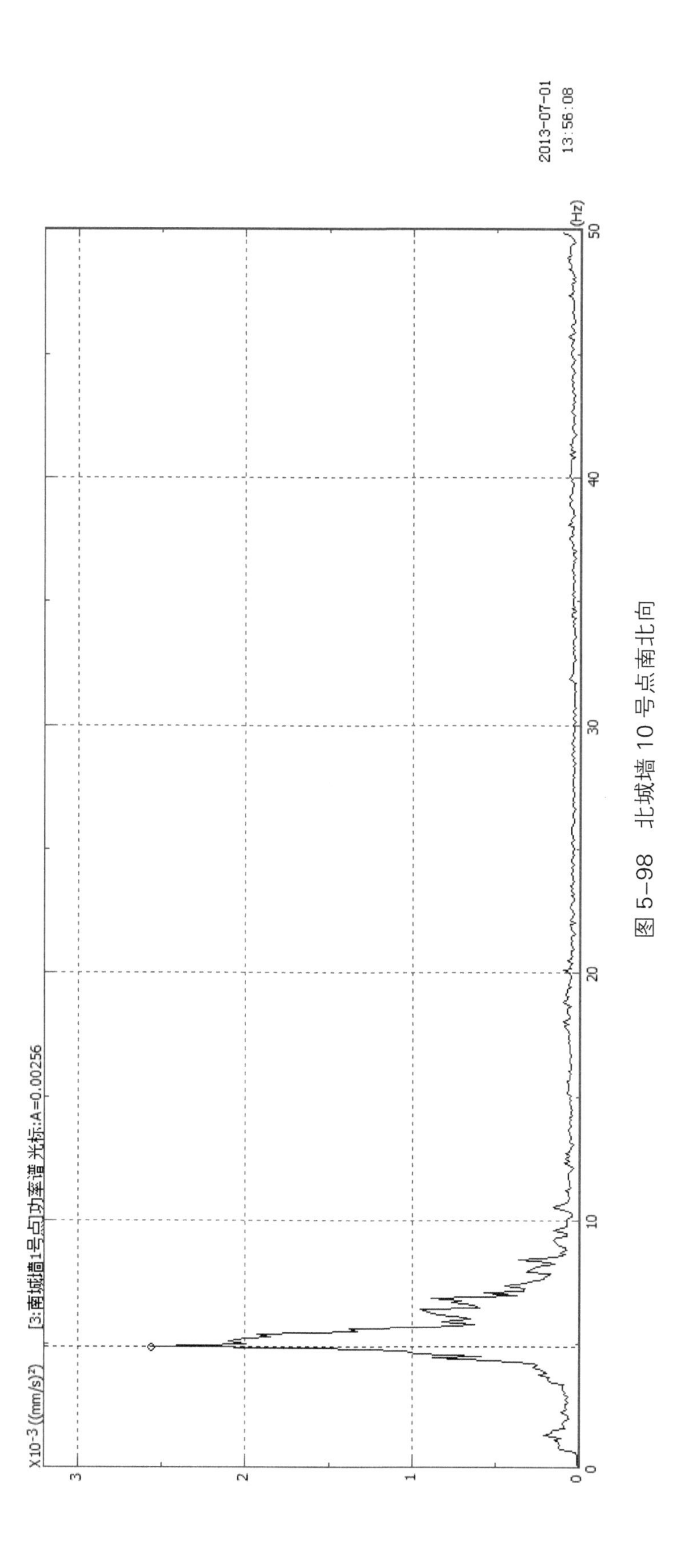

图 5-98　北城墙 10 号点南北向

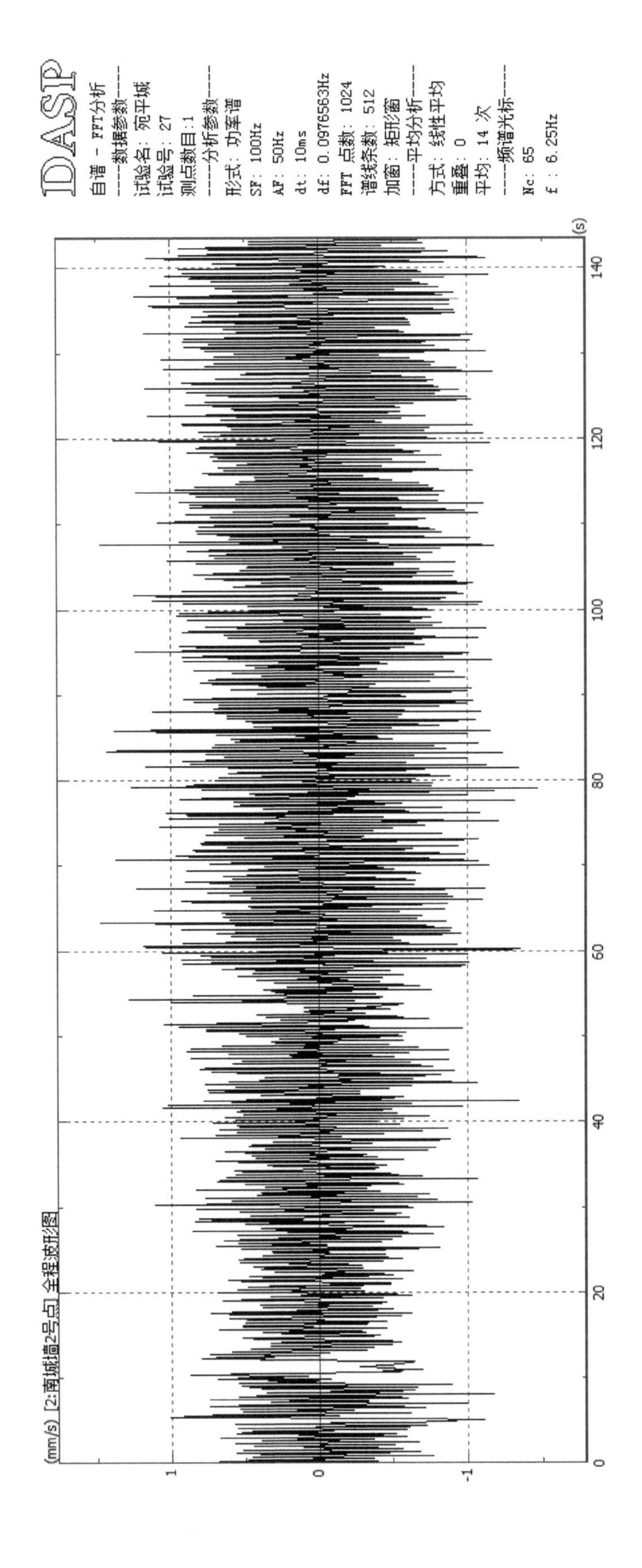
DASP
自谱 - FFT分析
---数据参数---
试验名：宛平城
试验号：27
测点数目：1
---分析参数---
形式：功率谱
SF：100Hz
AF：50Hz
dt：10ms
df：0.0976563Hz
FFT 点数：1024
谱线条数：512
加窗：矩形窗
---平均分析---
方式：线性平均
重叠：0
平均：14 次
---频谱光标---
Nc：65
f：6.25Hz
(mm/s) [2:南城墙2号点] 全程波形图
(s)

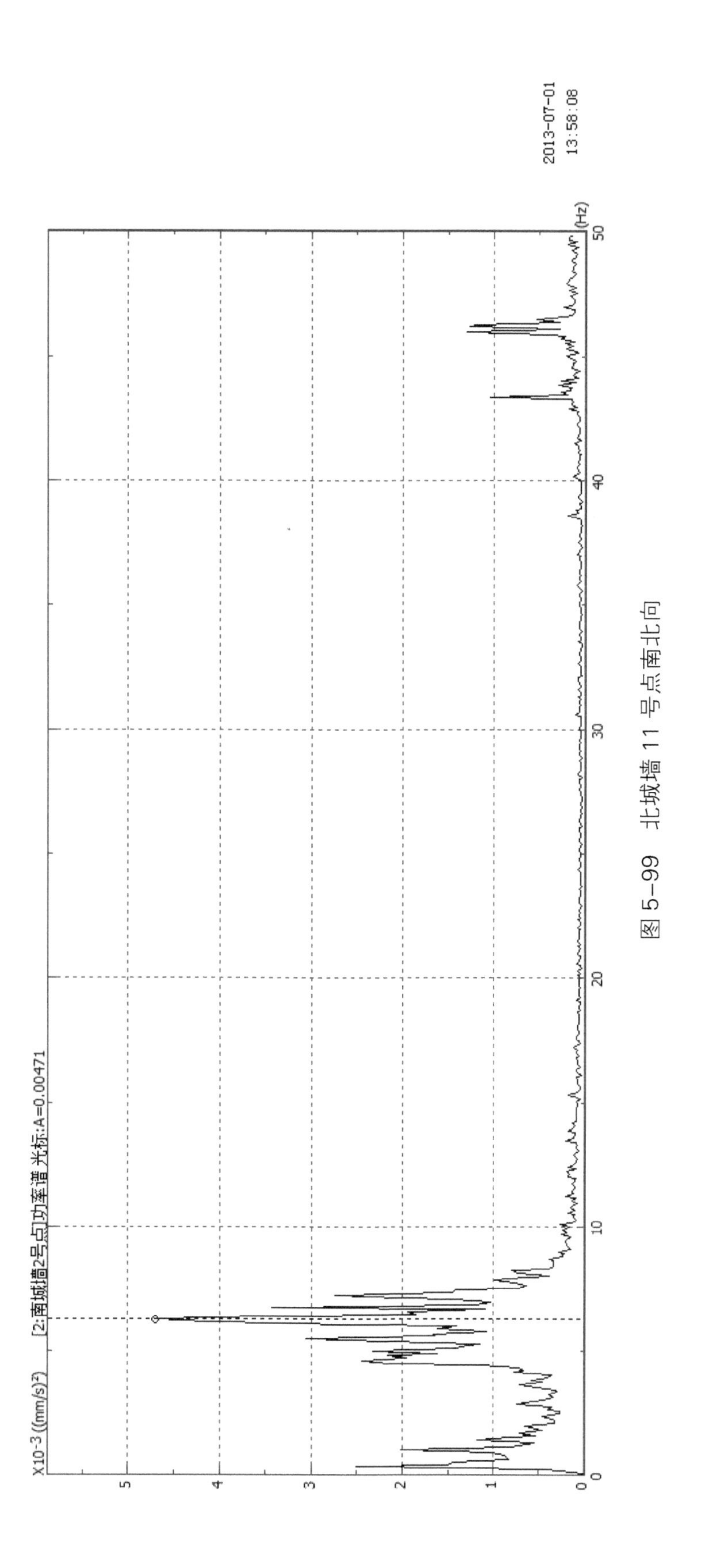

图 5-99　北城墙 11 号点南北向

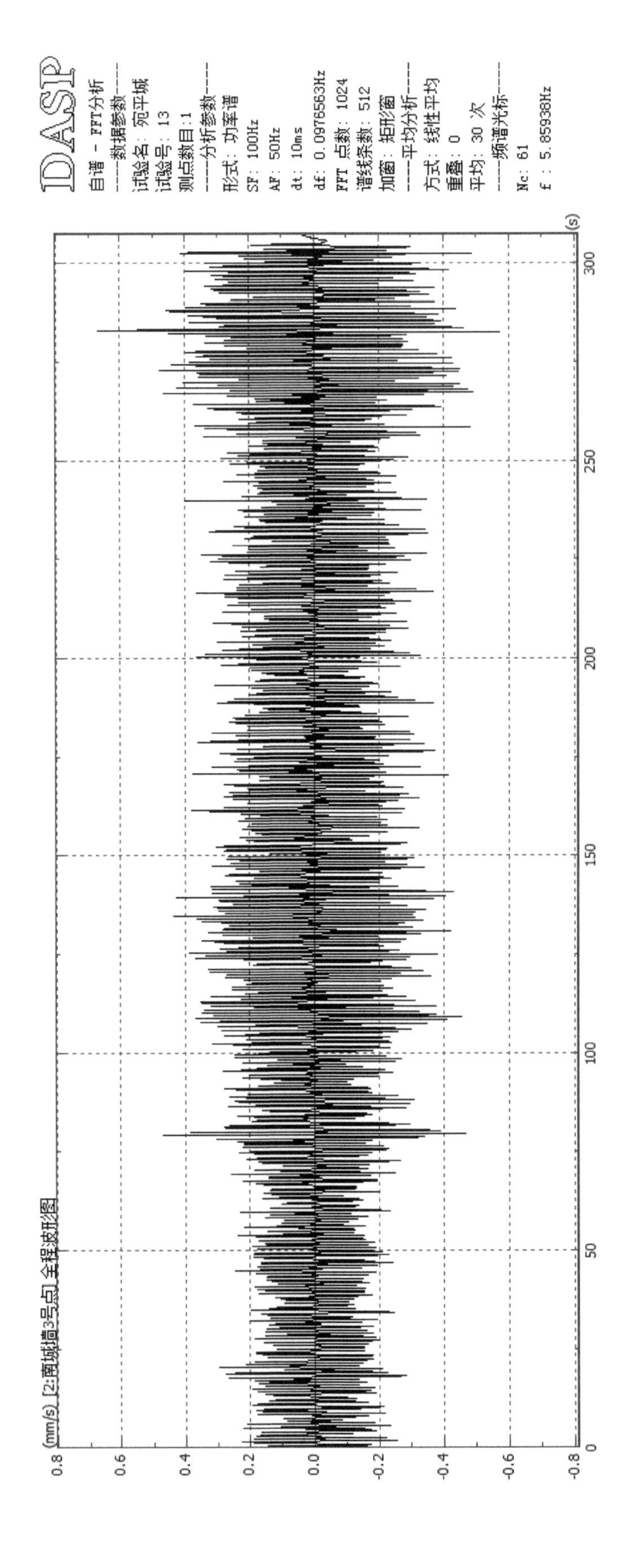
DASP
自谱 - FFT分析
数据参数
试验名：宛平城
试验号：13
测点数目：1
分析参数
形式：功率谱
SF：100Hz
AF：50Hz
dt：10ms
df：0.0976563Hz
FFT 点数：1024
谱线条数：512
加窗：矩形窗
平均分析
方式：线性平均
重叠：0
平均：30 次
频谱光标
Nc：61
f：5.85938Hz
(mm/s) [2:南城墙3号点] 全程波形图
0.8
0.6
0.4
0.2
0.0
-0.2
-0.4
-0.6
-0.8
0
50
100
150
200
250
300
(s)

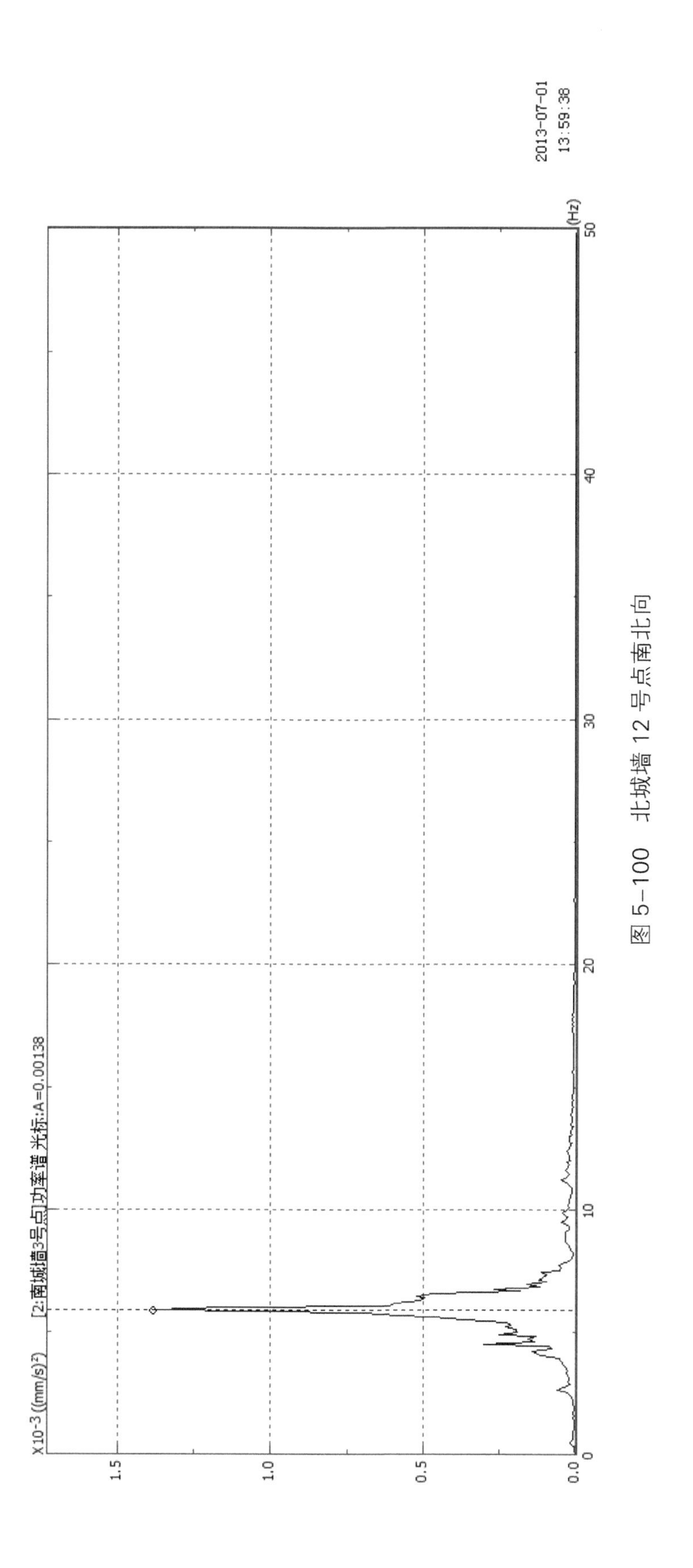

图 5-100　北城墙 12 号点南北向

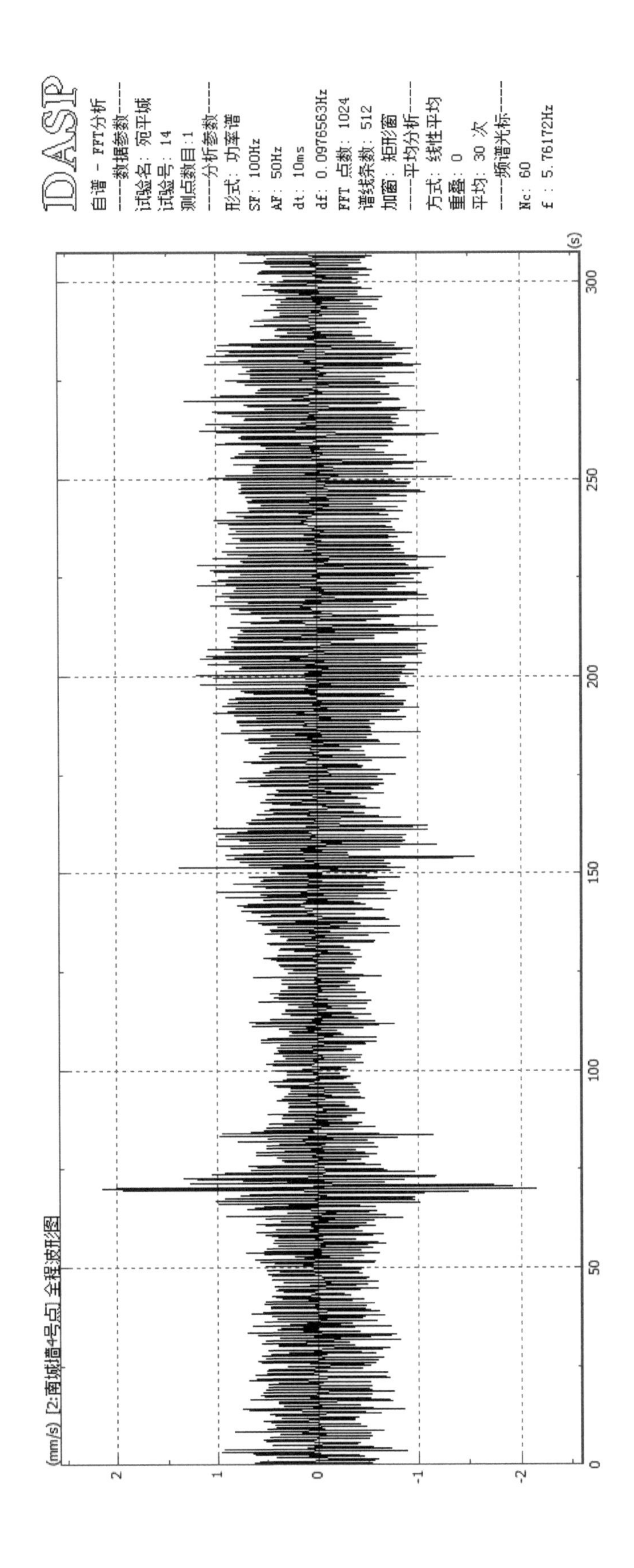

(mm/s) [2:南城墙4号点] 全程:波形图
2
1
0
-1
-2
0
50
100
150
200
250
300
(s)
DASP
自谱 - FFT分析
----数据参数----
试验名：宛平城
试验号：14
测点数目：1
----分析参数----
形式：功率谱
SF：100Hz
AF：50Hz
dt：10ms
df：0.0976563Hz
FFT 点数：1024
谱线条数：512
加窗：矩形窗
----平均分析----
方式：线性平均
重叠：0
平均：30 次
----频谱光标----
Nc：60
f：5.76172Hz

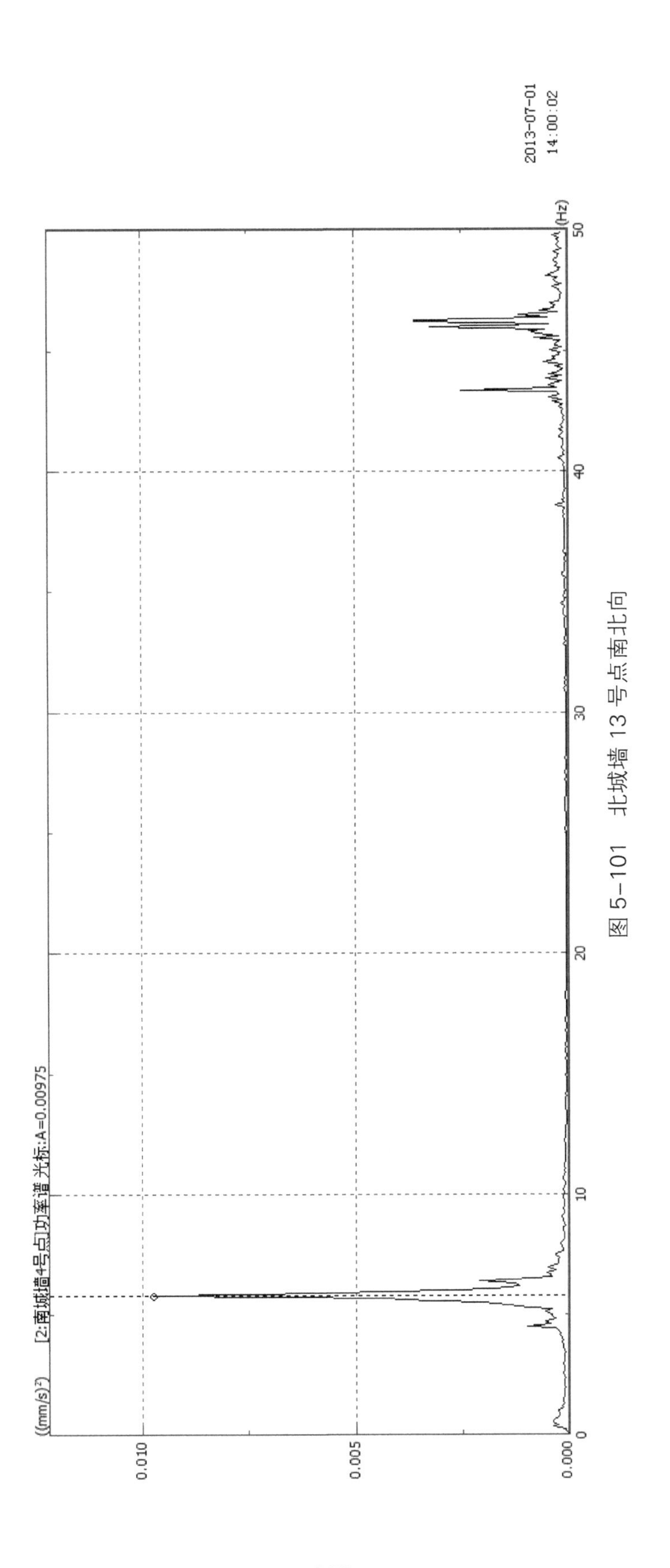

图 5-101 北城墙 13 号点南北向

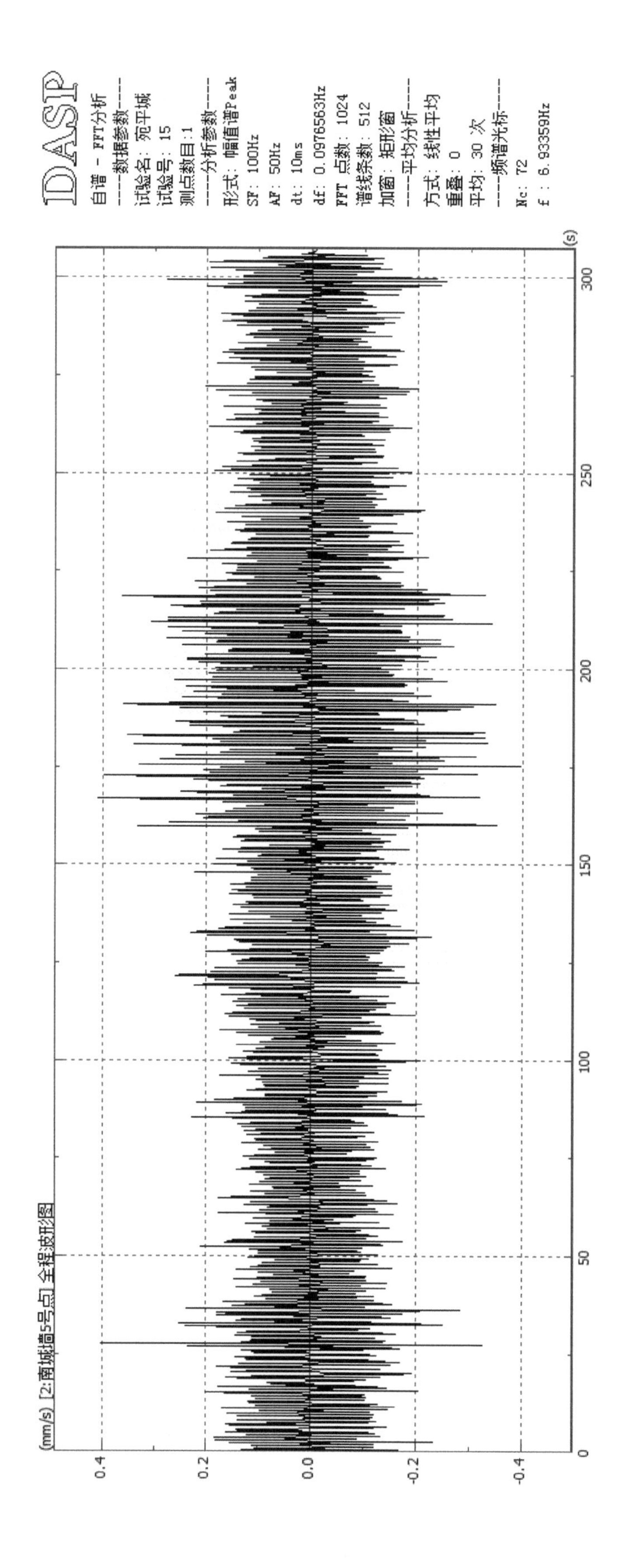
DASP
自谱 - FFT分析
数据参数
试验名：宛平城
试验号：15
测点数目：1
分析参数
形式：幅值谱Peak
SF：100Hz
AF：50Hz
dt：10ms
df：0.0976563Hz
FFT 点数：1024
谱线条数：512
加窗：矩形窗
平均分析
方式：线性平均
重叠：0
平均：30 次
频谱光标
Nc：72
f：6.93359Hz
(mm/s) [2:南城墙5号点] 全程波形图
0.4
0.2
0.0
-0.2
-0.4
0
50
100
150
200
250
300
(s)

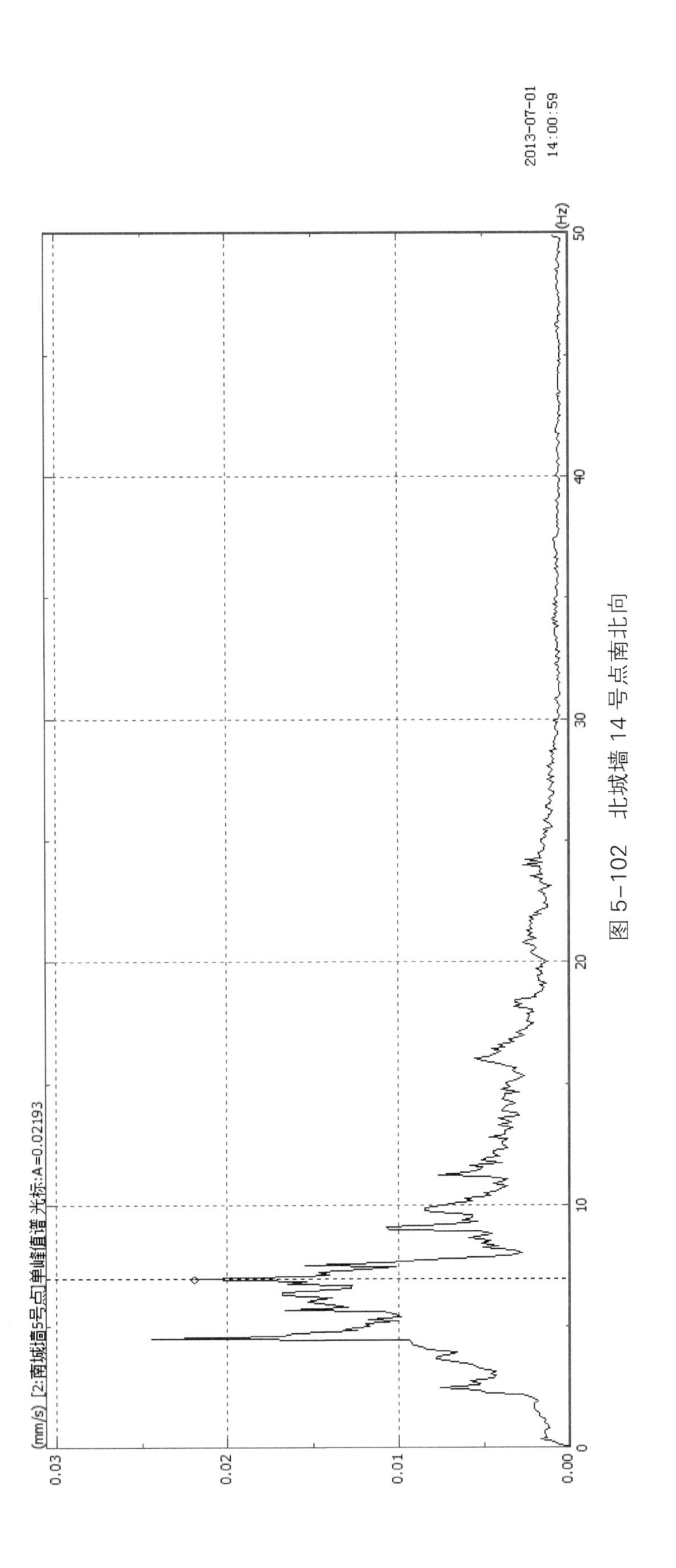

图 5-102　北城墙 14 号点南北向

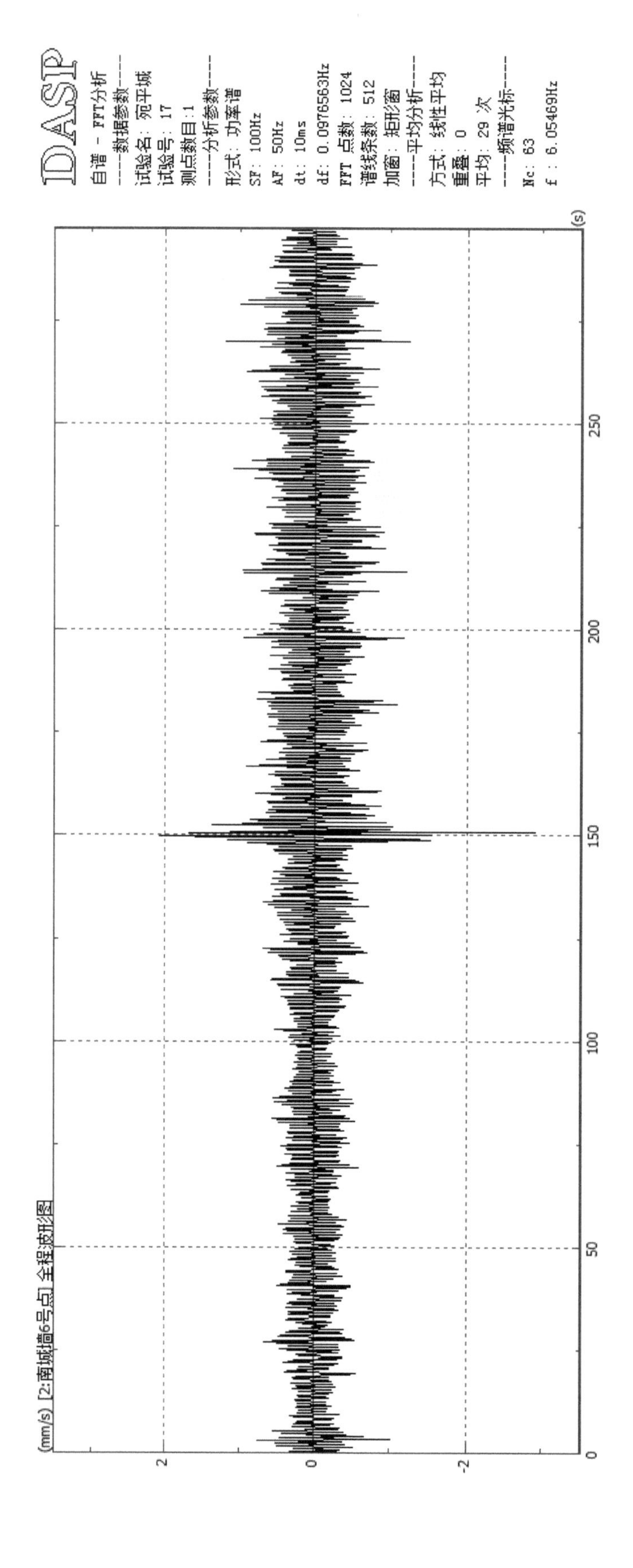
DASP
自谱 - FFT分析
数据参数
试验名：宛平城
试验号：17
测点数目：1
分析参数
形式：功率谱
SF：100Hz
AF：50Hz
dt：10ms
df：0.0976563Hz
FFT 点数：1024
谱线条数：512
加窗：矩形窗
平均分析
方式：线性平均
重叠：0
平均：29 次
频谱光标
Nc：63
f：6.05469Hz
(mm/s) [2:南城墙6号点] 全程波形图
(s)
2
0
-2
0
50
100
150
200
250

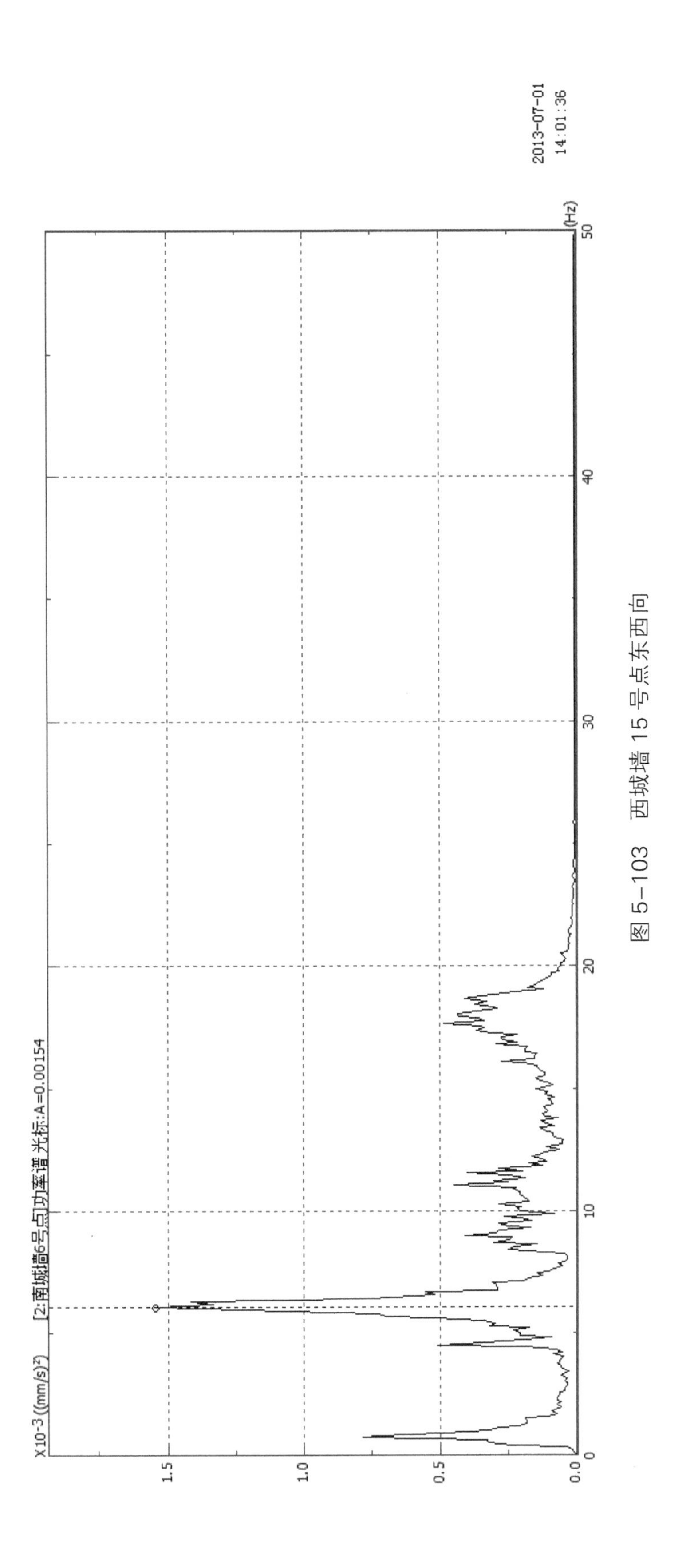

图 5-103　西城墙 15 号点东西向

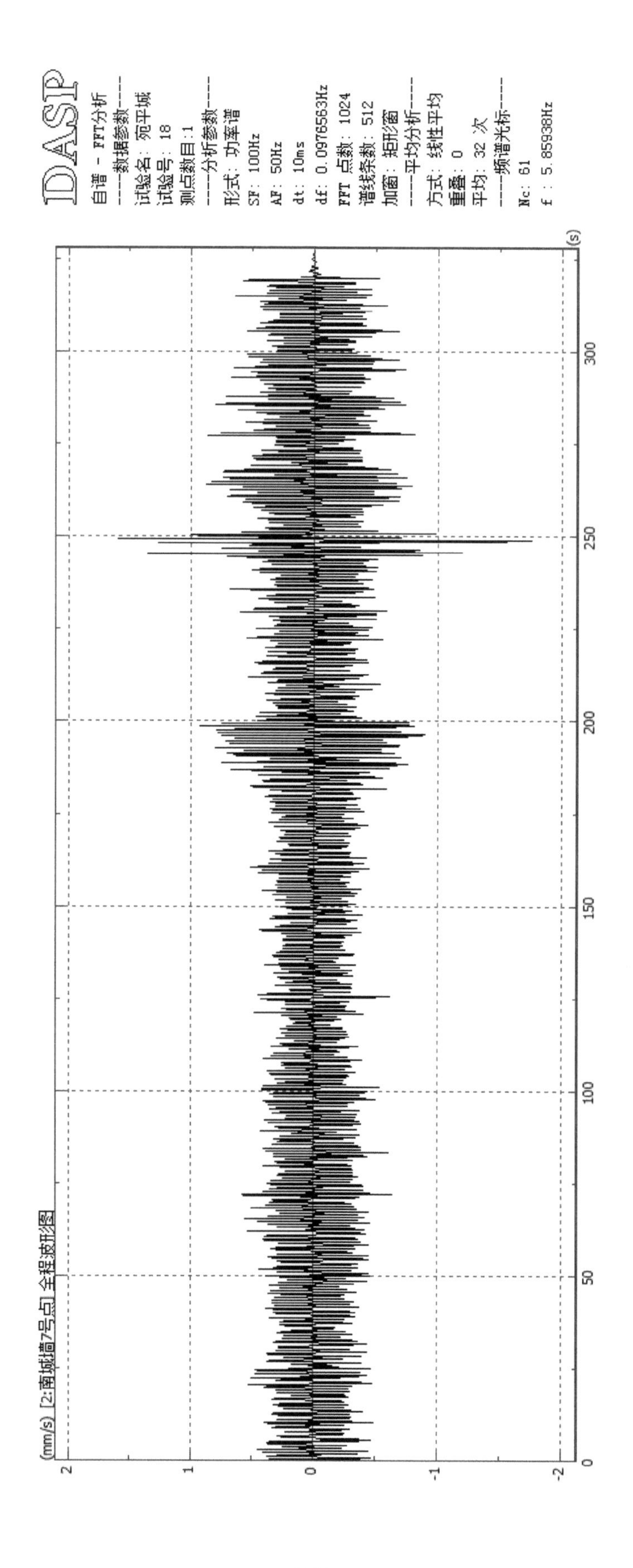
DASP
自谱 - FFT分析
数据参数
试验名: 宛平城
试验号: 18
测点数目:1
分析参数
形式: 功率谱
SF: 100Hz
AF: 50Hz
dt: 10ms
df: 0.0976563Hz
FFT 点数: 1024
谱线条数: 512
加窗: 矩形窗
平均分析
方式: 线性平均
重叠: 0
平均: 32 次
频谱光标
Nc: 61
f: 5.85938Hz
(mm/s) [2:南城墙7号点] 全程波形图
(s)
2
1
0
-1
-2
0
50
100
150
200
250
300

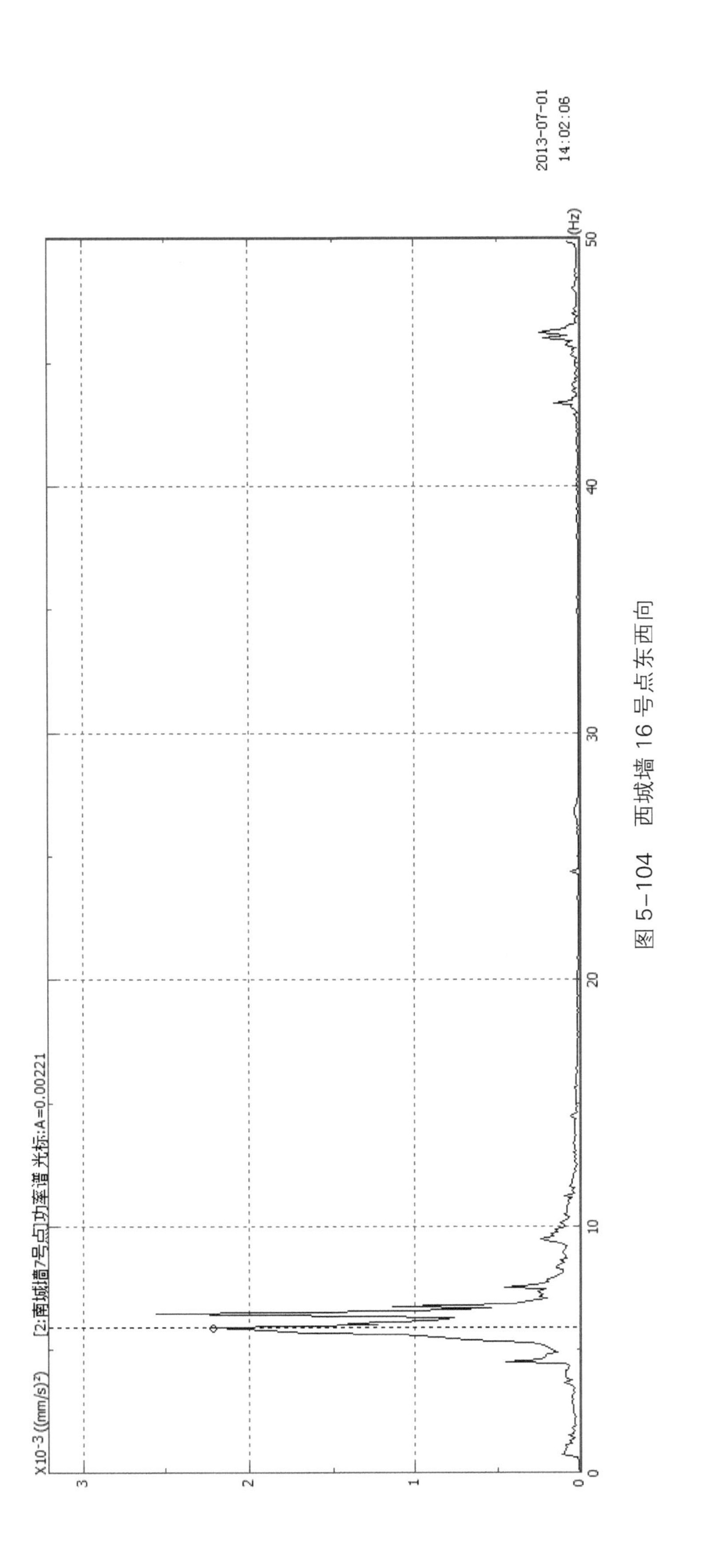

图 5-104　西城墙 16 号点东西向

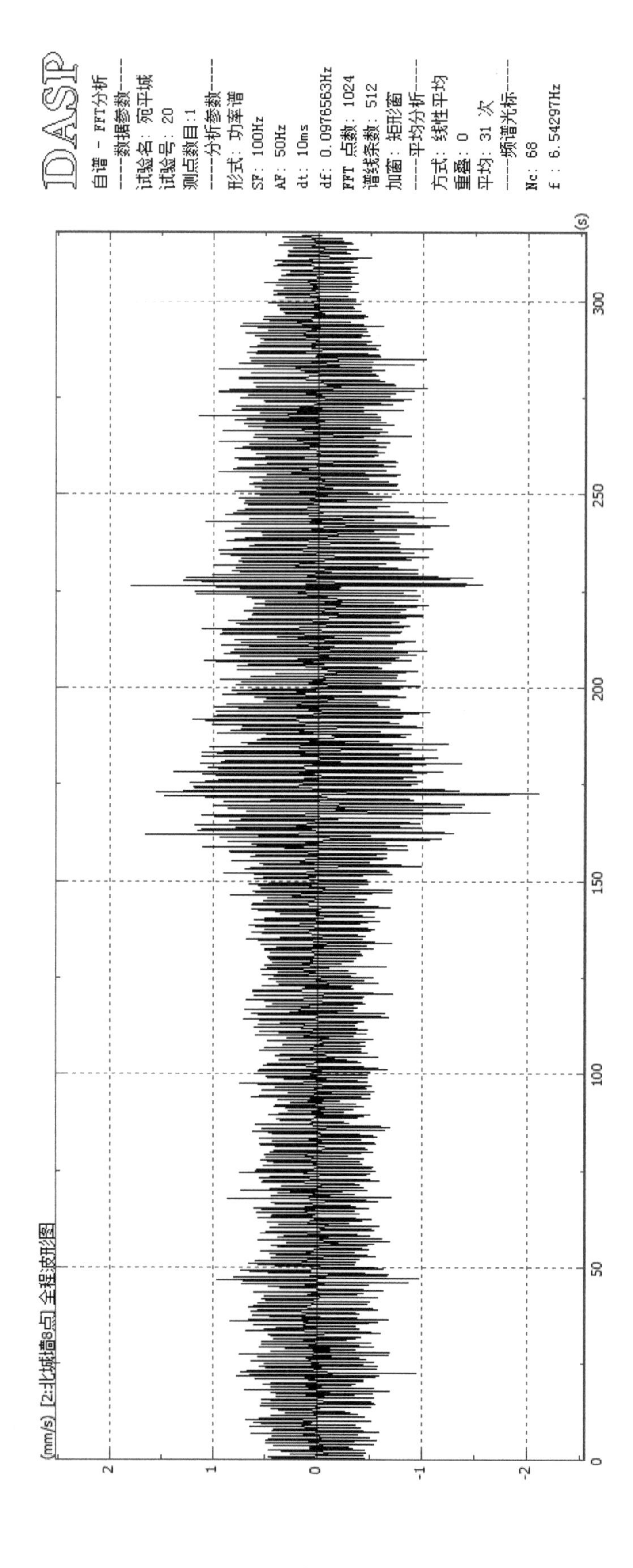
DASP
自谱 - FFT分析
数据参数
试验名：宛平城
试验号：20
测点数目：1
分析参数
形式：功率谱
SF：100Hz
AF：50Hz
dt：10ms
df：0.0976563Hz
FFT 点数：1024
谱线条数：512
加窗：矩形窗
平均分析
方式：线性平均
重叠：0
平均：31 次
频谱光标
Nc：68
f：6.54297Hz
(mm/s) [2:北城墙8点] 全程波形图
2
1
0
-1
-2
0
50
100
150
200
250
300
(s)

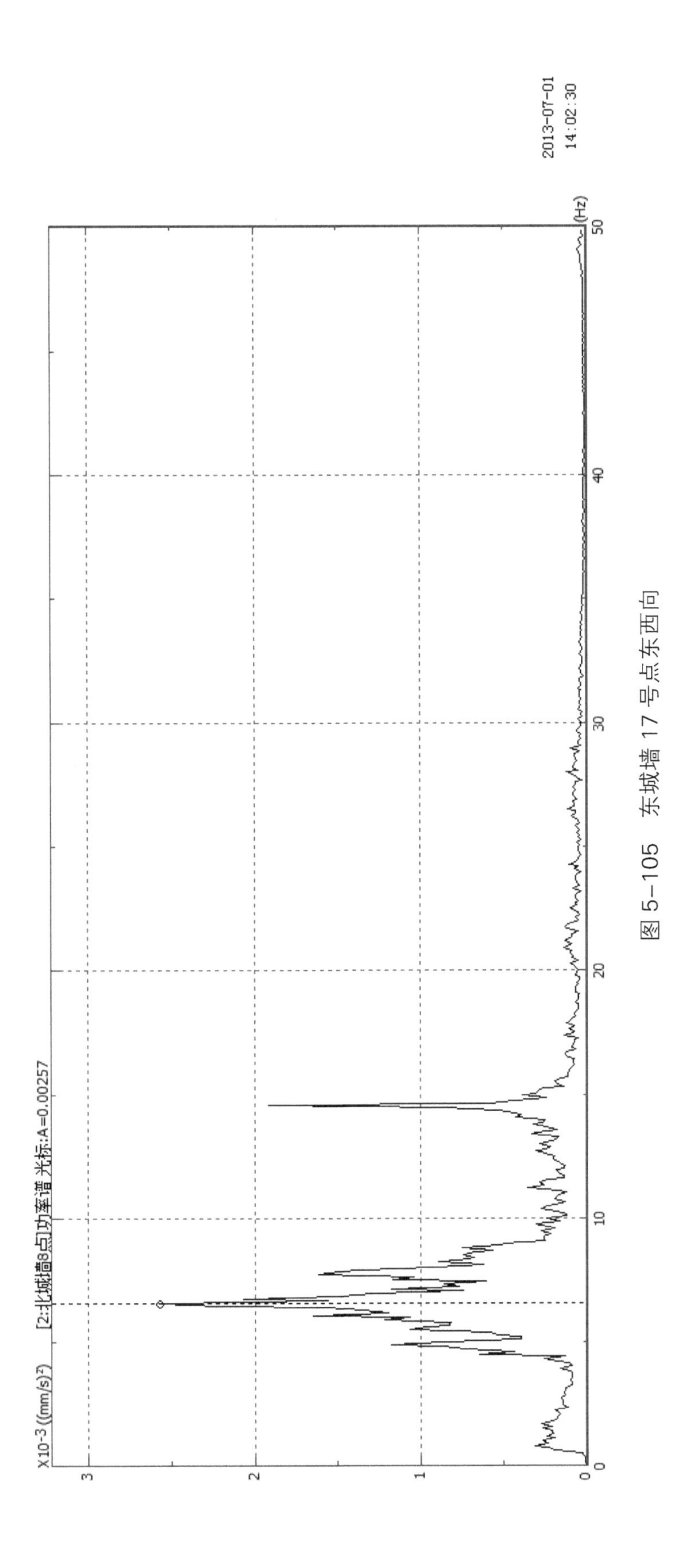

图 5-105　东城墙 17 号点东西向

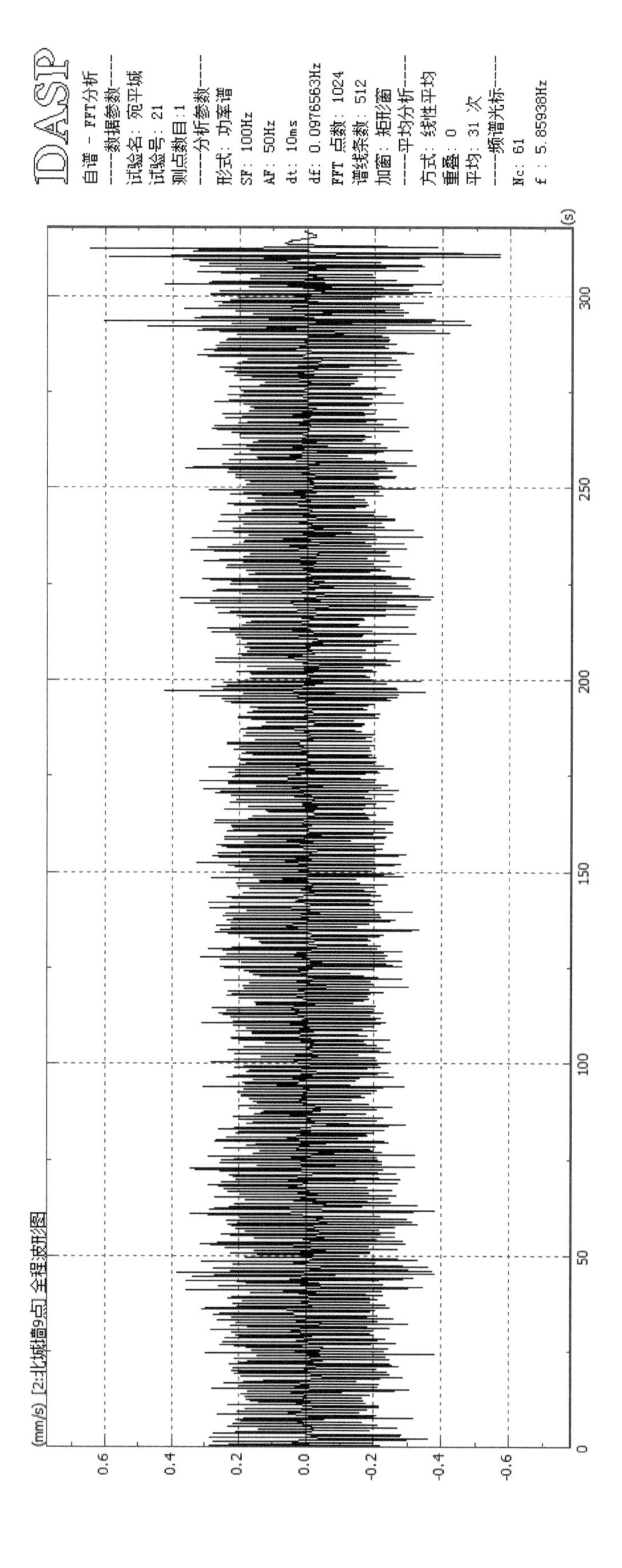
DASP
自谱 - FFT分析
——数据参数——
试验名：宛平城
试验号：21
测点数目：1
——分析参数——
形式：功率谱
SF：100Hz
AF：50Hz
dt：10ms
df：0.0976563Hz
FFT 点数：1024
谱线条数：512
加窗：矩形窗
——平均分析——
方式：线性平均
重叠：0
平均：31 次
——频谱光标——
Nc：61
f：5.85938Hz
(mm/s) [2:北城墙9点] 全程波形图
0.6
0.4
0.2
0.0
-0.2
-0.4
-0.6
0
50
100
150
200
250
300
(s)

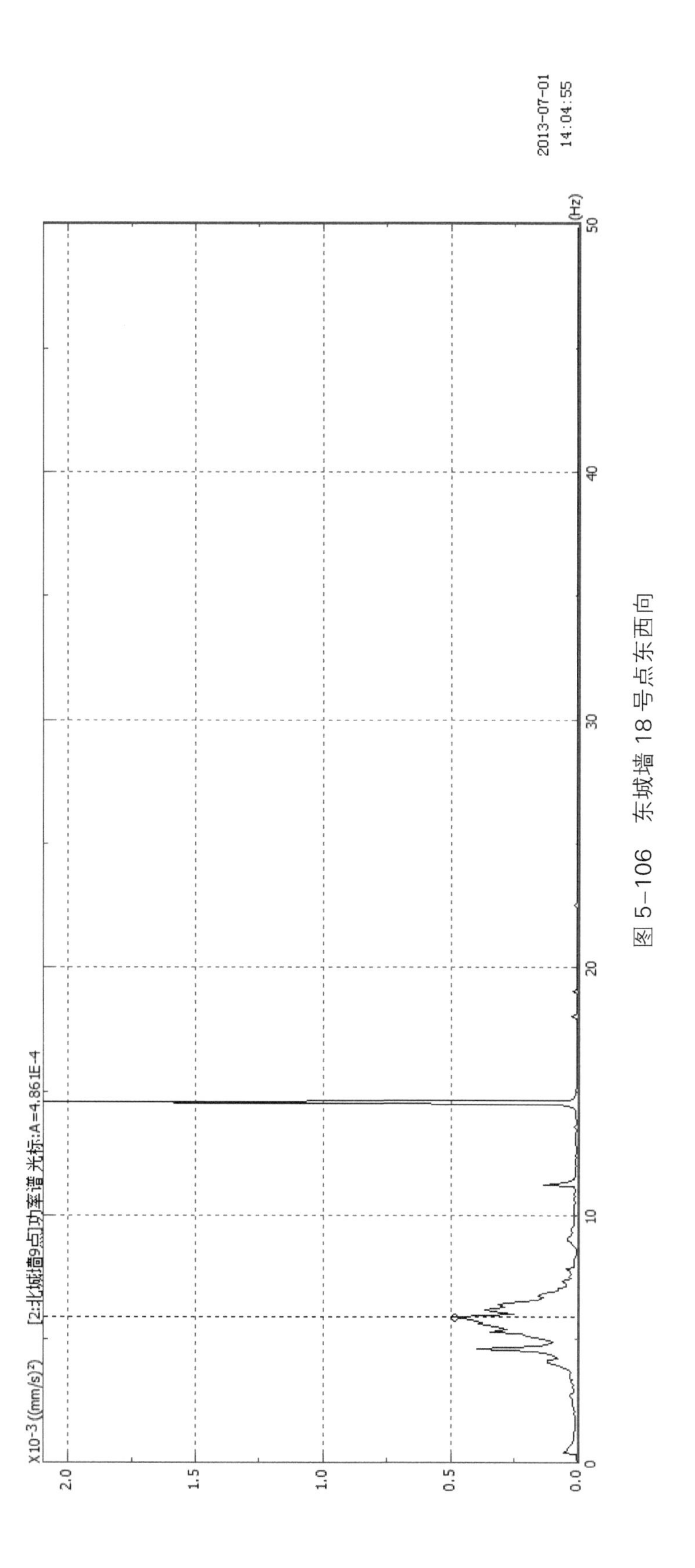

图 5-106　东城墙 18 号点东西向

（六）外观质量检查

1. 墙体内部结构探查

南侧城墙西侧第一段中间部分为后期修缮，经外观检查，后修的墙体及墙顶海墁与原墙体均存在明显的分界线，外侧约45m长墙体为后期修缮，墙顶同样部位的海墁也为后期修缮，内侧约25m长墙体为后期修缮，见图5-107所示，外观照片见图5-108～图5-109所示。

为了了解城墙的内部构造，采用低速水钻对城墙墙体进行了钻孔探查。钻探位置选择在墙体底部侧面及墙顶海墁处，主要对以下两个部位进行钻探分析比对：南段城墙的原墙体及后期修缮墙体；钻孔数量为4个，竖向钻孔2个（1、2号芯），水平钻孔2个（3、4号芯），竖向钻探深度约为0.5m，水平钻探深度约为1.8m，钻孔直径φ=70mm。钻孔位置见图5-110所示，

钻孔探查结果见图5-111～图5-114。探查结果表明：

（1）后修城墙与原城墙的结构存在一定差异，水平钻孔探查的高度基本一致，通过钻孔发现，原城墙砖墙厚度约为1.1m，里面有厚约30cm的石块，再往里即为灰土；而后修城墙砖墙厚度约为1.5m，没有石块层，往里即为灰土。

（2）后修海墁与原海墁的结构存在一定的差异，通过钻孔发现，原海墁上部有两层青砖，青砖之间为水泥砂浆，青砖下方为灰土，后修海墁则为三层青砖，青砖之间为白灰砂浆，青砖下面为灰土。

（3）在钻取4号芯时发现，在距城墙外侧80cm附近水钻阻力极小，非常轻松即可推进，且取出钻样的长度明显小于水钻推进的深度，表明砖墙的内部可能不密实或存在孔洞。

经外观检查，原有基础损坏较严重，部分阶条石断裂缺失、表面开裂、风化酥碱严重，并导致部分墙体出现开裂，重修部位的阶条石基本完好，基础现状照片见图5-119～图5-121。

通过局部开挖调查本结构基础情况，开挖位置在南侧城墙西侧第一段中间部位，现场开挖后的照片见图5-122。

墙体基础为条石基础，条石基础中间有厚度约为285mm的黄土垫层，条石基础下方为200mm的灰土垫层，灰土垫层从条基外放脚1250mm，基础情况调查结果见图5-123。

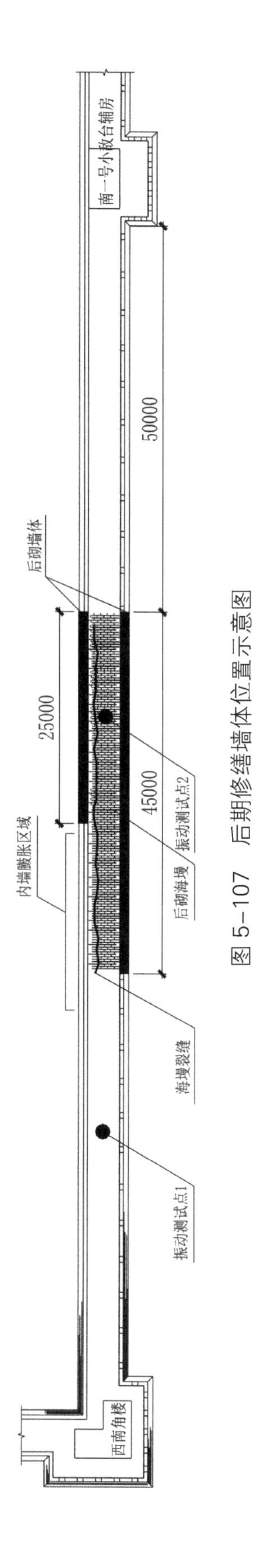

图 5-107　后期修缮墙体位置示意图

图 5-108　内侧后修墙体

图 5-109　外侧后修墙体

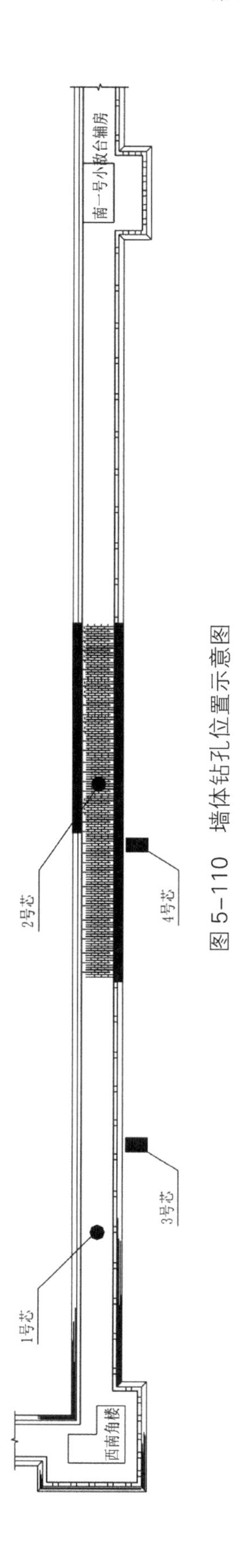

图 5-110　墙体钻孔位置示意图

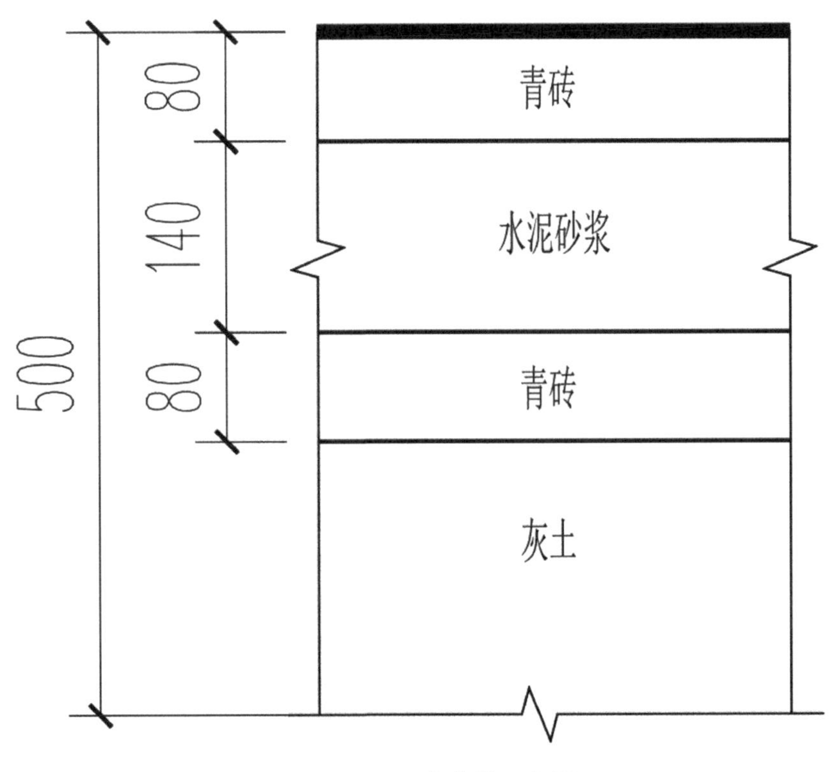

图 5-111　1 号芯样示意图

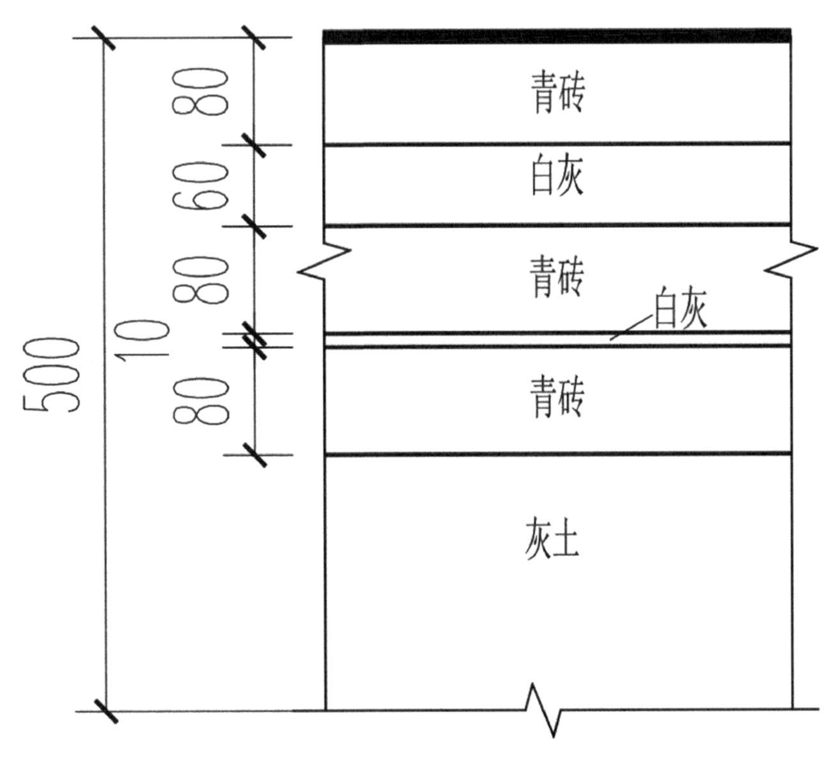

图 5-112　2 号芯样示意图

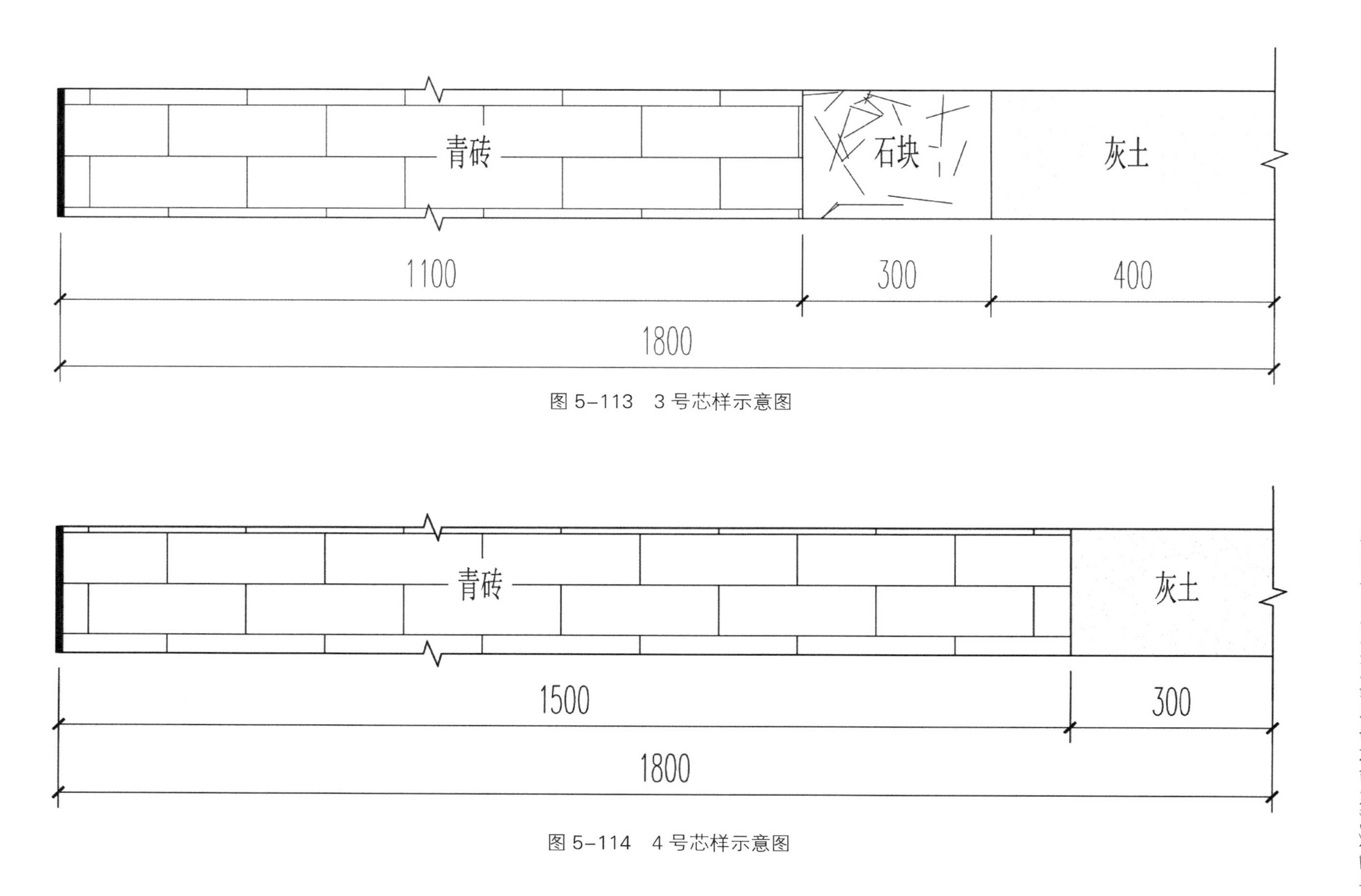

图 5-113 3 号芯样示意图

图 5-114 4 号芯样示意图

图 5-115　1 号芯样照片

图 5-116　2 号芯样照片

图 5-117 3 号芯样照片

图 5-118 4 号芯样照片

图 5-119　基础风化酥碱

图 5-120　后修基础基本完好

图 5-121　墙体裂缝

图 5-122　北侧基础现场开挖照片

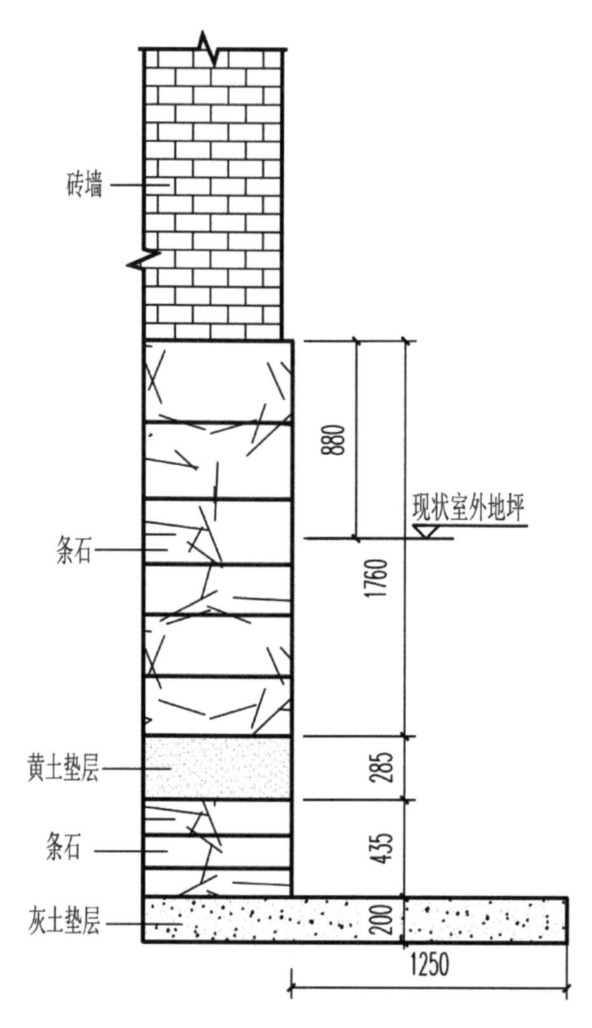

图 5-123　局部开挖部位基础剖面图

2. 结构外观质量检查结果

经检查，结构存在的残损现象如下：

（1）风化侵蚀

城墙表面普遍存在风化侵蚀的现象，如砖表面层状、块状剥落、酥碱粉化，砌缝冲刷脱空等；部分破损的墙面曾进行过修补；目前，内墙的风化破坏程度比外墙严重，北墙、东墙的风化破坏程度比南墙严重，瓮城由于是后期修建，大部分状况良好，仅在内瓮城北侧墙体中间部位存在风化侵蚀现象。

风化侵蚀现象多发生于墙体的中部和下部位置，照片见图 5-124 ~ 图 5-127。

（2）历史破坏痕迹

外墙多处存在历史战争遗留的弹坑和墙体豁口，照片见图 5-128 ~ 图 5-129。

图 5-124　北墙东侧内部墙面风化侵蚀

图 5-125　东瓮城北墙中部风化侵蚀

图 5-126　马面风化侵蚀

图 5-127　东墙南侧内部墙面风化侵蚀

图 5-128　历史战争遗留弹坑

图 5-129　历史战争遗留豁口

（3）植物根系影响

在城墙上部、底部及墙面存在一些杂草杂树，植物根系深入城墙导致砖墙胀裂，造成城墙局部破坏，照片见图 5-130。

（4）墙体表面裂缝

墙体表面多处存在竖向裂缝，裂缝主要存在于南侧城墙的外侧，约有十余条，裂缝有上下贯通、自上部往下延伸、自下部往上延伸、墙体中部几种形态，大部分裂缝都经过封闭处理，没有进一步开裂。其中东南侧马面处的裂缝宽度较大，有进一步发展的趋势。裂缝位置示意见图 5-131，裂缝照片见图 5-132 ~ 图 5-143。

（5）墙顶海墁裂缝

南城墙西段局部海墁为后修，在后修海墁上存在水平裂缝，裂缝距离内侧墙体约 1m 左右，裂缝长度约 40m，开裂海墁处内侧墙体局部出现臌胀现象，发生臌胀的墙体为旧墙，见图 5-107 及图 5-148；在北城墙西段海墁上也存在水平裂缝，裂缝长度约 20m。裂缝照片见图 5-144 ~ 图 5-145。

（6）东西城门拱券受到外力撞击产生局部破损，见图 5-146。

图 5-130　植物根系生长致城墙胀裂

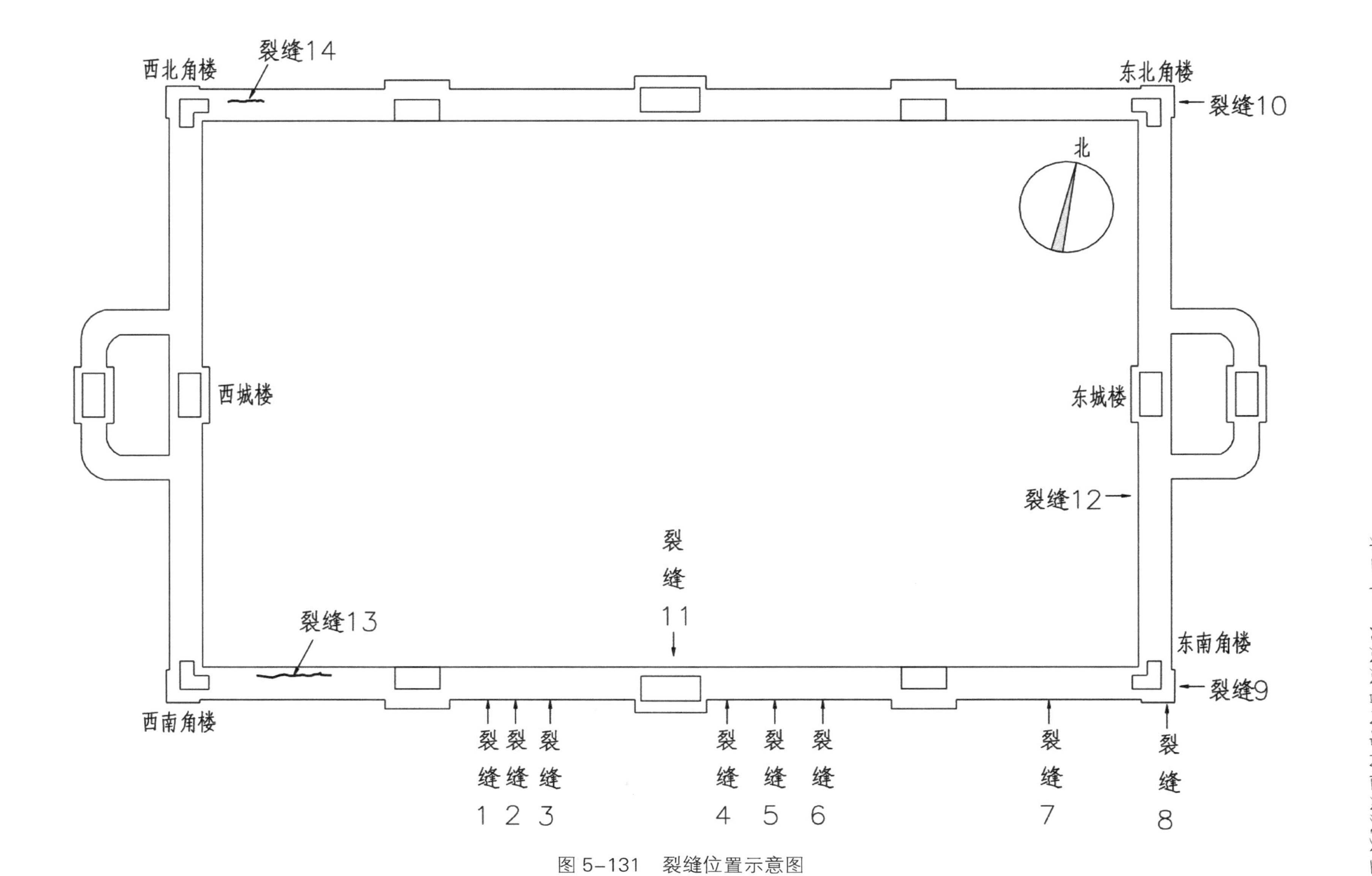

图5-131 裂缝位置示意图

图 5-132　裂缝 1

图 5-133　裂缝 2

图 5-134　裂缝 3

图 5-135　裂缝 4

图 5-136　裂缝 5

图 5-137　裂缝 6

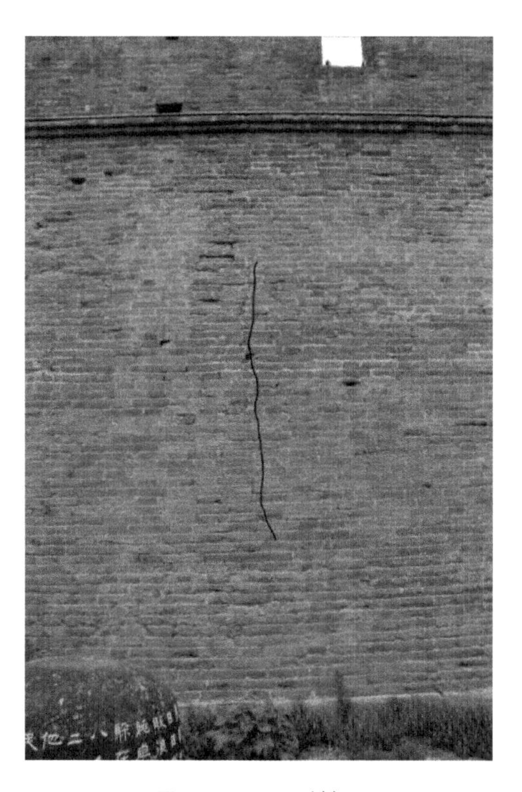

图 5-138　裂缝 7

图 5-139　裂缝 8

图 5-140　裂缝 9

图 5-141　裂缝 10

图 5-142　裂缝 11

图 5-143　裂缝 12

图 5-144　裂缝 13

图 5-145　裂缝 14

图 5-146　拱券破损

（7）拱券局部渗水，拱券内表面存在碱迹，见图 5-147。

（8）南墙西段后修墙体与原墙体接缝处起伏不平，由于此部分墙体为后期修缮，后修墙体与原墙体在接缝处存在施工上的偏差，导致表面起伏不平，照片见图 5-149。

2. 主体结构倾斜情况

由于条件限制，只测量城墙外侧墙面的倾斜程度，测量使用吊坠进行，吊坠从外侧垛口悬出，测量砖墙上部、中部及下部位置距吊线的距离 h1、h2、h3，测量方法示意图见图 5-150，城墙倾斜测点位置平面图见图 5-151。

城墙倾斜测量结果见表 5-5。

表 5-5　城墙倾斜测量结果

测量位置	水平距离			H1 段倾斜率（%）
	h1（cm）	h2（cm）	h3（cm）	
测点 1	69	45	13	9
测点 2	65.5	42	14.1	8

续　表

测量位置	水平距离			H1 段倾斜率（%）
	h1（cm）	h2（cm）	h3（cm）	
测点 3	67	49	14.5	9
测点 4	68	46	12	9
测点 5	75	45	15	8
测点 6	75	44	16	8
测点 7	73	51	21	8
测点 8	64.5	42	15	7
测点 9	70	46	16	8
测点 10	66.5	53	20	9
测点 11	67	47	15	9
测点 12	74	56	19	10
测点 13	65	50	17	9
测点 14	66	46	13	9
测点 15	65.5	45	16	8
测点 16	65	44	13	8
测点 17	67.5	42	13	8
测点 18	68	41	13	8
测点 19	65	41	10	8
测点 20	70	43	16	7
测点 21	69	42	19	6
测点 22	70	37	18	5
测点 23	67	40	9	8
测点 24	66.5	39	6	9
测点 25	65	40	11	8
测点 26	66	40	8	9
测点 27	67.5	42	12	8
测点 28	64.5	40	10	8
测点 29	67	38	10	8
测点 30	62	41	9	9

续　表

测量位置	水平距离			H1 段倾斜率（%）
	h1（cm）	h2（cm）	h3（cm）	
测点 31	69.5	43	11	9
测点 32	66	38	12	7
测点 33	68.5	43	15	8
测点 34	66	39	10	8
测点 35	64	41	12	8
测点 36	64	39	13	7
测点 37	64	41	16	7
测点 38	63	39	22	5
测点 39	63	38	21	5
测点 40	63	43	25	5
测点 41	65	44	23	6
测点 42	65	43	17	7
测点 43	63.5	36.5	6	8
测点 44	64.5	39	12	7
测点 45	64.5	38	10	8
测点 46	64	42	11	8
测点 47	63	46	7	11
测点 48	60	45	11	9
测点 49	63.5	44	12	9
测点 50	65	43	15	8
测点 51	63.5	41	9	9
测点 52	65.5	43	6	10
测点 53	68	45	14	8
测点 54	65.5	38	9	8
测点 55	66.5	40	9	8
测点 56	65	41	12	8
测点 57	62	43	18	7

图 5-147　拱券碱迹

图 5-148　墙体臌胀

图 5-149　后修城墙与原城墙接缝处起伏不平

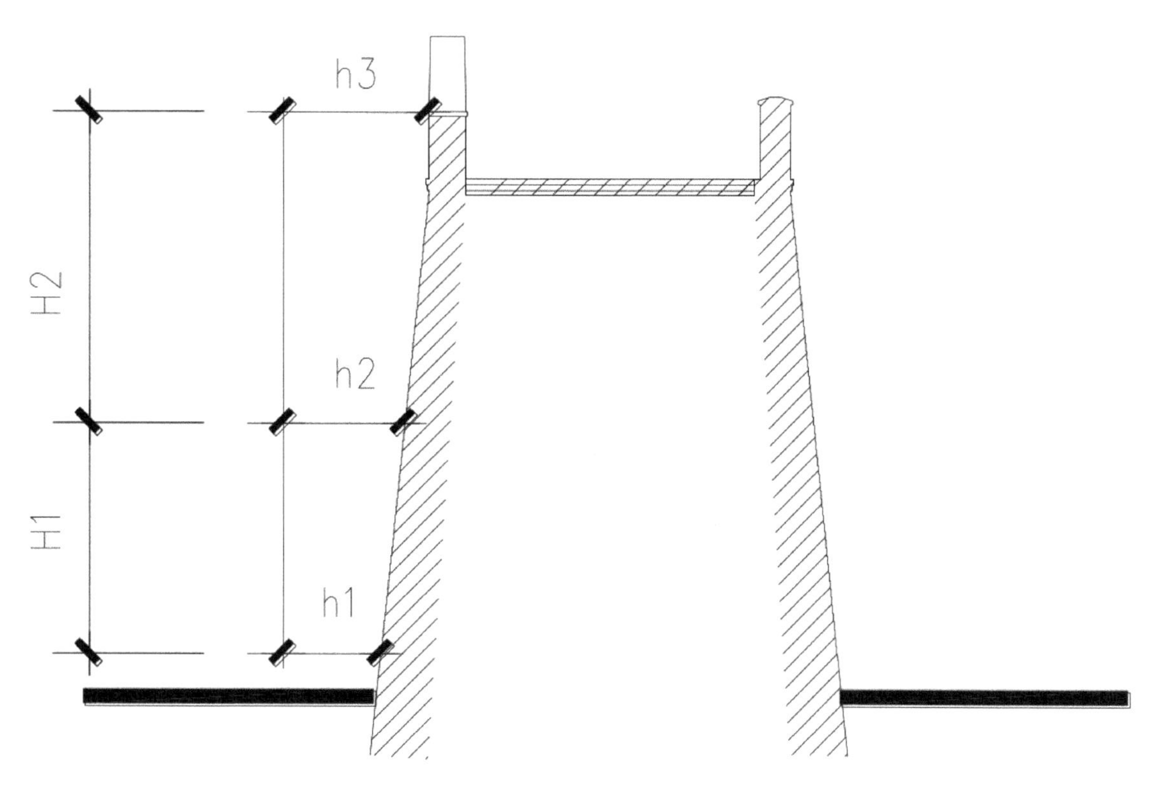

图 5-150　墙体倾斜测量示意图

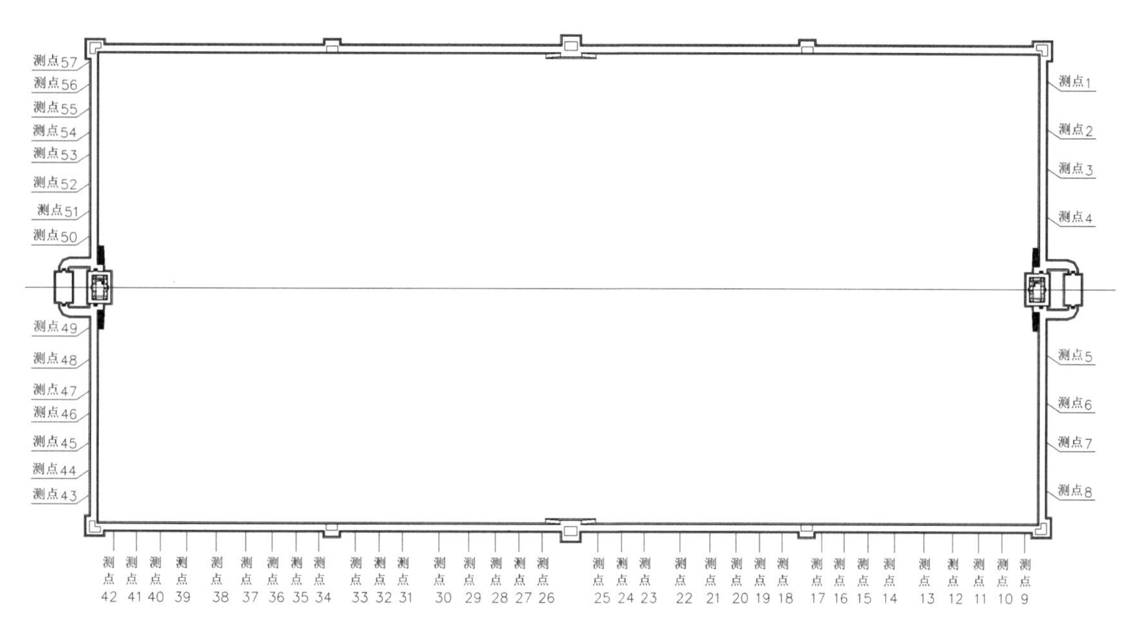

图 5-151　城墙测点布置平面图

墙体倾斜测量结果见表 5-5，墙体由下往上渐收，下半部分的倾斜率基本一致，南墙后修的墙体（测点 38 ~ 40）的倾斜率比原有墙体稍有不同，坡度更陡，这也是导致上部接缝处呈现起伏不平的原因。

3. 砂浆和砖强度等级检测

（1）砌体砖墙强度检验结果

采用回弹法检测砌体砖抗压强度，由检测结果可见，砖回弹数据比较离散，这主要是由于城墙经过多次修缮，部分破损的砖块已经过修补和替换，导致不同时期的砖均有出现。经现场检查发现，南墙及西墙砖面相对比较新，瓮城由于是 20 世纪 80 年代后修，瓮城砖面也比较新，上述部位砖的回弹数值较高，而东墙外侧及北墙内外侧砖面状况比较差，大部分都属于未修补前的旧砖，回弹数值比较低。东城墙北段存在一处豁口，内侧重新砌了新墙，在外侧的旧墙上抽取部分砖样进行了抗压强度试验，为方便比较，将砖回弹数据按表面新旧状况分两批统计，并与砖试验的抗压强度值进行比较分析。

砖回弹检测测点位置平面图见图 5-152，根据 GB/T 50315-2011，回弹检测计算结果统计见表 5-6，砖试件抗压强度试验结果见表 5-7，砖试件照片见图 5-153。

由检测结果可知，各构件的回弹强度换算值为 3.20MPa ~ 9.00MPa，其中，较旧批次砖的回弹换算值均值为 4.1MPa，较新批次砖的回弹换算值均值为 6.3MPa。

表 5-6　墙砖强度具体检测结果

批次	测点编号	回弹值	抗压强度换算值（MPa）	抗压强度平均值	备注
1	1	32.8	8.1	6.3	南墙、西墙及瓮城墙面、砖测区表面状况相对较好
	2	31.3	6.8		
	3	31.1	6.7		
	4	28.8	4.9		
	5	29.3	5.3		
	6	28.3	4.6		
	8	30.3	6.0		
	9	30.7	6.4		
	10	29.4	5.4		
	12	30.4	6.1		

续　表

批次	测点编号	回弹值	抗压强度换算值（MPa）	抗压强度平均值	备注
	13	31.8	7.2		
	15	30.2	5.9		
	16	29.8	5.7		
	20	30	5.9		
	21	28	4.7		
	22	30.2	6		
	34	31.2	6.8		
	35	29.8	5.6		
	36	28.4	4.8		
	37	28.5	4.7		
	40	32.6	7.8		
	41	32.6	7.9		
	43	33.7	9.0		
	44	33.4	8.6		
	45	31.7	7.2		
2	23	27.1	3.9	4.1	北墙及东墙墙面、砖测区表面状况相对较差
	25	27.2	3.9		
	26	29.6	5.5		
	27	29.4	5.5		
	28	27	3.8		
	29	28.4	4.6		
	30	26.5	3.4		
	33	26.1	3.2		
	49	28	4.4		
	50	27.8	4.4		
	51	26.9	3.7		
	52	27	3.7		
	54	25.9	3.3		
	55	25.8	3.4		

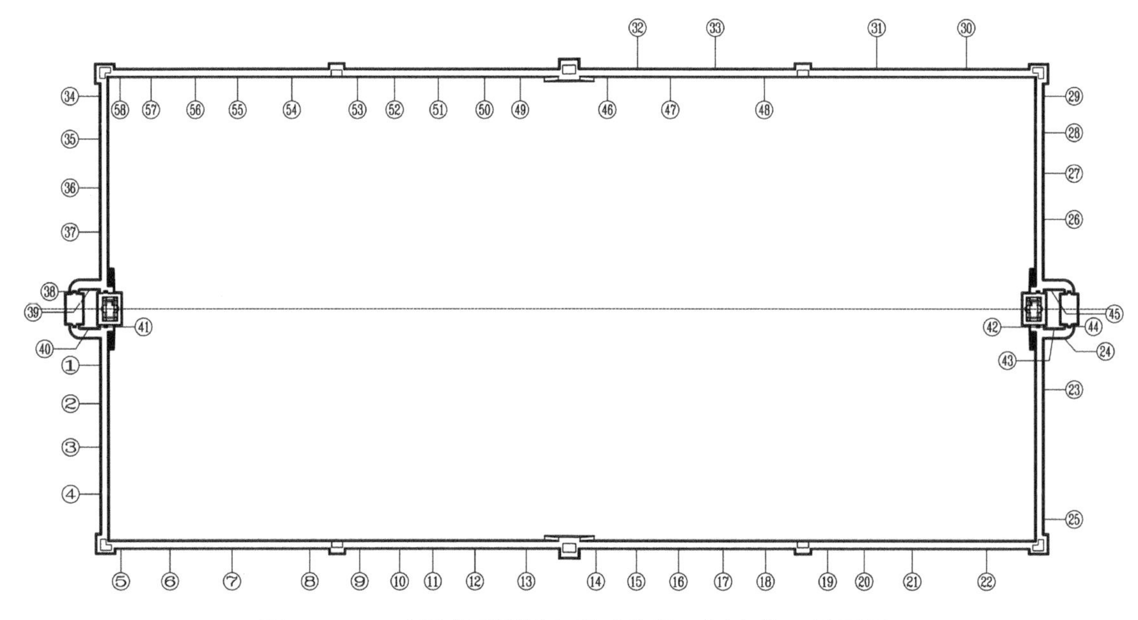

图 5-152　砖强度回弹测点及砂浆贯入测点位置平面图

图 5-153　部分砖试件照片

表 5-7　砖试件抗压强度试验结果（MPa）

砖试件编号	砖试件抗压强度	试验结果	备注
1	4.7	平均值 6.6 标准差 1.38 变异系数 0.21 最小值 4.7	取样部位在东墙北段
2	6.5		
3	8.0		
4	7.0		

（2）砂浆强度检验结果

由于城墙经过多次修缮，城墙上存在多种类型的砂浆如白灰砂浆、青灰砂浆及水泥砂浆。采取贯入法检测砌体墙的砂浆强度，砂浆测点位置平面图见图 5-152，砂浆贯入检测结果见表 5-8，砖墙的砂浆强度具体检测数据见表 5-9，根据 JGJ/T 136-2001，由于变异系数偏大，不能按批评定，仅给出单个构件的评定结果，各构件的贯入强度换算值为 0.50MPa ~ 4.60MPa。

表 5-8　砂浆强度贯入检测结果

平均值（MPa）	标准差（MPa）	变异系数
1.86	1.05	0.56

表 5-9　砂浆强度具体检测结果

测点编号	贯入深度 di（mm）	换算值（MPa）
1	10.76	0.90
2	9.92	1.10
3	8.54	1.50
4	6.97	2.30
5	7.48	2.00
6	5.11	4.60
7	9.07	1.30
8	5.70	3.60
9	7.48	2.00
10	7.01	2.30
11	6.75	2.50
12	6.63	2.60
13	5.14	4.60
14	6.49	2.70
15	6.88	2.40
16	7.77	1.80
17	6.44	2.80
18	8.38	1.50
19	10.25	1.00
20	8.44	1.50

续 表

测点编号	贯入深度 di（mm）	换算值（MPa）
21	9.29	1.20
22	9.80	1.10
23	10.29	1.00
37	10.52	1.00
36	13.96	0.50
35	14.46	0.50
34	12.26	0.70
46	7.84	1.80
47	9.90	1.10
48	9.16	1.30
49	6.76	2.40

4. 地面高差测量

南城墙西南角楼至南一号小敌台辅房地面高差测量结果见如图 5-154，南一号小敌台辅房至南中台敌楼地面高差测量见图 5-155，+0 处为每段的最低点。由测量结果发现，城墙海墁呈现东侧低西侧高的趋势，详细测量最西段城墙海墁，海墁为双向放坡，海墁每个测点沿横截面测量 3 个数（最外侧、中间、最内侧），将 3 个位置之间的高差两两比较，统计结果见表 5-10，发现 6、8、9 测点的最内侧与中间点的高差明显高于其他位置，且处于后修海墁裂缝内侧，表明此部位可能存在一定程度的塌陷。

表 5-10　地面高差详细测量结果

测点编号	最内侧地面相对高差	中间地面相对高差	最外侧地面相对高差	高差 1（中间地面高度减去最内侧地面高度）	高差 2（最外侧地面高度减去中间地面高度）
1	+327	+394	+426	+67	+32
2	+309	+384	+445	+75	+61
3	+263	+356	+434	+93	+78
4	+264	+351	+449	+87	+98
5	+278	+347	+424	+69	+77
6	+245	+352	+427	+107	+75

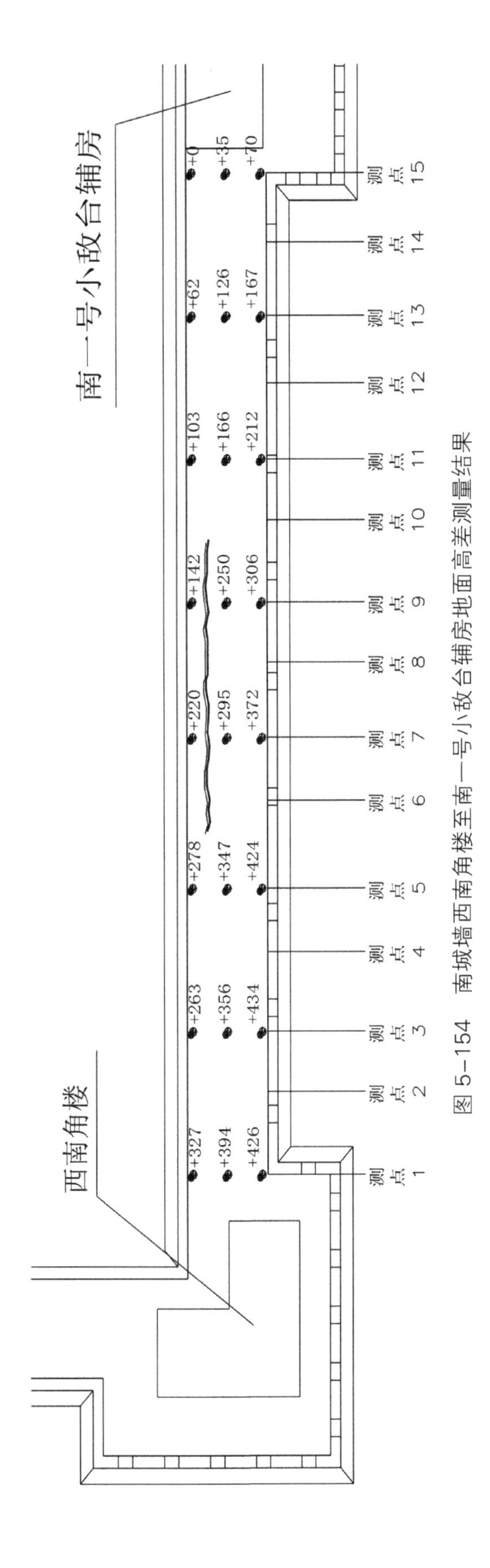

图 5-154　南城墙西南角楼至南一号小敌台辅房地面高差测量结果

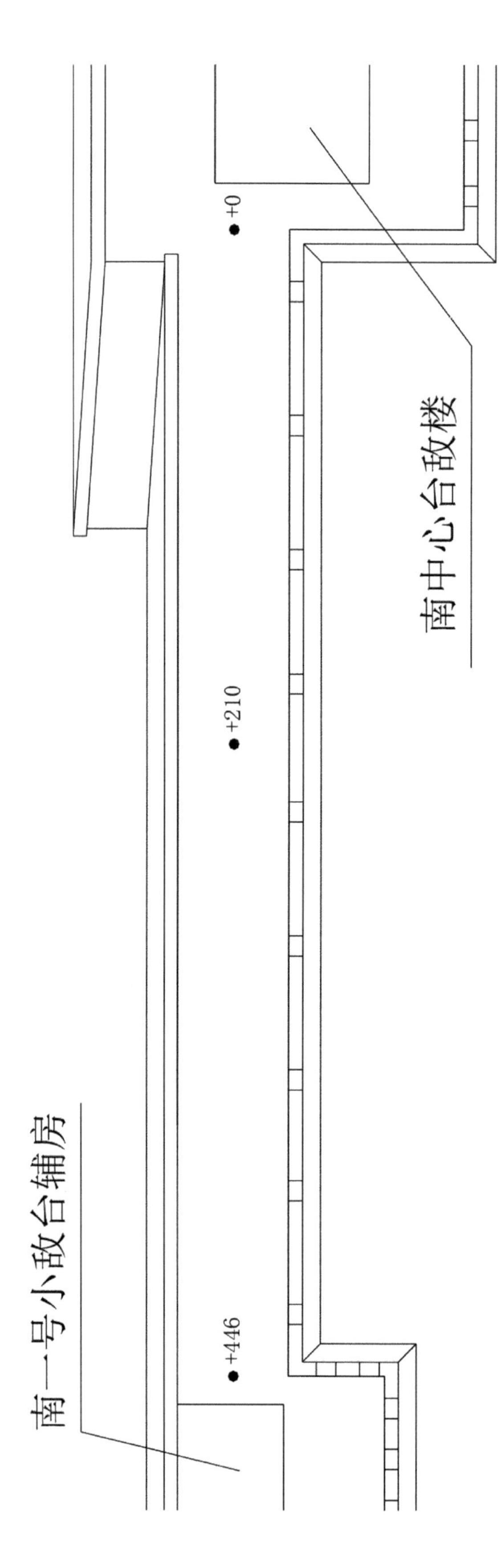

图 5-155　南一号小敌台辅房至南中台敌楼地面高差测量结果

续　表

测点编号	最内侧地面相对高差	中间地面相对高差	最外侧地面相对高差	高差1（中间地面高度减去最内侧地面高度）	高差2（最外侧地面高度减去中间地面高度）
7	+220	+295	+372	+75	+77
8	+167	+268	+328	+101	+60
9	+142	+250	+306	+108	+56
10	+135	+219	+270	+84	+51
11	+103	+166	+212	+63	+46
12	+82	+140	+171	+58	+31
13	+62	+126	+167	+64	+41
14	+10	+72	+127	+62	+55
15	0	+35	+70	+35	+35

（七）墙体损坏原因分析

1. 风化侵蚀

风化侵蚀主要是由于城墙砖砌体在自然界中受温度变化、大气和水的侵蚀及生物作用等外界因素的影响，发生的物理、化学和生物变化，如砖表面层状、块状剥落、酥碱粉化，砌缝冲刷脱空等，导致结构的承载力和耐久性降低的现象。

本结构风化侵蚀现象多发生于墙体的中部和下部，此部分墙体较易受到雨水的影响，导致这些部位的砖砌体含水率较高，受风化侵蚀的程度较高。

2. 墙体裂缝

本结构出现的裂缝主要有以下几种类型：

（1）沉降裂缝

由地基不均匀沉降及原有基础损坏导致部分墙体出现沉降裂缝，此种裂缝的形态一般为自下往上发展，如裂缝2；部分裂缝后期经过修补，通过观察后抹砌缝发现，大部分砌缝没有继续开裂，裂缝没有明显的发展趋势，判断裂缝为陈旧性裂缝，地基沉降已基本稳定。

此类裂缝建议进行定期观察，如发现裂缝有发展的趋势或出现新的裂缝，应及时处理。

（2）温度裂缝

温度变化会引起材料的热胀冷缩，当材料随温度变化发生变形时，墙体内部会产生应力，由于城墙长度较长且北方气候温差较大，在温度的反复作用下，墙体产生较大的拉应力，当拉应力大于其抗拉强度时，墙体即发生开裂。

城墙上出现温度裂缝较多，主要发生于南侧墙体，分析原因是由于南侧墙体为向阳面，温差相对更大一些；裂缝多发于墙体的中部，向上下两个方向延伸，且基本呈等间距布置，如裂缝 3、4、5、6、7。此类裂缝一般不影响结构安全及使用，但对结构的耐久性有一定影响。

（3）受力裂缝

东南马面存在两条竖向裂缝（裂缝 8 和裂缝 9），裂缝示意图见图 5-156，分析原因是马面顶面建有角楼，受载荷较大，且东侧马面由于存在弹坑及风化侵蚀，造成墙体表面损坏较严重，并存在水分侵入夯土内的可能，致使墙体有效截面变小，结构承载力降低。

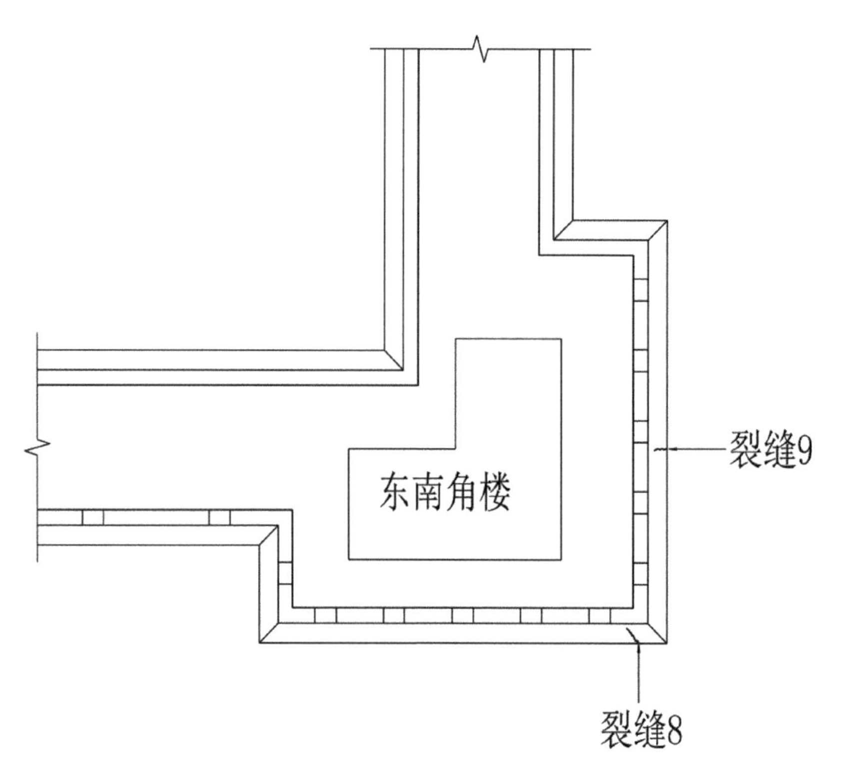

图 5-156　裂缝示意图

此类裂缝宽度较大，容易造成马面角部墙体部位的坍塌，对于城墙的安全影响较大。

3. 海墁裂缝

经检查，南侧后修海墁上存在水平裂缝（裂缝 11），且裂缝内侧地面与周围地面相比存在一定程度的塌陷，裂缝内侧墙体局部存在一定的臌胀，见图 5–107。

为了解墙体臌胀的原因，采用 ANSYS 结构计算程序模拟城墙结构，分析两侧城墙的受力特点。由于城墙较长，按平面应变问题考虑。砖墙采用 Plane42 单元，土体的模型采用了 DP 本构模型，按经验取砖墙的弹性模量为 0.93×109Pa，泊松系数为 0.15，密度为 1700kg/m^3，土体的弹性模量为 2×108Pa，黏聚力为 19kPa，摩擦角和膨胀角均为 30°　。

通过分析应力云图可知，x 方向应力在城墙底部内侧产生压应力集中现象，最大压应力为 0.05MPa，y 方向应力在城墙底部产生应力集中现象，外侧受压，内侧受拉，最大压应力为 0.33MPa，最大拉应力为 0.21MPa。

由于城墙内侧底部存在拉应力，当上部后修海墁存在雨水渗入时，导致夯土内部

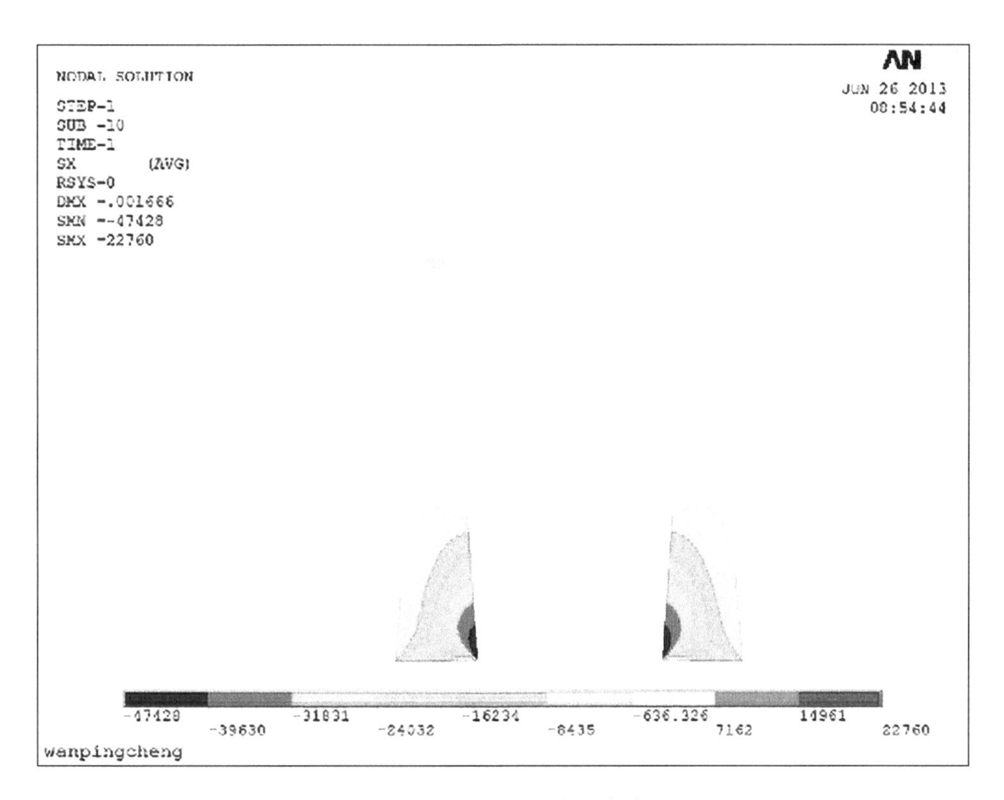

图 5–157　X 方向节点应力图

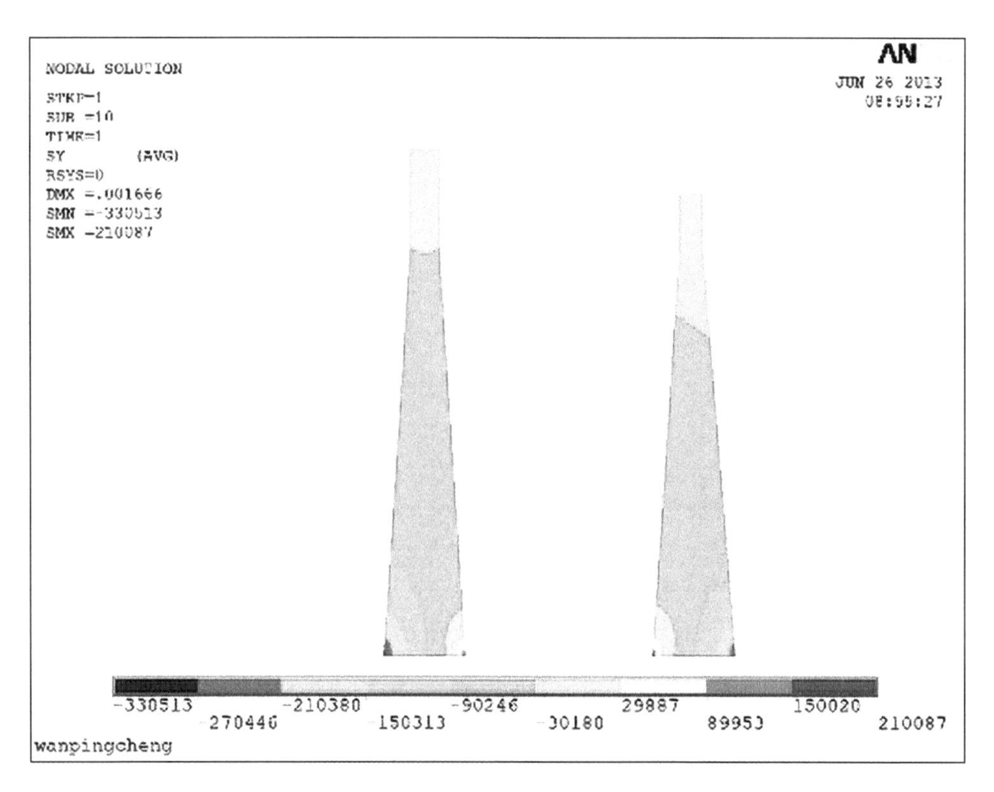

图 5-158 Y 方向节点应力图

存在水分，水分会使土体膨胀，增大墙体的负荷，同时降低夯土的力学性能，当底部拉应力超过墙体的承载能力，就会导致墙体损坏。

（八）结构外观检查

1. 原有基础损坏较严重，部分阶条石断裂缺失，表面开裂，风化酥碱严重。

2. 城墙表面普遍存在风化侵蚀的现象，如砖表面层状、块状剥落，酥碱粉化，砌缝冲刷脱落。

3. 外墙多处存在历史战争遗留的弹坑及豁口。

4. 城墙表面有植物生长，植物根系深入城墙导致砖墙胀裂，造成城墙局部破坏。

5. 东西城门拱券受到外力撞击产生局部破损。

6. 拱券局部渗水，拱券内表面存在碱迹。

7. 南墙后修墙体与原墙体在接缝处存在施工上的尺寸偏差，呈现出起伏不平的现象。

8. 经检测，墙体砖的回弹强度换算值为 3.20MPa ~ 9.00MPa；墙体砂浆的贯入强度换算值为 0.50MPa ~ 4.60MPa。

9. 墙体表面多处存在竖向裂缝，裂缝主要存在于南侧城墙的外侧，其中东南角马面处裂缝有进一步发展的趋势，存在安全隐患，有角部墙体坍塌的可能性。

10. 北城墙西段海墁上存在水平裂缝，南城墙西段海墁也存在水平裂缝且裂缝内侧墙体下部出现臌胀现象，裂缝内侧海墁存在一定程度的塌陷，此部位墙体存在安全隐患，有砖墙鼓闪及边坡失稳的可能性。

（九）结构安全性鉴定

宛平城城墙存在较多坏损现象，其中，南城墙西段及东南角马面墙体的坏损已影响结构的安全和正常使用，有必要采取修缮措施。

（十）处理建议

1. 建议对表面开裂及风化侵蚀程度严重的砖墙面和阶条石进行修补，对灰缝脱落处重新勾缝。

2. 彻底清除城墙上的杂草杂树，避免其根系继续生长对城墙砌体造成破坏。

3. 建议对砌体墙的裂缝进行封闭处理；对于裂缝开展比较严重的部位，还应当结合墙体的实际损坏情况进行修补加固处理。

4. 城墙顶部海墁开裂处建议重新铺砌，并设置防水层，以防止雨水渗入城墙内部侵蚀墙体。

5. 对拱券破损处进行修补，恢复原状。

6. 建议将拱券碱迹部位清除后，涂防水剂，并对顶部路面进行防水处理。

7. 由于南侧后修墙体与原墙体在接缝处存在施工上的偏差，如有条件可以重新砌筑。

8. 对南城墙西段臌胀处及东南角马面墙体开裂处，建议进行加固处理，并进行变形监测。变形监测应包括墙体水平位移监测、倾斜监测、裂缝监测等内容，测点宜按相关规范要求布置，采用全站仪等设备进行定期观测，尤其是连阴雨和暴雨季节。如果发现异常，应及时向相关单位报告，如有条件以上部位可以重新砌筑。

第六章　长城病害检测及分析

本章通过对八达岭长城的青砖病害情况调查，介绍了部分便携式仪器如回弹仪、卡斯特瓶、色差仪、温湿度仪等在实际中检测各类病害的应用情况。并介绍了病害的发育原因及相应的防护方法。

一、项目概况

八达岭长城是我国重要的文化遗产，也是世界文化遗产万里长城的重要组成部分，不仅是中华民族的象征，而且也是人类文明的象征。但是由于常年裸露于大气中，八达岭长城砖在风化作用下产生了大量病害。伴随着旅游业的发展，八达岭长城砖还面临人为破坏的考验，其中在城砖上刻画和涂鸦污染问题相对比较突出，严重影响了长城的美观性。通过现场病害调研及检测实验验证，发现八达岭长城砖在风化和人为破坏影响下的抗压强度和抗渗水性明显下降，亟待保护。因此，本文对病害原理进行总结，并针对刻画、涂鸦、风化等病害类型提出保护建议。

长城砖保护现状

长城多分布于山脊、风口上，经受风吹日晒，极易遭受风化、雨水侵蚀、酸雨腐蚀等破坏，外加人为损坏，长城的保存正面临严峻的考验。

由于保护力度不足，修复不到位，修复认识不到位，对于遭受破坏的长城，在重建和修复的方式上未能按照长城的原貌进行，某些局部的建设甚至脱离了长城本身的韵味，因此，长城“修旧如新”的模式有待进一步改善。

在长城后续的修复过程中，人们意识到了仿建物绝不能覆盖、取代或破坏原址。在墙体的修复上，应最大化地采用“只做加固，不复建重建”的方法，确保八达岭长城的真实性，并帮助游客加深对物质文化遗产的历史背景和独特价值的理解。

2006年，我国政府已经完成《中国长城保护管理条例》的制定并开始实施，表明在我国对长城的保护、研究和管理已经成为政府、科研和管理部门的一项重要任务。[1]此外，各地区纷纷出台相应文件，划立保护区，扩大保护范围，最大力度地保护长城。同时政府也在积极宣传文明旅游，提升游客的素质，减少对长城的人为损害。

2013年，我国相继出台了《中华人民共和国文物保护法》《中华人民共和国文物保护法实施条例》等法律，从法律层面保护我国的瑰宝，还制定了相关文件规定了保护性设施施工技术措施要求。

二、长城砖分类及成分

（一）烧结砖主要分类

中国古建筑在世界建筑中独树一帜，为全世界的建筑科学提供了宝贵的经验，它历史悠久，具有独特的东方古典美。随着现代社会的不断进步，人们越来越注重对古代建筑的保护。现存中国古代建筑中，有大量砖木结构，以木为梁或柱，砖砌体为承重墙或隔离墙。此外，保存相对较完整的长城城墙中也用大量烧结青砖砌筑，其砌筑方式是在夯土的基础上包砌砖。

烧结砖主要分为烧结青砖和烧结红砖，红砖和青砖都是用黏土高温烧成。红砖烧制时氧气充足，黏土中铁元素充分氧化生成氧化铁，使砖块呈红色。青砖烧制时不断淋水，水蒸发成水蒸气，阻止空气的流通，窑中缺氧，部分氧化铁便被还原成氧化亚铁，使砖块呈青灰色。

（二）青砖主要化学成分及晶体结构

运用XRD和XRF对长城青砖的矿物组成和微观结构进行分析，结果表明：青砖矿物组成主要为α—石英和钠长石（$NaAlSi_3O_8$），XRD物相和化学成分分析结果如表6-1所示。从表中可以看出青砖成分主要为氧化硅、氧化铝、氧化铁等物质。

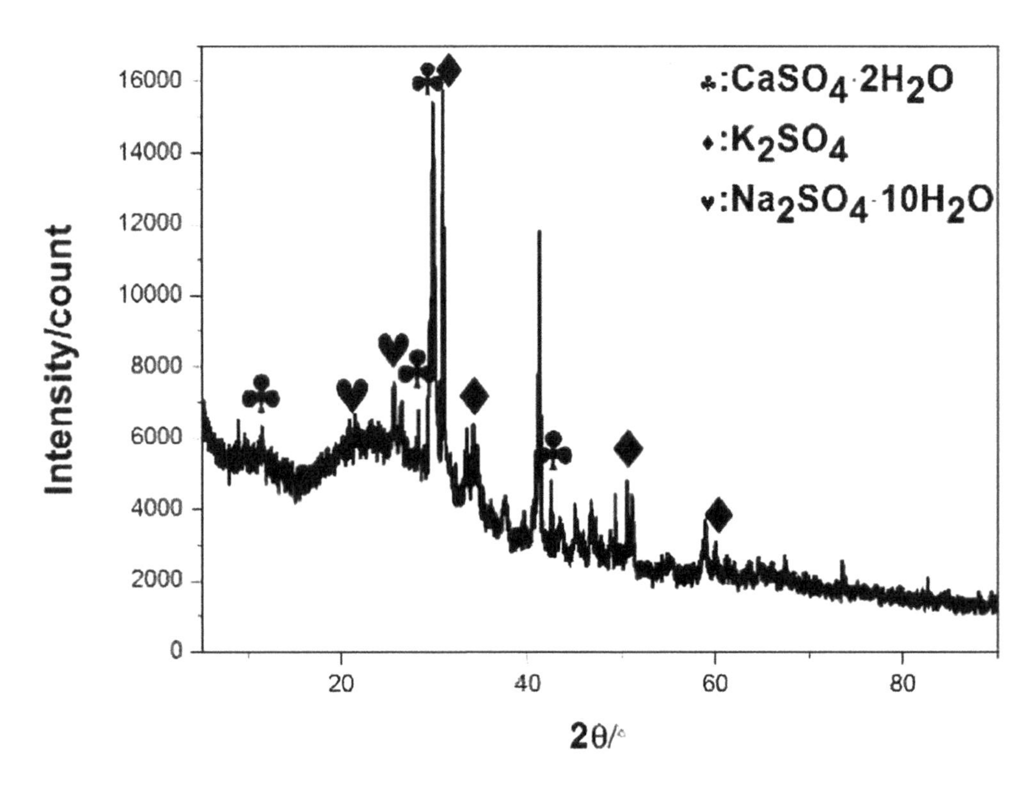

图 6-1 长城青砖粉末的 XRD 图谱

表 6-1 长城青砖化学成分 XRF 分析结果

成分	SiO_2	Al_2O_3	Fe_2O_3	CaO	MgO	LOI
含量 /wt%	72.11	11.51	4.58	5.13	3.09	3.19

三、八达岭长城砖病害调研

（一）现场调研照片

北京市延庆区八达岭长城受人为刻画涂鸦损伤严重，并存在风化侵蚀现象，针对病害情况进行现场调查后，结果见表 6-2。

表 6-2　八达岭长城砖病害调查结果

编号	照片	病害类型	刻字尺寸/cm
1		刻字“江西余江胡阔太”	20×14×0.1
2		刻字“南岥*”	17×15×0.3
3		刻字“李文空ABODLNAN”	20×7×0.2

编号	照片	病害类型	刻字尺寸/cm
4		刻字“文洪＊”	30×9×0.4
5		刻字“zhaokewen”	17×7×0.3
6		刻字“河北盐山县曲玉明”	40×7×0.2

编号	照片	病害类型	刻字尺寸/cm
7		刻字“范星全”	14 × 7 × 0.5
8		刻字“河南社”	25 × 8 × 0.2
9		刻字“龚晶召胡丽”	16 × 5 × 0.3

编号	照片	病害类型	刻字尺寸/cm
10		刻字“河南娄丰义”	33×9×0.2
11		涂鸦“我登上了长城”	22×9×0.3
12		涂鸦“向 13”	16×7×0.1

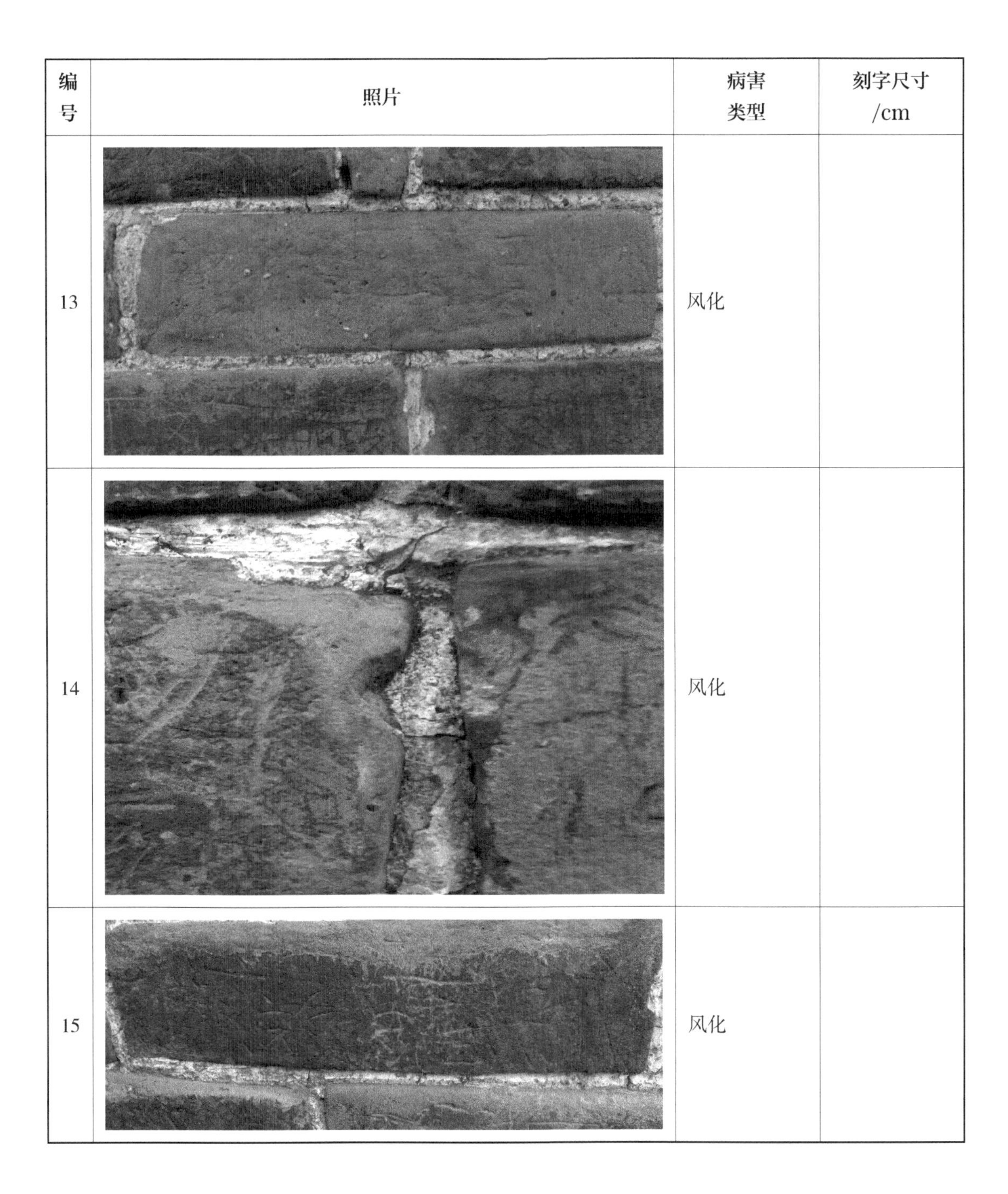

编号	照片	病害类型	刻字尺寸/cm
13		风化	
14		风化	
15		风化	

（二）现场检测实验

1. 实验环境数据记录

实验地环境温度：10.8℃

实验地空气相对湿度：11.8%

图 6-2　现场砖尺寸测量

砖的尺寸：390mm × 100mm × 190mm。

刻画调研：裂缝深度：1mm ~ 6mm；裂缝宽度：2mm ~ 8mm。

涂鸦颜料：主要为水性漆、油性漆和粉笔。

2. 含水率记录

实验仪器：温湿度仪 Testo 610

检测方法：通过将温湿度仪与砖墙表面接触的方式，得到砖墙表面的含水率值。

检测结果：砖（包括未损坏、损坏处）表面的含水率大约为 1%。

3. 色度记录

实验仪器：色差计 CR-10

检测方法：色差计主要根据 CIE 色空间的 Lab 原理，测量显示出样品的色度 Lab 值。通过该方法对青砖未损坏部位和损坏部位进行色度值测量，得到未损坏部位和损坏部位的色度值差异。

图 6-3　温湿度仪

表 6-3　色度测量

部位	L	a	b	色度平均值
未损坏砖外皮	32.50	+0.60	+2.60	L:32.30 a:+0.73 b:+3.13
	32.80	+0.70	+3.60	
	31.70	+0.90	+3.20	
损坏砖内部	45.40	+1.00	+6.30	L:46.27 a:+1.10 b:+6.70
	47.00	+0.40	+6.50	
	46.40	+1.90	+7.30	
新刻字	56.60	+0.60	+1.90	L:54.30 a:+0.73 b:+3.13
	53.60	+0.70	+2.70	
	52.70	+0.30	+2.70	
旧刻字	34.50	+0.30	+7.60	L:35.23 a:+1.03 b:+7.57
	40.40	+1.00	+7.80	
	30.80	+1.80	+7.30	
污染处	42.30	+12.90	+5.40	L:41.47a:+10.77b:+5.67
	41.80	+12.40	+5.60	
	40.30	+7.00	+6.00	

由表 6-3 可以得到砖的色度值，为后期刻画修补和涂鸦清洗提供色度的原始数据和理论依据。由色度信息可知，由于脱落处或新刻字处裸露出砖的未风化基体，因此 L 值更高，经过风化之后 L 值会逐渐降低。

4. 回弹强度记录

实验仪器：回弹仪 ZC-4

安全性鉴定依据：《回弹仪评定烧结砖普通砖强度等级的办法》JC/T 796-2013

检测方法：测砖回弹仪的原理是用一弹簧驱动弹击锤，并通过弹击杆击砖样表面所产生的随时弹性形变的恢复力，以回弹值作为砖的抗压强度相关指标，通过公式计算来推定砖体的抗压强度，该方法可反映砖质材料的抗压能力和质量。

图 6–4　色差仪

表 6–4　未损坏砖的回弹强度测量

试验编号	回弹值 Ni										$\overline{N_j}$
1	20	27	27	17	22	26	25	21	26	24	23.5
2	31	30	13	30	28	35	33	33	26	31	29.2
3	30	29	34	33	20	27	21	26	23	26	26.9
4	34	33	39	40	40	36	36	32	28	21	33.9
5	52	56	56	46	54	56	50	44	51	54	51.9
6	21	27	27	25	26	26	24	17	26	28	24.5
7	30	35	30	30	33	28	34	26	35	37	31.8
8	29	26	27	27	25	25	21	23	26	21	25.0
9	34	30	35	29	33	31	32	30	26	31	31.1
10	34	33	35	29	37	27	30	14	30	29	29.8
											30.8
备注	S_f=8.16 > 3.00，计算结果以 10 块砖的平均回弹值和单块最小平均回弹值结果表示，即$\overline{N}$=30.8，$\overline{N_{jmin}}$=22，查表得强度等级处于 MU10–MU15 之间。										

表 6-5　损坏砖的回弹强度测量

试验编号	损坏砖回弹值 Ni										$\overline{N_j}$
1	30	29	31	34	32	31	34	28	25	19	29.3
2	25	30	27	26	21	28	18	22	20	28	24.5
3	31	32	25	31	33	27	25	29	28	28	28.9
4	34	30	30	30	26	33	35	34	38	27	31.7
5	30	25	18	23	17	25	14	18	14	18	20.2
6	20	28	28	26	22	26	26	23	25	21	24.5
7	24	20	23	23	23	21	20	23	23	19	21.9
8	32	29	31	22	25	16	26	36	28	28	27.3
9	29	26	27	27	31	27	31	27	24	26	27.5
10	21	27	26	27	27	21	24	20	24	20	23.7
											26
备注	S_f=3.59 $>$ 3.00，计算结果以 10 块砖的平均回弹值和单块最小平均回弹值结果表示，即$\overline{N}$=26.0，$\overline{N_{jmin}}$=20.2，查表得强度等级处于 MU5-MU10 之间。										

图 6-5　回弹强度测试过程

由表 6-4 和表 6-5 可以得到，因刻画损坏后的砖强度处于 MU5-MU10 之间，强度明显低于未损坏砖的强度（强度等级处于 MU10-MU15 之间），说明长城砖因刻画病害强度有明显的下降，急需修复。

5. 表面吸水性能测试—卡斯特瓶法（K 法）

实验仪器：卡斯特瓶（瓶口直径 2.3cm，接触面积 $=\pi r^2=3.14\times1.15^2=4.15cm^2$）

检测方法：该方法首先将一个钟形罩和其相连的定径玻璃管仪器（卡斯特瓶）用密封材料安装固定于平整的待测墙体表面，然后由玻璃管顶端快速注水，并观察水的溢出区域和形式。根据卡斯特瓶法可测定砖体不同时间段的吸水量，计算出砖体表面毛细吸水系数。表层毛细吸水系数计算的具体方法是根据所测单位表层吸水量与对应吸水时间平方根的关系制作表面毛细吸收曲线，曲线近似直线部分的斜率记作表面吸水系数 ωk，用来表征其表面吸水性能，值越大其表面吸水性能越强。

表 6-6　砖的表面吸水性能

时间（min）测试位置	未损坏砖吸水量（ml）	损坏砖吸水量（ml）
0	0	0
1	0.05	0.40
3	0.05	1.10
5	0.05	1.75
10	0.05	3.30
15	0.05	4.75
30	0.05	9.20
45	0.05	13.85

由表 6-6 和图 6-6 得到，未损坏砖和损坏砖的 ωk 值分别为 0.0787kg/（$m^2\cdot h^{1/2}$）和 38.768kg/（$m^2\cdot h^{1/2}$）。按照我国的实际工程经验，砖体的毛细吸水系数在 2kg/（$m^2\cdot h^{1/2}$）以下时，砖体具有较好的抵抗雨水的能力。本次测试中未损坏砖的毛细吸水系数小于 2kg/（$m^2\cdot h^{1/2}$），而损坏砖的毛细吸水系数远大于 2kg/（$m^2\cdot h^{1/2}$），说明未损坏砖材料表面致密，水基本无法渗入砖体内部，故其吸水量基本没有变化，而因刻画损坏后的砖表面遭到破坏，影响了整个砖材料的表面致密性，水可顺着砖表面的孔道进入砖体内部，因而吸水量较大。

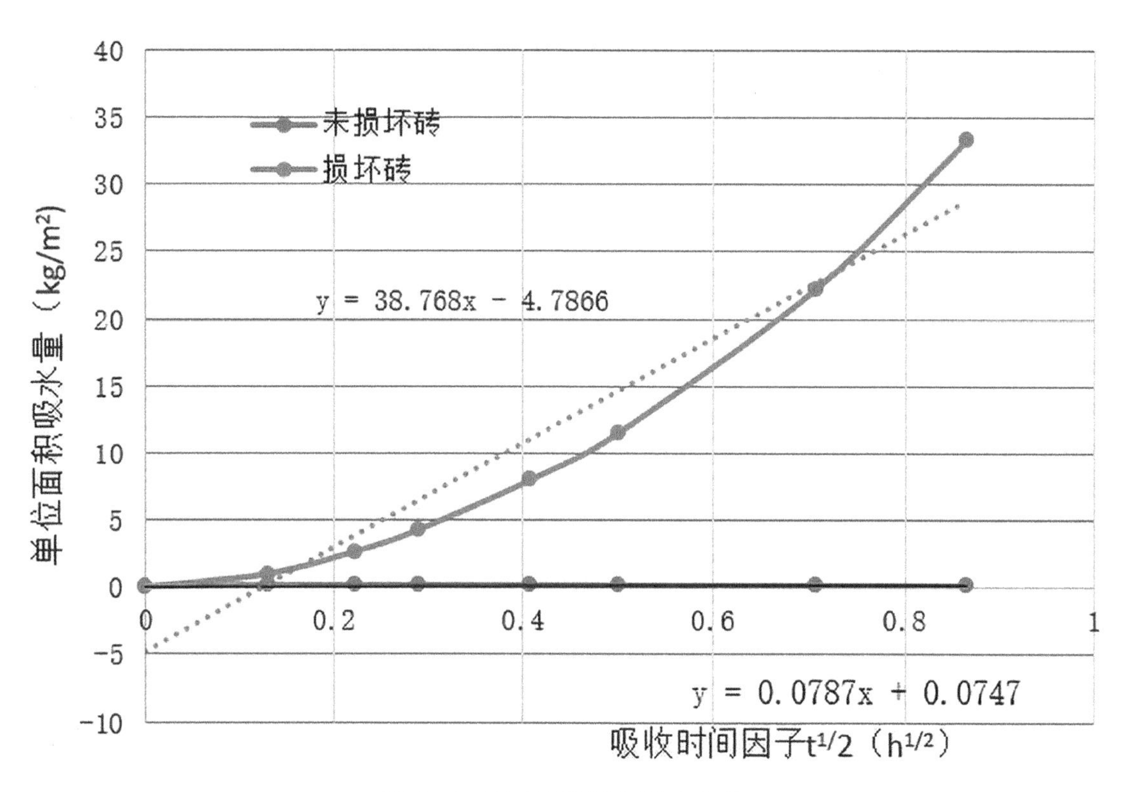

图 6-6　青砖表面毛细吸水曲线

图 6-7　卡斯特瓶吸水率测试过程

6. 小结

根据现场实验结果，未损坏砖与损坏砖的含水率没有明显差异；通过色差仪测得了砖的色度值，在后期刻画修补和涂鸦清洗的材料选择时，应尽可能小的改变色度值，为保护材料的选择提供依据；通过回弹仪测试发现刻画损坏砖的强度较未损坏砖有明显的下降；通过卡斯特瓶测试可知刻画损坏砖材料表面致密性受到较大影响，抗水渗入性能较差。

四、长城砖的风化机理

（一）盐在青砖老化过程中的作用

位于长城不同位置的青砖，风化机理也不同。距地面 1m ~ 3m 处于毛细水上升高度范围内，主要风化形式为鳞片状剥落、等厚状剥落、盐分结晶、颗粒脱落。[3]这种风化形式产生的主要原因是由于地面的水分在沿着砖墙中毛细管或孔隙上升时会携带一部分可溶盐，随着水分的减少或温度的降低，砖毛细管或孔隙中的可溶盐会形成带有结晶水的矿物盐，盐分结晶后体积增大，在砖毛细管或孔隙中体积膨胀产生膨胀力，致使砖破坏，即形成可溶盐风化机理，而冻融循环则加剧了这一进程。可溶盐对砖材的风化作用受砖材孔隙率的影响，孔隙率越大，可溶盐的风化作用越大。风化的面积与可溶盐的溶解度密切相关，溶解度越大，风化面积越大。

在众多矿物盐中，Na_2SO_4 对砖材的破坏作用最明显，盐溶液中 SO_4^{2-} 沿着毛细管或孔隙扩散到砖材中，与砖材中存在的 Ca^{2+} 生成钙矾石，随着环境中水分的减少或温度的降低，在砖材近表面区生成的钙矾石结晶长大，当钙矾石膨胀力超过砖材表面的抗拉强度，就会对砖材表面起到明显的破坏作用。

（二）风蚀作用

长城多分布于山脊、风口上，经受风吹日晒，极易遭受风化。风吹经地面时，因为地面不平，气流发生乱流作用，可吹扬地面的沙粒成风沙流，运动的沙粒对砖体表面或砖体内部裂隙等凹部造成摩擦和旋磨，形成风蚀作用。风沙流的含沙量随高度增加而减少，绝大部分颗粒在距地面 30cm 以下运动，特别集中在 10cm 以下运动。因此风蚀作用随离地面高度的增加而减弱，这些作用在干旱地区最为活跃，由于长城大都是裸露的，几乎整个长城都受到吹蚀。风在吹蚀时具有选择性，最小的颗粒，像黏土和粉砂之类最容易被扬起并上升到高空；沙粒仅仅为中等强度以上的风所移动，并贴近地面迁移；砾面碎屑在平坦地面上受强风作用而发生滚动，但它们不会移动很远。

（三）水的冻融作用

冻融作用是水在温度变化的条件下固态—液态相转化时产生的侵蚀破坏作用，是长城青砖病变的主要因素之一。砖质材料存在着不同类型的裂隙，由于雨水、毛细水的渗入，使砖体内部裂隙中存有水分。水由液态水向固态冰转化时，体积增大 1/11，产生相应的压力达 960 ~ 2000g/cm^2，直接对裂隙孔壁产生挤压作用。温差变化大的地区，气温在 0℃上下波动，冻融作用持续发生，使砖体内部孔隙不断变大、加剧，直至青砖表面崩裂成粉。冻融作用持续发生的条件是水的存在和温度的剧烈变化。八达岭地区降水、降雪集中且温差大，冻融作用对砖质文物的破坏尤为显著。

（四）温度变化引起的蜕变

温差对青砖的物理蜕变过程可产生重要影响。砖质文物的热传导率较小，温度变化时砖体的表层比内部敏感，使内外膨胀和收缩不同步，导致裂隙的产生。另外，组成砖体的各种物质颗粒的膨胀系数也不同，甚至同种物质的膨胀系数也随结晶方向而变。由于差异性胀缩，使得砖体内部经常处于应力调整状态，不断扩大原有裂隙并产生新的裂隙。温差变化侵蚀破坏的强度主要取决于温度变化的速度和幅度。八达岭长城处于半湿润地区，气候类型为温带季风气候，温差变化很大，在 -25℃ ~ 38℃之间。如此大的温差导致砖质文物表层容易发生剧烈蜕变。

五、保护建议

（一）青砖清洗

青砖清洗方法的选择需考虑多种不同的因素，包括砖材类型与状况，以及污染类型与程度。青砖有 3 种基本的清洗方法：水清洗、敷贴清洗、研磨清洗，以及其他近年出现的清洗方法，如干冰清洗技术、超声波清洗技术和具有代表性的激光清洗技术等。[7]

1. 水清洗

这种方法是清洗历史性砖砌体最简单的方式，是用水从表面软化尘垢和洗涤污垢。主要包括较为安全的水刷洗、雾化水喷淋、蒸汽清洗等。

最柔和的清洗方法是使用软质密实的毛刷刷洗，但即使这样也有可能划伤砖块的表面。不应使用铁丝刷，铁丝会折断、生锈，污染砖体表面。雾化水喷淋是运用洁净水喷射细小雾状飞沫，在污染砖体表面形成一层薄雾，为实现成功的修复，不对砖体造成损害，最小限度的水量是关键。蒸汽清洗对砖体的清洗应用越来越广泛，它对于去除藻类、沥青和现代涂料与涂层是有效的，150℃的温度下，能够杀死微生物及孢子，融掉涂料及沥青层。

2. 敷贴清洗

对于某些特定类型的严重污染或污迹，敷贴试剂清洗是有效的，特别是如油脂类或涂料等复杂构成的污迹。溶剂以厚度 15mm-20mm 的敷贴试剂形式均匀抹于砖体表面，敷贴试剂主体材料一般是高分子材料或纤维材料，通常覆盖薄膜防止其过快干透。敷剂清洗能够利用浓度很低的清洗试剂而不需要浸透或磨损表面。

3. 研磨清洗

包括物理研磨砖体表面以去除污染、变色或涂层的一切技术。最常见的是干性与湿性喷砂法。干性喷砂法也被称为粒子喷射法，是以高压喷枪配合各式喷嘴，采用砂、石英砂或钢珠等不同粒径的磨料，经现场试验决定最佳的喷距、角度、喷嘴、磨料类型与粒径。砂因其易得性，是最普遍的磨料，也可用矿渣或火山灰、杏仁壳、稻谷壳、合成颗粒、玻璃珠等颗粒代替。压力下水也是研磨物，水与砂的结合可被归于研磨清洗，湿性喷砂法有两种技术方法：第一种技术是为常规喷嘴添加水束，减少灰尘；第二种技术是少量沙砾被加入压力水流中，靠加入沙砾数量与射流的水压控制。

研磨法能迅速有效地去除污垢、污染或劣化覆层，但其可能给构件材质带来实体与美学损害。研磨在磨损污物或涂料的同时，也可能磨损砖体表面形成永久损害。喷砂会冲击、磨损灰缝，造成新裂纹或扩大已存裂缝，使水进入，还会损毁装饰性细部。这不仅导致历史工艺细节的丧失，而且需要重嵌灰缝，研磨清洗导致砖体的磨损和粗糙会使表面积增大而聚集更多污染物使得砖体在将来需要更频繁的清洗。

4. 激光清洗

主要利用激光束来清除材料表面的附着物，具有安全可靠、适用面广、易于控制的优点。激光清洗方法有 4 种：激光干洗法、激光加液膜方法、激光加惰性气体方法、激光加化学方法。

（二）砖墙修复

对古代长城墙砖的修复过程中，必须先分析砖墙的病害类型，针对不同种类及砌筑方式的砖墙，根据现状采用不同的原材料及施工工艺，遵循古迹修缮原则进行施工。根据砖的损伤程度，将砖分为六种待修复类型：严重缺失残损、局部缺失残损、开裂、泛碱、表面磨损、表皮脱落。

若砖的缺失、残损比例超过每块砖面积的 50%，为严重缺失残损，宜剔挖后采取同材质的砖进行修补；砖残损比例不超过每块砖面积的 50%，此时可根据实际情况用砖修缮材料进行修补。开裂可分为表面裂缝、砖体断裂两种情况，表面开裂砖用注射器注射修补剂进行修补，砖体断裂剔挖后采用同材质砖修补。泛碱砖表面出现层状脱落，破损层出现白色碱层，修复时先对砖表面进行除碱操作，再修补。表面磨损分整体磨损和局部磨损两种，若磨损程度不大，则不需要修缮，磨损程度过大时，按局部破损修缮。表皮脱落是由于之前所进行的砖表面修补层强度不够或与砖体结合力不足造成空鼓，在外力作用下，表皮脱落，根据实际脱落情况，选择合适的修复材料及工艺修复。

在修复砖墙的过程中，要遵循不改变原貌的原则，新旧砖材及修补材料颜色、规格要保持基本一致，材料强度、抗蚀能力不能差别过大。在选择施工工艺时，要遵守最小干预原则，尽可能保留原物，严禁对劣化的砖墙面造成二次破坏。

（三）风化砖墙的排盐和加固

风化砖墙的排盐主要采用排盐纸浆敷贴的方法来吸除砖墙中的盐分。排盐纸浆是一种天然木纤维浆状材料，该材料具有高比表面积、高孔隙率的特点。主要排盐原理是当其包裹含盐基材时，排盐纸浆中的水进入基层，活化砖墙中的盐分，被活化的盐离子随水分蒸发而向表层迁移，会在纸浆层中结晶。剔除掉纸浆层后，盐分也被排除掉。该方法环保安全，施工较为方便，在含盐量较高的砖墙区域使用会得到较好的效果。

风化墙体的加固包括结构性加固和表面强度加固，其中结构性加固是为了增强砖墙整体结构安全性而进行的保护措施，对墙体的干预相对较大。近年来我国近代砖石外墙加固常用的是灌浆法及金属件补强法。以往多将环氧树脂以压力灌浆方式来修补裂缝及加固，随着相关研究的进展，运用水硬性石灰灌浆加固的方法开始逐步运用于砖墙文物的加固实践中。灌浆加固属于化学加固，可逆性较差，需谨慎使用。裂缝宽度较大且数量较少，或者属于墙体温度裂缝时，除采用灌浆修补外，还可采取局部补强的措施，裂缝处用局部钢筋锚固或骑缝粘贴纤维增强材料等。表面强度加固主要是通过在砖表面使用化学加固材料来增加强度的方式进行保护，目前使用较多的是有机硅材料。有机硅材料具有良好的耐高低温性、电绝缘性、化学稳定性及耐老化性能，憎水防潮的同时对空气和水蒸气的透过性影响较小，一般老化期在10年以上，老化后分解为粉状石英体自然脱落，具有一定可逆性。[7]但由于加固材料可能导致墙体内水分无法排除而产生严重问题，对其更换与维护也比较困难，因此使用须慎重。

第七章　长城本体及周边环境监测方法

本章主要通过对八达岭长城的北 7 烽火台的监测工作，介绍了位移传感器、裂缝传感器、应力传感器、倾角传感器对沉降、位移、城砖缝隙变化、承重应力变化、倾斜角度等对长城城墙本体监测的方法。介绍了振动传感器、超声波气象传感器等对长城周边的振动、风速、风向，大气压力、温度、湿度等环境信息进行监测。同时介绍了将上述数据及人流情况整合开发的八达岭长城智能监测系统在实际中的应用情况。

一、项目概述

本项目是在八达岭长城管委会支持下，利用光纤传感、超声波传感、视频智能分析等技术手段对八达岭长城北七楼与北八楼间的烽火台及下方危岩体结构安全隐患部位、现场环境参数、限定区域内人员非法入侵等不规范行为进行实时智能监测。

主要目的是通过引入先进监测技术手段，实现对长城进行无损伤、非介入式的结构健康监测，分析其安全状态趋势，预测其形变的演变，对结构坍塌或山体危岩脱落等事故进行安全预警，并探究光纤传感、超声波传感等技术测量手段应用于长城结构健康监测中的有效性和可行性。

技术设计、施工组织、采集作业、结果处理等全过程，都严格遵守有关国家标准和规范的要求，主要包括：

《工程测量规范》GB 50026–2007

《近景摄影测量规范》GB/T 12979–2008

《数字测绘结果质量检查与验收》GB/T 18316–2008

《质量管理体系要求》GB/T 19001–2008

《环境管理体系要求及使用指南》GB/T 24001–2004

《职业健康全安管理体系规范》GB/T 28001-2001

《重大危险源辨识》GB18218-2000

《测绘作业人员安全规范》CH1016-2008

《纤维光学试验方法》GJB 915A-1997

《微电子器件试验方法和程序》GJB 548B-2005

《建筑物防雷设计规范》GB50057-1994

《建筑物电子信息系统防雷技术规范》GB50343-2004

《陆地用太阳能电池组件总规范》GB/T 14007-92

二、八达岭智能监测技术方案

（一）监测内容

长城智能监测项目监测对象包括烽火台、下方危岩体及下方游览区，其中对烽火台的结构安全监测主要包括：（地基）位移沉降、裂缝、应力、倾斜、振动、坍塌；对

图 7-1　长城智能监测技术方案现场图

危岩体的结构安全监测主要包括：裂缝变化、隐患部分位移、脱落；对下方长城游览区监测主要包括：人员入侵、不规范行为。

如图 7–1 所示，智能监测主要包括以下内容：

1. 对烽火台地基沉降、墙体裂缝、局部结构形变、墙体倾斜隐患部位结构安全数据进行实时监测，分析其安全趋势并及时预警。

2. 对危岩体裂缝、片岩脱落隐患部位结构安全数据进行实时监测，分析其安全趋势并及时预警。

3. 对现场气象、振动环境参数进行监测，帮助分析自然环境及现有风载荷振动、工业振动（京张高铁施工、运营振动记录分析）对长城结构安全的影响。

4. 对烽火台、危岩体、限定区域视频影像进行实时监测，对烽火台坍塌、岩体脱落事件告警，对限定区域内人员非法入侵及不规范行为进行告警。

（二）监测总体方案

八达岭长城智能监测技术结构如图 7–2 所示，八达岭长城北七楼与北八楼间的烽火台及下方危岩体结构安全状况，包括：烽火台及岩体结构安全，通过光纤传送到解调仪转化为长城结构安全数据；超声波气象传感器采集周围环境气象数据；摄像球机根据控制指令拍摄所监测长城段影像信息；结构安全数据、环境气象数据、影像信息通过 4G 模块发送到云服务器；检测处理终端对云服务器监测数据进行筛选、处理、分

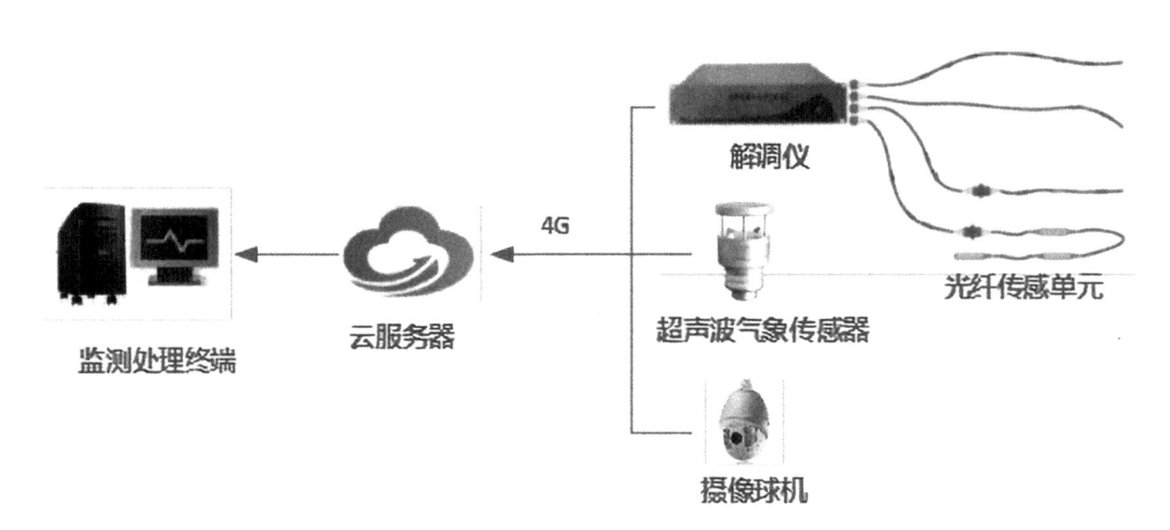

图 7–2　长城智能监测技术结构图

析，实现对长城结构风险识别、日常安全监测评估及建筑结构坍塌或山体危岩脱落事件预警。

如图 7–3 所示，长城智能监测的具体内容包括：

1. 烽火台建筑位移沉降、城砖缝隙变化形变、应力变化、墙体倾斜情况、振动、坍塌。

2. 危岩体缝隙变化、隐患部位位移、岩体脱落。

3. 危险区域人员徘徊、破坏城墙等不规范行为。

4. 风速、风向、大气压力、温度、湿度等环境参数。

通过对监测数据筛选、分析、存储及视频影像信息校对，实现对长城结构安全状态评估，并对烽火台坍塌、山体危岩脱落、危险等限定区域人员的各种不规范行为

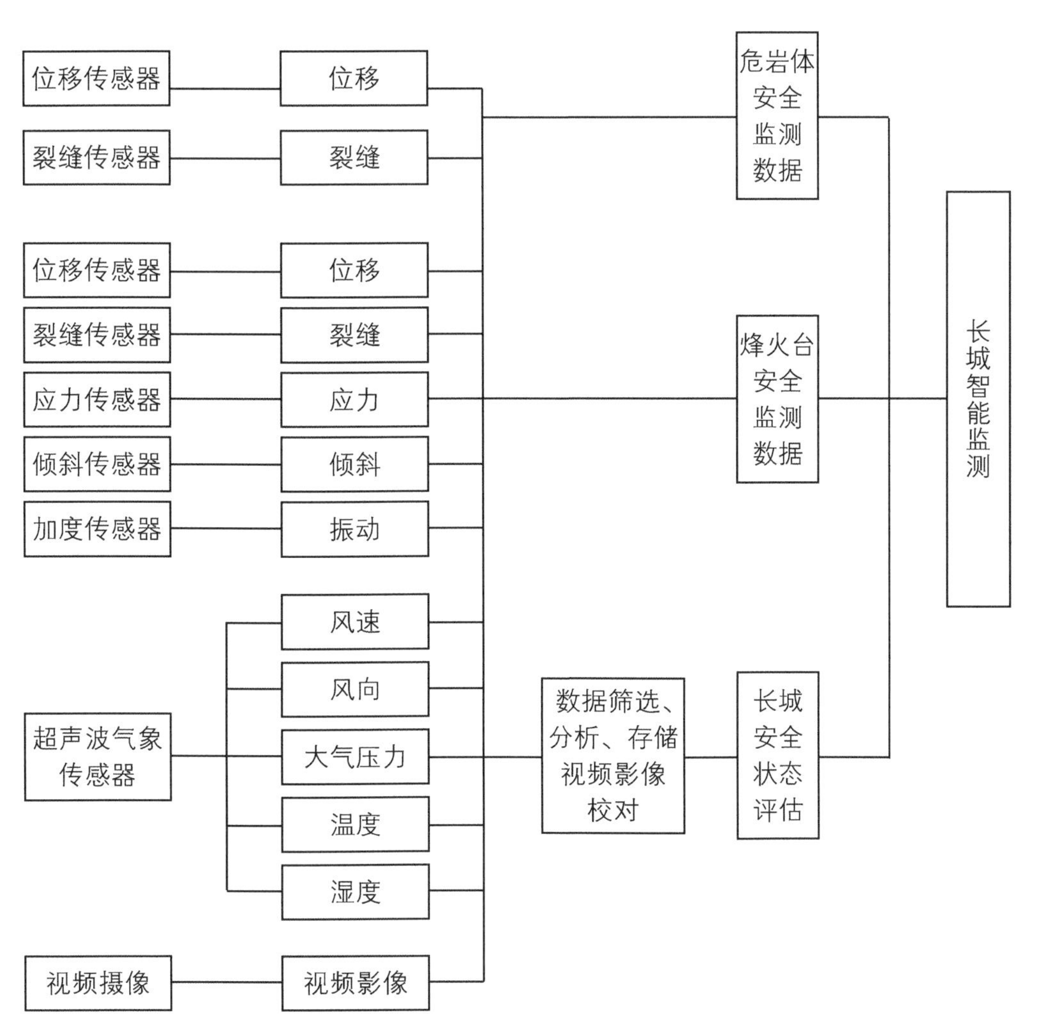

图 7–3　长城智能监测技术路线图

报警。

监测过程要求定时监控、高灵敏度、远程监控、视频影像校对、长期稳定性好、高度智能化，实现无人值守。

如图 7–4 所示，烽火台结构安全监测技术方案中：位移传感器布设于烽火台地基处，通过测量地基相对于校准基座的位移情况，对沉降、位移进行监测；裂缝传感器布设于长城城砖缝隙两侧，通过测量结构工装的位移值对城砖缝隙变化进行监测；应力传感器布设于结构表面，通过测量长城承重应力变化对结构形变进行监测；倾角传感器布设于墙体表面，通过测量长城墙体倾斜角度对墙体倾斜进行监测；振动传感器紧贴危险部位布设，对烽火台振动数据进行监测，协助分析现有风载荷振动、工业振动（京张高铁施工、运营振动记录分析）对长城结构安全的影响；超声波气象传感器固定于烽火台立杆上，对烽火台上风速、风向，大气压力、温度、湿度等环境信息进行监测。

如图 7–5 所示，在危岩体结构安全监测技术方案中：裂缝传感器布设于岩体隐患

图 7–4　烽火台传感单元布设示意

部位缝隙两侧，通过测量结构工装的位移值对危岩体缝隙变化进行监测；位移传感器布设于岩体脱落隐患处，通过测量隐患片岩的位移，对危岩体脱落隐患风险进行监测、预警。

如图 7-6 所示，在危岩体结构安全监测技术方案中：摄像球机安装在正对待监测烽火台、危岩体的现有支架直杆上，对待监测长城段影像信息进行监测、识别比较、

图 7-5　危岩体传感单元布设示意

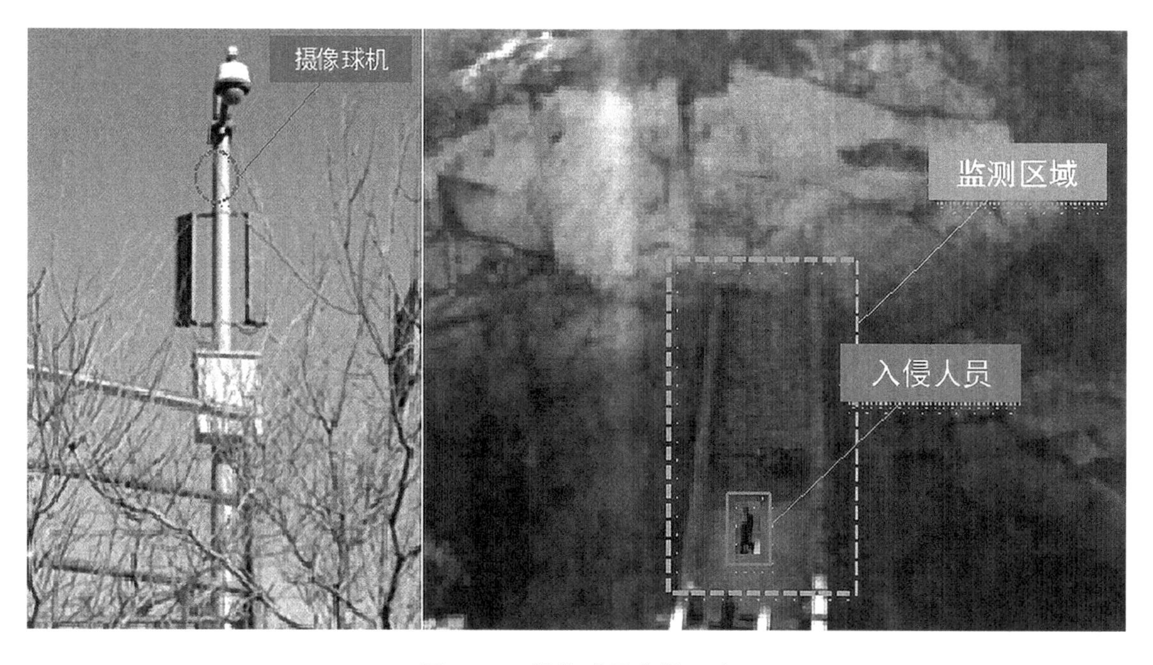

图 7-6　摄像球机布设示意

存储。视频监测实时监测限定区域人员非法入侵行为、烽火台坍塌和岩体脱落等危害事件，并可调动摄像球机观察并放大细节。

（三）光纤传感技术方案

光纤光栅传感的技术原理是利用光纤材料的光敏特性在光纤的纤芯上建立一种空间周期性折射率分布，从而改变或控制光在该区域的传播行为方式。如图 7-7 所示，当光入射到光纤光栅后，在满足布拉格条件下，入射光将发生反射；在温度或应变的作用下，光纤光栅的纤芯有效折射率和周期发生变化，从而使反射光谱的中心波长发生移动。利用光纤光栅的中心波长和温度 / 应变的关系，采用适当的封装方式，可将光纤光栅用于温度、应变、位移、压力等多种参量的测量。

光纤光栅测量系统由光纤光栅传感单元和光纤光栅传感器解调仪组成。如图 7-8 所示，光纤光栅应变传感单元由光纤光栅、封装结构 / 材料组成，将待测物理量转化成光纤光栅的中心波长。光纤光栅传感器解调仪由光源、光学信号处理、光电信号检测、信号解调和电气接口组成，探测光纤光栅应变传感器输出的光信号并解调出应变

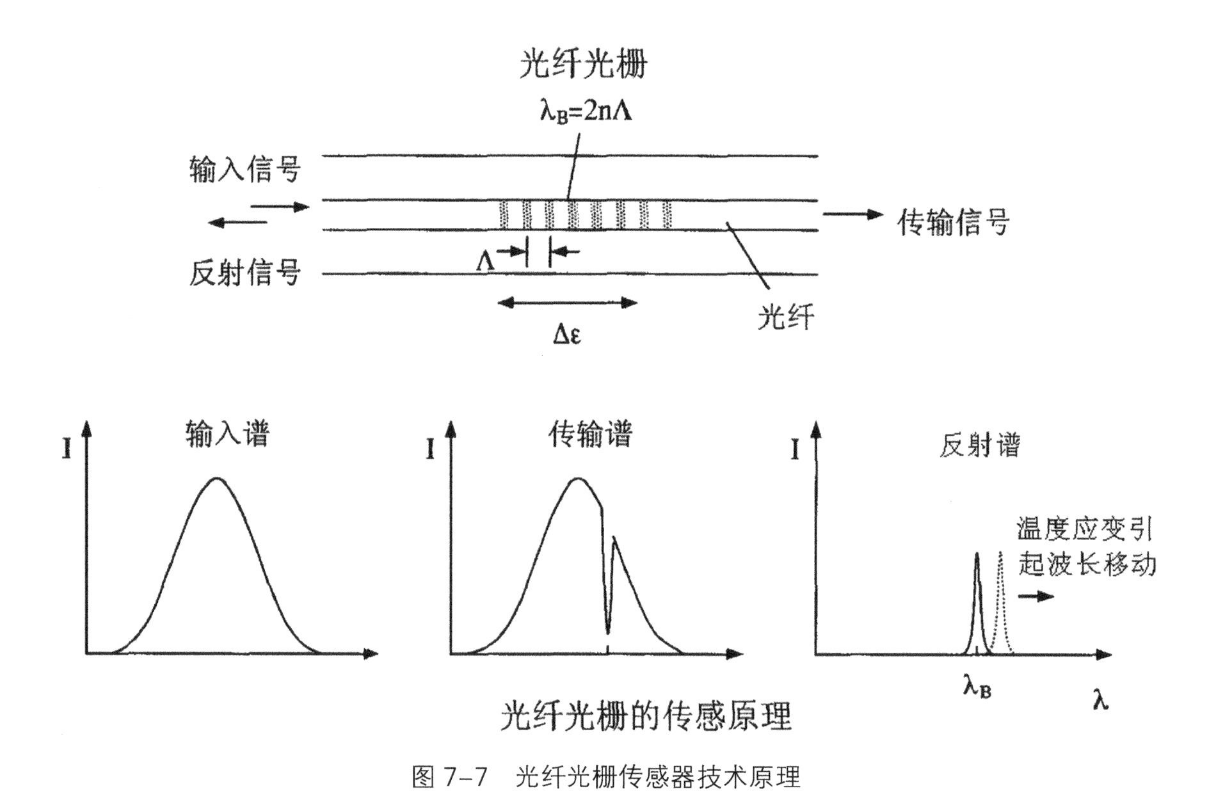

图 7-7　光纤光栅传感器技术原理

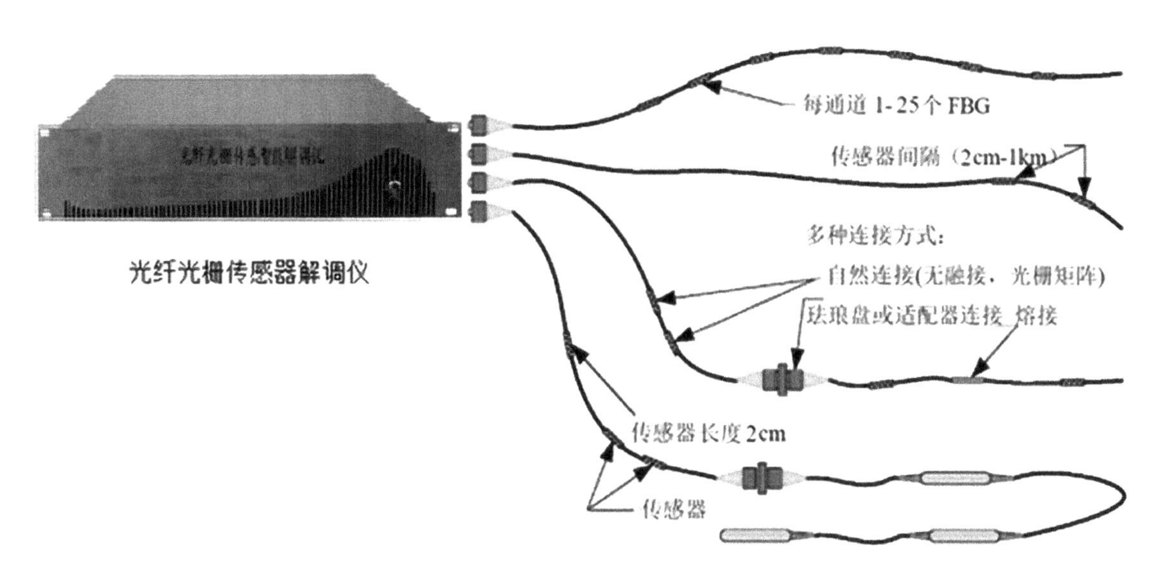

图 7–8 光纤光栅传感器组成

信号。

光纤光栅传感器支持多通道实时监测，本方案中烽火台、危岩体结构安全监测分别占用一条独立通道。

光纤光栅传感器能长期提供被监控部位结构健康数据，包括位移沉降、城砖缝隙形变、应力变化，长城墙体倾斜、振动等病害进行实时监测，其中：

1. 应力传感器布设于结构表面，通过测量长城承重应力变化对结构形变进行监测。

2. 倾角传感器布设于墙体表面，通过测量长城墙体倾斜角度对墙体倾斜进行监测。

3. 裂缝传感器布设于长城城砖缝隙两侧，通过测量结构工装的位移值对城砖缝隙变化进行监测。

4. 位移传感器布设于地基处，通过测量长城相对于校准基座的位移，对沉降、位移进行监测。

5. 振动传感器紧贴危险部分布设，对烽火台振动数据进行监测，协助分析现有风载荷振动、工业振动（京张高铁施工、运营振动记录分析）对长城结构安全的影响。

（四）超声波传感技术方案

超声波气象传感器是一款全数字化检测的高精度传感器，由超声波风速风向传感器、气压传感器、温湿度传感器集成，可准确、快速监测风速、风向、大气压力、温

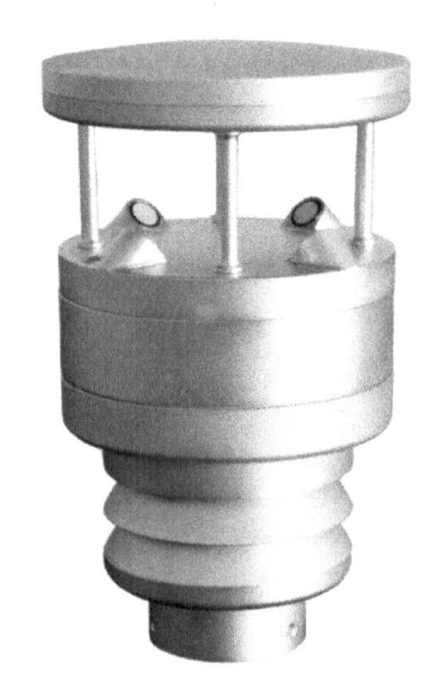

图 7-9　超声波气象传感器

度、湿度等信息。

超声气象传感器是专门针对环境检测而设计的可移动式综合观测传感器，其内置信号处理单元能根据用户需求输出相应信号，结构轻巧紧凑，没有移动部件，高强度结构设计可在恶劣气候环境中准确检测，使用 4 个超声波探头测量风速和风向，仪器更加耐用，数据更加可靠。内置的温度、湿度和气压传感器能预报天气变化，可满足对实时现场天气信息监测的需要，可对周围环境的风速、风向、温度、湿度、大气压力等气象要素进行全方位监测，具有低维护、开放式通信协议等特点，广泛用于气象、海洋、环境、机场、港口、实验室、工农业及交通等领域。

（五）视频分析技术方案

采用虚拟现实技术，通过点击全景画面中感兴趣的点或区域，驱动高速球快速对准监视目标，实现点面兼顾的完美效果，确保凝视监控系统精确且高效，监视效率成倍提升。

视频监测采用海康威视 DS-2DC4223IW-D 摄像球机，支持最大 1920× 1080@30fps 高清画面输出；支持星光级超低照度，0.005Lux/F1.6（彩色），0.001Lux/F1.6（黑白），0 Lux with IR；支持 960p@60fps、720p@60fps 高帧率输出；支持三码流技术，每路码流可独立配置分辨率及帧率；支持 23 倍光学变倍，16 倍数字变倍；支持宽动态范围达

图 7–10　虚拟现实技术效果

120dB，适合逆光环境监控；支持 3D 数字降噪、强光抑制、电子防抖；支持区域曝光与区域聚焦功能；具有红外功能采用高效红外阵列，低功耗，照射距离最远可达 150m；支持 Smart IR。

系统功能支持 360° 水平旋转，垂直方向 -15° ~ 90°（自动翻转）。支持抓图功能；支持海康 SDK、ONVIF、ISAPI、GB/T28181 接入；防雷、防浪涌、防突波，IP66 防护等级。

三、现场实施效果

在八达岭文管处协助下，本监测项目从 2019 年 6 月 13 日至 7 月 14 日完成现场传感器等设备安装及调试。

为不影响长城景区整体视觉效果，监测设备安装前，各传感单元、室外保护箱根据现场环境喷涂与背景环境一致的金属漆，并为长城结构安全监测专业开发八达岭背景色多参数综合传感光缆。安装施工过程中要严格控制对长城本体的影响，对传感器安装点采用专用仿石材修复剂进行保护，并采用捆绑、覆盖仿真绿植等方式进行环境美化。

（一）超声波气象传感器、气象设备箱、光纤设备箱安装效果

超声波气象传感器、气象设备箱、光纤设备箱安装于北七楼立杆处，从现场取200V交流供电，超声波气象传感器对烽火台上风速、风向、大气压力、温度、湿度等环境信息进行监测。

（二）摄像球机安装效果

摄像球机与视频设备箱安装于索道出口处正对北七楼断崖处的一个监控立杆之上，对待监测长城段影像信息进行监测、识别比较、存储。

（三）光纤传感器安装效果

光纤传感解调仪安装于北七楼光纤设备箱内，通过传感光缆连接安装于烽火台及

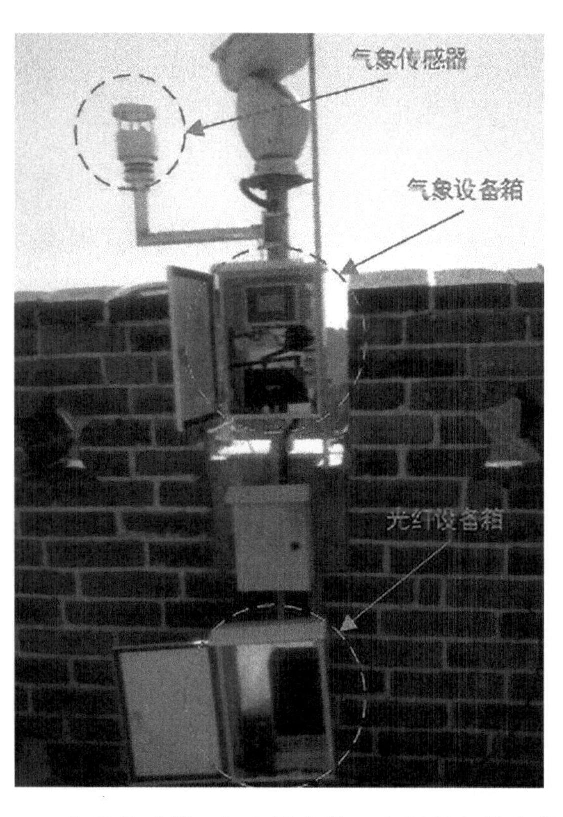

图 7-11　气象传感器、气象设备箱、光纤设备箱安装效果

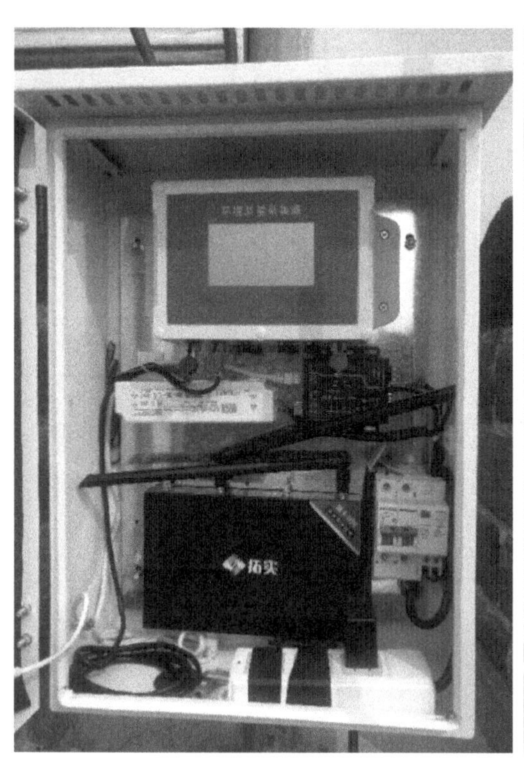
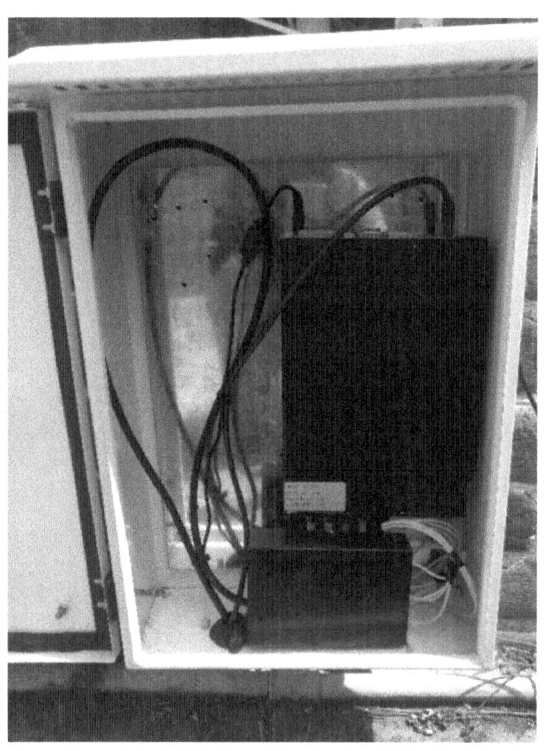

图 7-12　气象设备箱、光纤设备箱内部

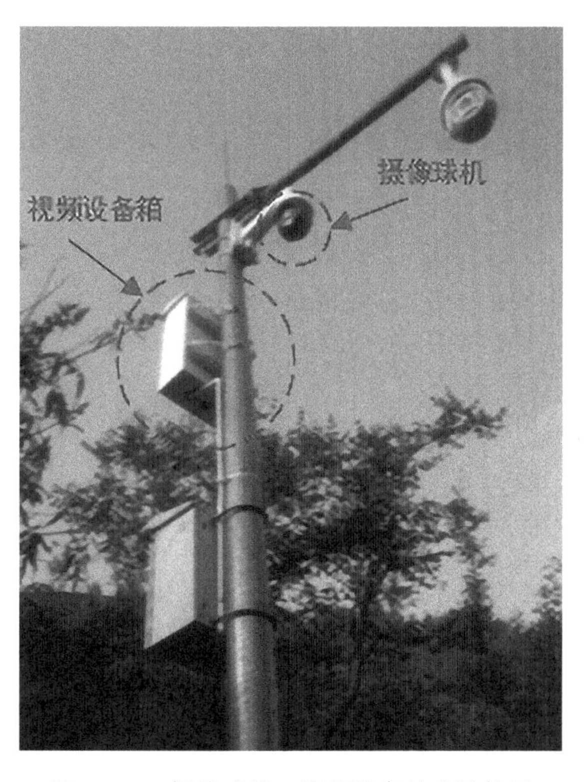

图 7-13　摄像球机、视频设备箱安装效果

北七楼断崖上的各类光纤传感器。

1. 烽火台光纤传感器布设

烽火台结构安全监测：位移传感器布设于烽火台地基处，通过测量地基相对于校准基座的位移情况，对沉降、位移进行监测；裂缝传感器布设于长城城砖缝隙两侧，通过测量结构工装的位移值对城砖缝隙变化进行监测；应力传感器布设于结构表面，通过测量长城承重应力变化对结构形变进行监测；倾角传感器布设于墙体表面，通过测量长城墙体倾斜角度对墙体倾斜进行监测；振动传感器紧贴城墙布设，对烽火台振动数据进行监测，协助分析现有风载荷振动、工业振动对长城结构安全的影响。

根据项目方案烽火台布设倾角传感器、裂缝传感器、应变传感器、振动传感器、沉降传感器，所有传感器与接线盒均采用粘接的方式与烽火台墙砖紧固，传感器布设整体效果如下图所示。

2. 北七楼断崖光纤传感器布设

在光纤传感危岩体结构安全监测技术方案中：裂缝传感器布设于岩体隐患部位缝隙两侧，通过测量结构工装的位移值对危岩体缝隙变化进行监测；位移传感器布设于

图 7-14　烽火台光纤传感器布设整体效果示意

图 7-15 倾角传感器布设效果示意

图 7-16 裂缝传感器布设效果示意

图 7–17　应变传感器布设效果示意

图 7–18　振动传感器布设效果示意

图 7-19　沉降传感器布设效果示意

岩体脱落隐患处，通过测量隐患片岩的位移情况，对危岩体脱落隐患风险进行监测、预警。

根据项目方案，北七楼断崖危岩体布设两只位移传感器、两只裂缝传感器，布设整体效果如下图所示。

图 7-20　北七楼断崖危岩体光纤传感器布设整体效果示意

图 7-21　位移传感器 1 布设效果示意

图 7-22　裂缝传感器 1 布设效果示意

图 7-23　裂缝传感器 2 布设效果示意

图 7-24　位移传感器 2 布设效果示意

3. 系统调试

系统传感设备现场安装调试完毕后运行正常，已能通过现场 4G 模块向云服务器远程发送数据，上传温湿度、风向、风速、视频、光纤传感结构健康数据，如下图所示。

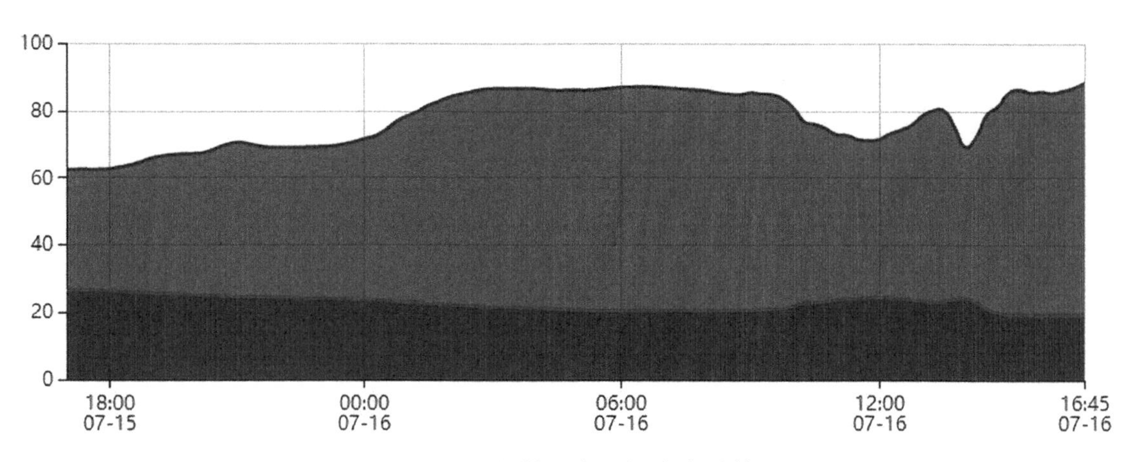

图 7-25　北七楼温度、湿度实时数据

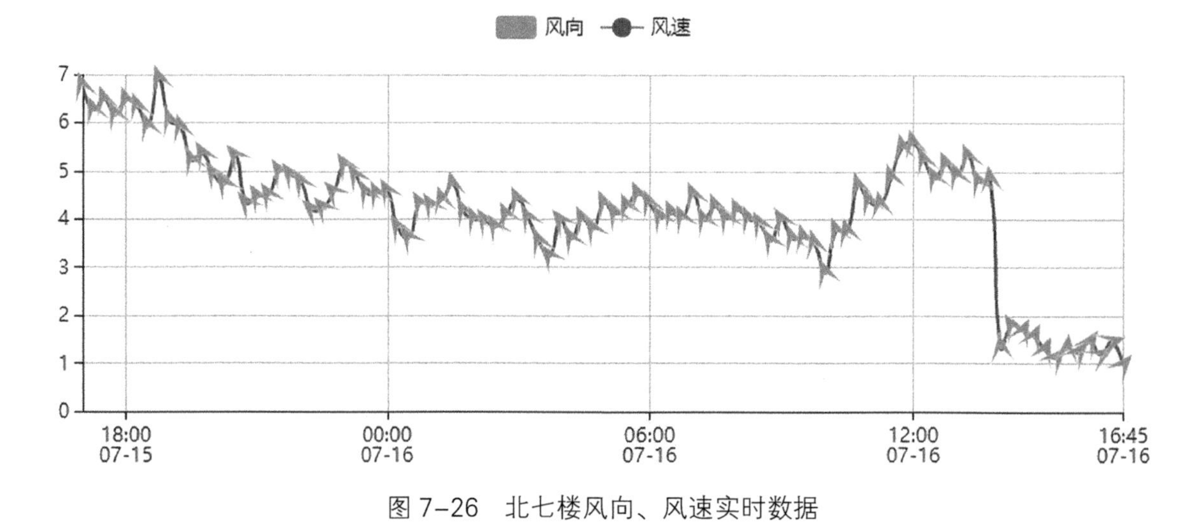

图 7-26　北七楼风向、风速实时数据

图 7-27　北七楼断崖视频数据

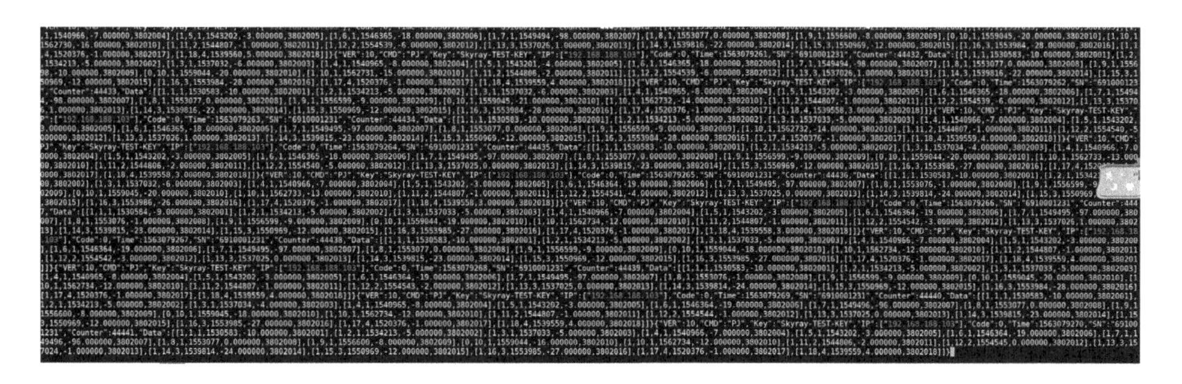

图 7-28　光纤传感结构健康数据

四、监测数据分析

现场监测系统安装调试完成后，对烽火台及下方危岩体结构健康数据进行在线监测，并将实时数据上传至云服务器。

对 2019 年 9 月 3 日至 2020 年 1 月 7 日共计 127 天的结构健康数据进行统计分析，分析结果如下。

（一）烽火台结构监测数据分析

烽火台传感器长期监测数据是对每日的监测数据取平均值，横坐标单位为天，通过长期数据分析可判断该监测点结构健康发展趋势。

1. 烽火台倾角传感器

倾角传感器布置于烽火台外墙之上，监测数据如上图所示，烽火台外墙倾角在开始监测 45 天左右，增大了约 1°，并且在随后的将近 2 个月监测期内，虽然倾角增大速度变缓，但相对于测试起始点基准值已扩大 2.5° 左右，烽火台外墙的外倾有明显不断扩大趋势，建议采取加固措施。

2. 烽火台裂缝传感器

裂缝传感器布置于烽火台外墙与边墙之间，监测数据如上图所示，烽火台外墙与边墙间裂缝有明显扩大趋势，4 个月的监测期内，裂缝相对于测试起始基准值已扩大 6mm 左右，其监测数据变化趋势与外墙倾角传感器可相互对应。因此，烽火台外墙的外倾有明显不断扩大趋势，建议采取加固措施。

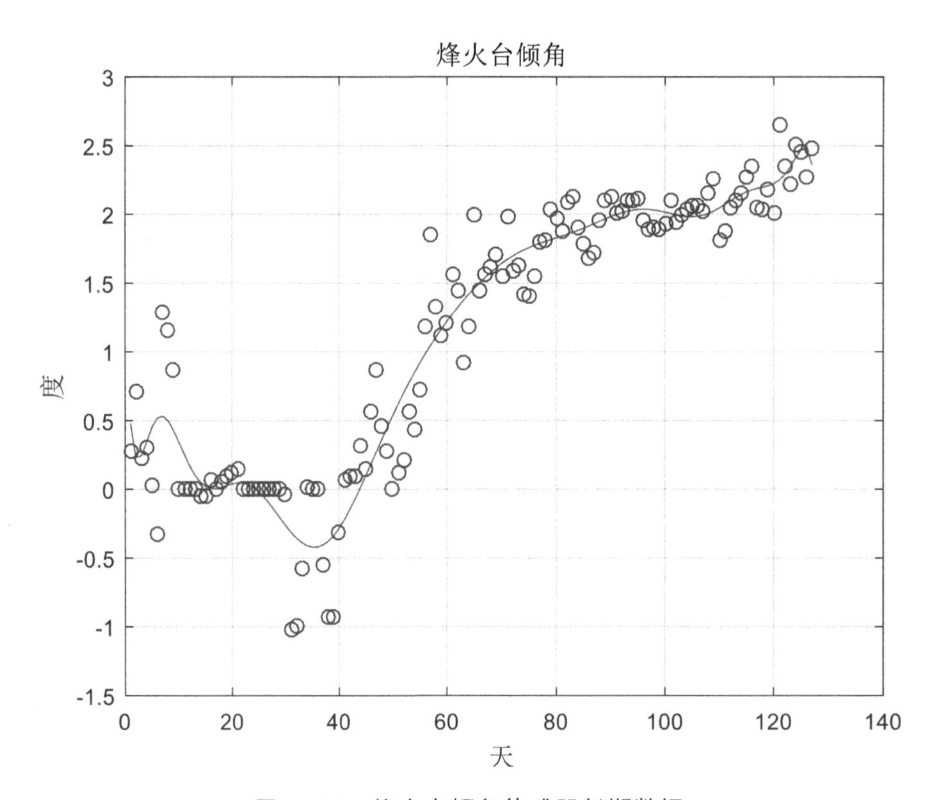

图 7-29　烽火台倾角传感器长期数据

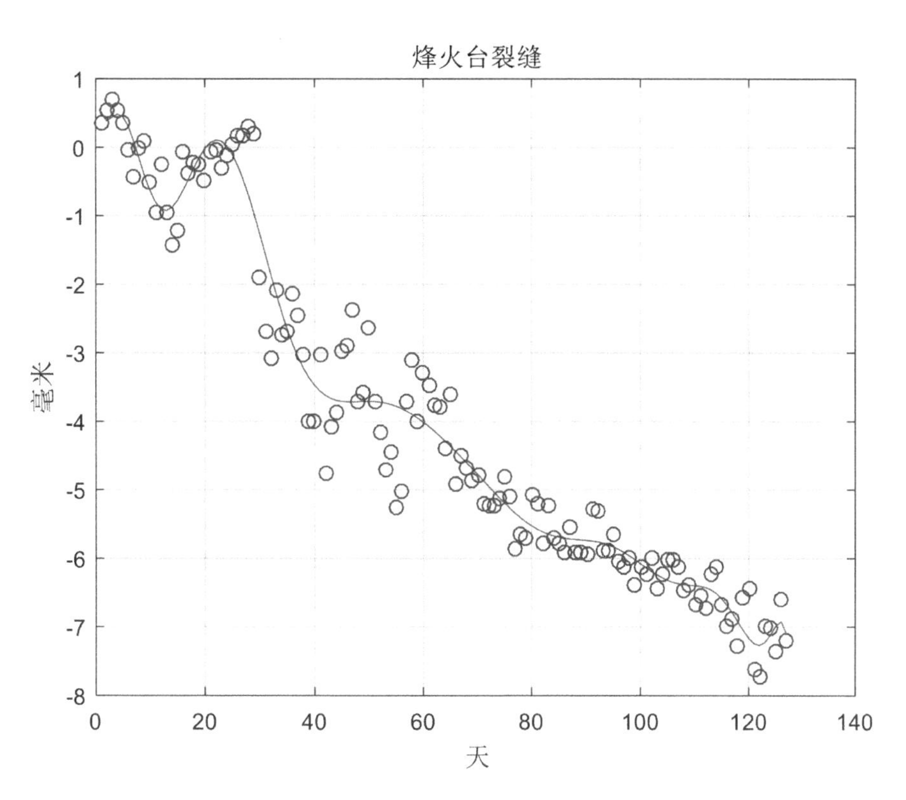

图 7-30　烽火台裂缝传感器长期监测数据

3. 烽火台沉降传感器

如上图所示，烽火台外地基沉降监测值在 12 月中旬开始有 0.025mm 的增大，整体发展趋势较为稳定，仍需密切关注监测数据变化。

4. 振动传感器

如上图所示，烽火台外界振动情况整体稳定，振动监测数据从 12 月初开始波动范围有所增大。

5. 烽火台应变传感器

如上图所示，烽火台应变监测点监测数据从 11 月份开始应变监测值略有增大，围绕 -30με 波动，波动范围在 60με，应变监测点结构整体变化趋势稳定，监测点无明显形变发生。

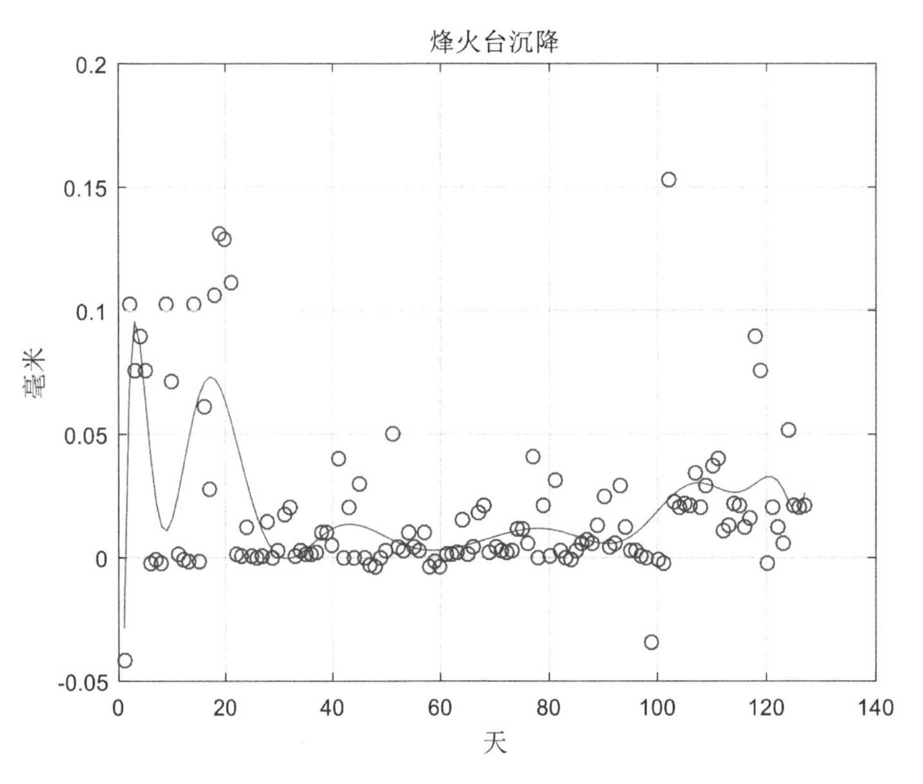

图 7-31 烽火台沉降传感器长期监测数据

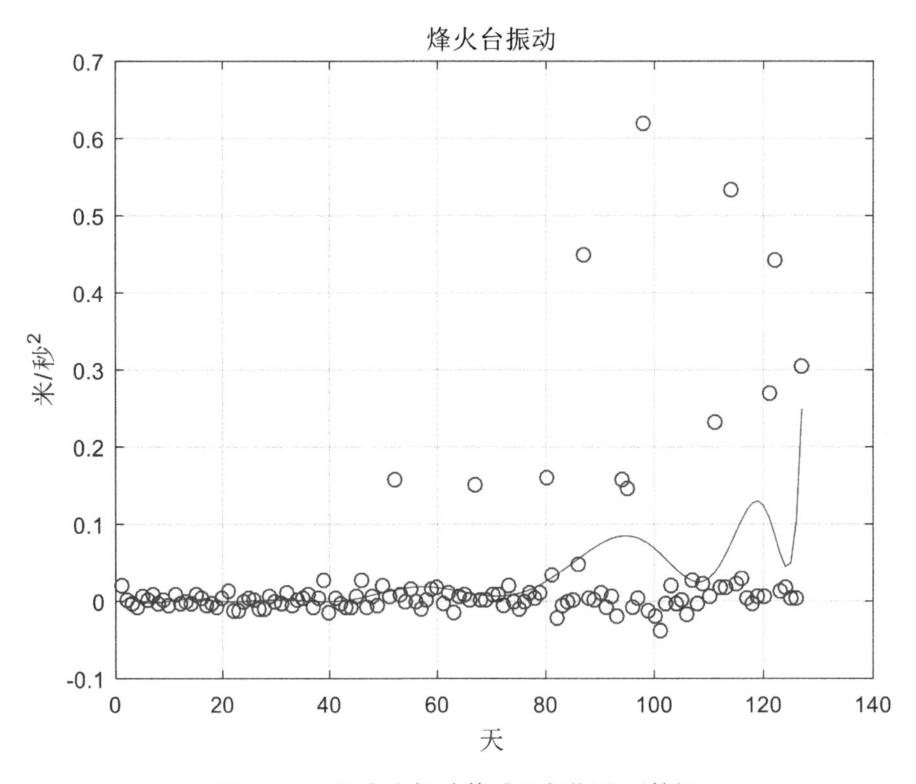

图 7-32 烽火台振动传感器长期监测数据

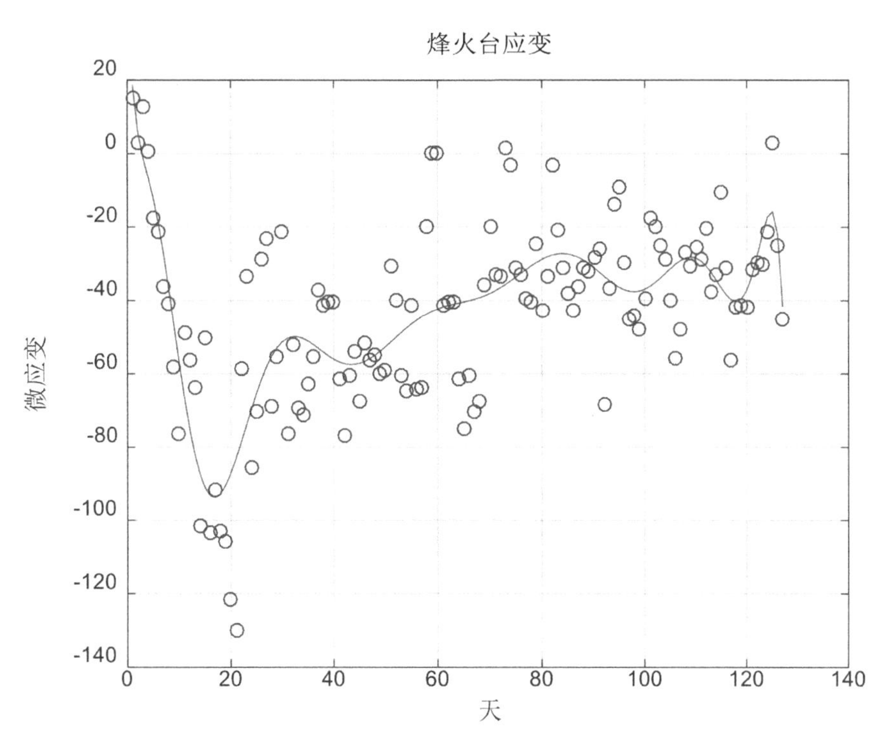

图 7-33　烽火台应变传感器长期监测数据

（二）断崖结构监测数据分析

1. 断崖位移传感器 1

如上图所示，断崖位移 1 监测点数据平均值增加了 2mm，整体波动范围已由 3mm 增加到 4mm，波动范围逐步变大证明断崖位移 1 监测点裂缝已有所松动，建议采取加固措施。

2. 断崖裂缝传感器 2

如上图所示，断崖裂缝 1 监测点数据波动范围有扩大趋势，由 0.5mm 已扩大至 2.5mm 左右，波动范围逐步变大证明断崖裂缝 1 监测点裂缝已有所松动，并且松动范围明显有不断扩大趋势，建议采取加固措施。

3. 断崖裂缝传感器 2

如上图所示，断崖裂缝 2 监测点每天数据的平均值 4 个月以来已扩大了超过 10mm，断崖裂缝 2 监测点裂缝明显有不断扩大趋势，建议采取加固措施。

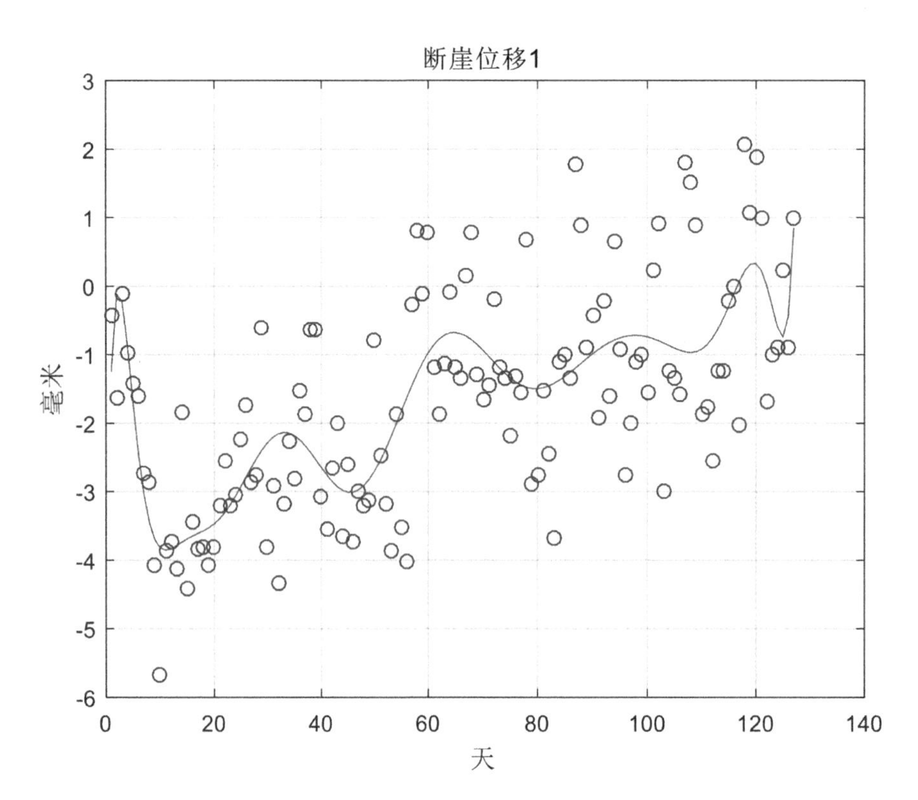

图 7-34　断崖位移传感器 1 长期监测数据

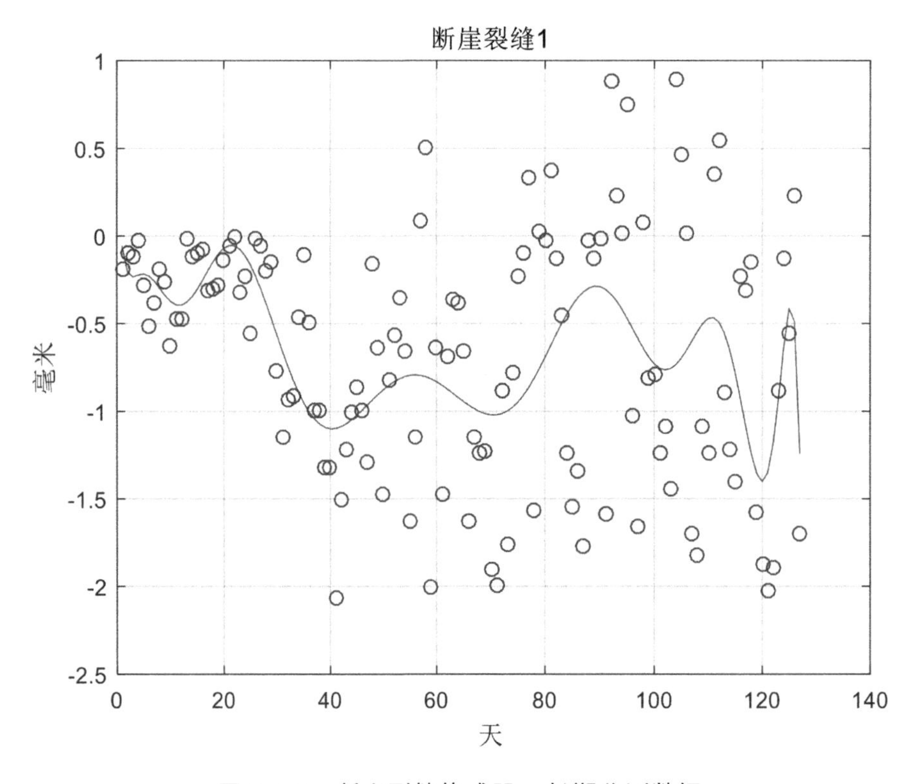

图 7-35　断崖裂缝传感器 1 长期监测数据

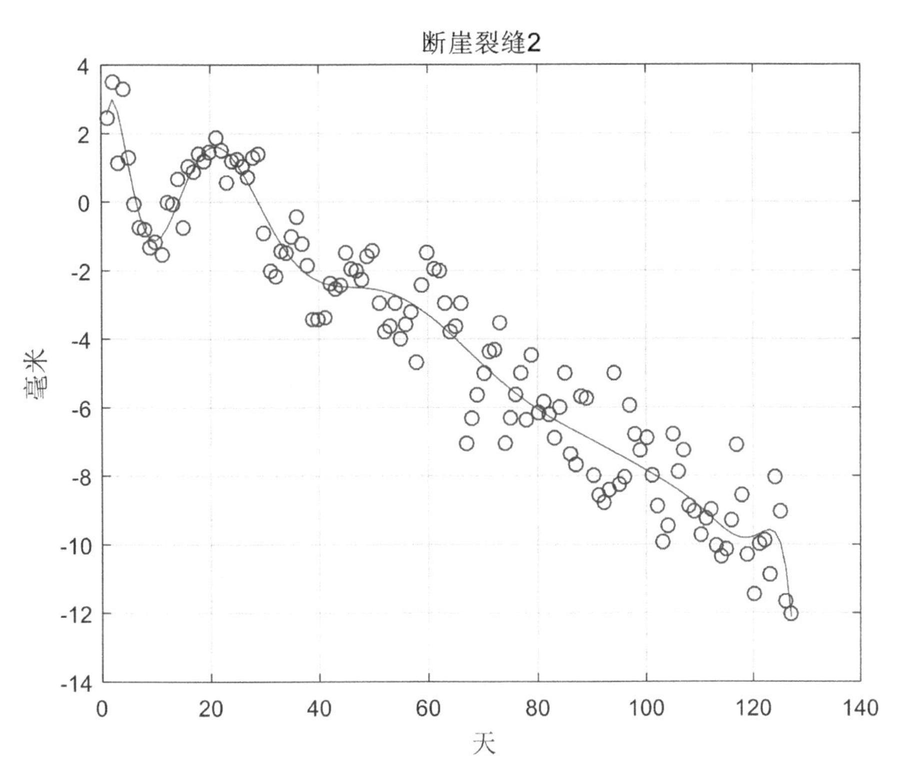

图 7-36　断崖位移传感器 2 长期监测数据

（三）视频智能分析

根据长城现场文物保护及景区管理的需求，视频智能分析可实现功能主要包括绊线检测、周界防护、重点区域防护、逆行检测、人群聚集检测、人群异常行为检测、打架 / 骚乱检测、徘徊检测、物品遗留 / 遗失检测、脱岗 / 离岗检测、跌倒检测、视频异常检测、火焰检测、烟雾检测、不文明行为检测等多种视频模式自动识别，可满足对现场人员各类非法入侵及不规范行为的智能识别，并可协助管理人员进行制止及执法取证等管理工作。

1. 绊线检测

设定警戒范围，设置一条或多条虚拟折线，设定越线方向（分单向和双向越线），人、物、车辆出现越线行为，本项目通过智能分析技术，将北七楼危岩下隔离围栏设为报警边界线，锁定目标检测报警和目标自动跟踪，对越过围栏进入落岩危险区域的行为进行声光示警，可以及时遏制入侵事件如非工作人员闯入功能区（未来特殊区域可以加入工作服例外情况）。

图 7–37　北七楼危岩下绊线检测功能演示

2. 周界防护

在设定的警戒范围内当出现入侵行为时，通过智能分析技术锁定目标，利用入侵检测报警和目标自动跟踪功能，除了能实现传统周界防范系统终端报警的功能外，还

图 7–38 周界防护功能示意

可实时查看监控画面、对入侵目标进行及时定位跟踪、对越界行为进行声光示警，对入侵事件及时遏制，从而将风险和损失降低到最小。设定警戒范围，设置一条或多条虚拟折线，设定越线方向（分单向和双向越线）人、物、车辆出现越线行为，通过智能分析技术锁定目标检测报警和目标自动跟踪对越界行为进行声光示警，及时遏制入侵事件如翻越栏杆 / 围墙。

3. 重点区域防护

对重点防护区域预先划定视频围栏的范围，对进入到视频围栏区域内的目标进行识别，对于工作人员（工作服）长时间停留（设定时间阈值），或者非工作人员（非工作服人员）进入的情况进行预警和自动跟踪。

可设定保护区域范围，在虚拟的保护区域，可设置进入或离开区域的模式，人、物、车辆出现进入或离开重点区域的行为，通过智能分析技术锁定目标检测报警和目标自动跟踪，对区域入侵行为进行声光示警，及时遏制游人进入非开放游览区域等入侵事件，未来可在重点防护区域设置工作服和时效等因素。

4. 逆行检测

对于人流密度较大的区域，为保证行人的安全和正常通行，一般对人流行进方向进行限制或引导，一旦出现逆向行走的人员会对正常的行进秩序产生影响，容易发生

图 7-39　重点区域防护功能示意

图 7–40　逆行检测功能示意

安全事故。因此，在某些单向行进区域或者主要以某个方向行进的区域，通过视频分析技术及时发现和跟踪行人逆向行进行为，及时报警并锁定目标，启动相应的应急预案以及时规避安全事故的发生。

作为周界防护的一种变相应用，对某个方向越线行为的检测，通过视频分析技术及时发现和跟踪人、物、车辆逆向行进行为，自动报警。及时采取应急方案，避免对正常行进秩序造成影响，引发安全事故。对游客高密度单向行进区域出现逆向行进的情况，人员密度大的时候，检测会有一定的偏差和误报。

5. 人群聚集检测

在一些重点或敏感区域，检测人员聚集情况，即在指定的监控区域内人流量达到设定的阈值时，系统给予报警提示并自动跟踪监视。对于敏感区域判断是否发生非法人群聚集情况；对于重点区域则可以联动如 LED 引导屏等宣传手段，引导人群向其他地方行进，以免因人群密度太大而引发的群体或安全事故。

检测在重点或敏感区域内人流量超过设定阈值的情况，自动报警并自动跟踪。对于非法聚集要及时采取措施，避免负面事件发生和传播。检测视频设定区域内人流密

图 7-41　人群聚集检测功能示意

度，达到阈值则通过限流、分流等方式引导游客，人员密度大的时候，检测会有一定的偏差和误报。

6. 人群异常行为检测

通过视频分析检测人群出现拉扯横幅或发放宣传单等情况，及时进行预警并跟踪监视。在视频设定的区域内检测出现拉扯横幅、发放宣传单等异常行为情况自动报警，提示值班人员及时干预，避免因此事件而产生不良的社会影响。

需要事先划定视频检测区域，选择重点管控区域，在人员密度大或遮挡严重的位置效果会受到影响。每个检测区域背景环境和前景环境不同，需要不断学习训练提高检测准确率，降低误报率。

7. 打架 / 骚乱检测

检测区域内出现的打架或人群骚乱的行为，及时进行预警并跟踪监视。检测重点监控区域多人运动强度特征、运动轨迹特征及速度等特征，区分人员的正常行为和打架斗殴等行为。检测重点监控区域多人运动强度特征、运动轨迹特征及速度等特征，区分人员的正常行为和打架斗殴等行为，人员密度大的时候，检测会有一定的偏差和误报。

图 7-42　人群异常检测功能示意

图 7-43　打架 / 骚乱检测功能示意

8. 徘徊检测

检测逗留在特定区域内的可疑目标，及时进行预警并跟踪监视。检测可疑人员或物体在指定特殊区域内长时间停留，特殊区域可以为任意形状、大小，如矩形或者不规则多边形，可疑目标被障碍物遮挡不大或遮挡时间较短，过往人员较少，滞留或者徘徊时间超过阈值，自动报警，及时采取措施，未来可以增加工作服、时间、停留时长等例外情况。

图 7-44　徘徊检测功能示意

9. 物品遗留 / 遗失检测

检测物品遗留、遗失状态，及时进行预警并跟踪监视。

10. 脱岗离岗检测

对在岗工作人员进行检测，发现工作人员在一段连续时间内（阈值设置），不在岗情况进行预警。检测值班人员是否脱岗、遇袭昏迷或在岗位上睡着，超过设定时间进行报警，人员岗位考核参考依据，呼叫值班人员到岗，检测区域人员走动频繁或遮挡严重的位置效果会受到影响，检测会有一定的偏差和误报。

图 7-45　物品遗留 / 遗失检测功能示意

图 7-46　脱岗离岗检测功能示意

11. 跌倒检测

在人流密度比较大的场景下，如果出现跌倒可能会引起安全事件，所以通过视频分析技术检测人员在指定区域跌倒的情况，及时进行预警并跟踪监视。在视频检测区域，检测人员跌倒超过一定时间进行预警，及时采取应急方案，避免意外发生，人员密度大或环境复杂的情况，检测会有一定的偏差和误报。

12. 视频异常检测

自动对前端摄像头进行异常检测，当摄像头出现信号丢失、遮挡、偏色、条纹干扰、异常抖动等现象时，及时进行预警。实时检测视频异常及环境突变，对视频遮挡、视频移动、信号丢失、对比度失真、图像模糊、图像过亮、图像过暗、图像偏色、条纹干扰、视频抖动等问题进行检测，发现视频异常及时预警，通知采取相应处置措施，避免影响视频检测和监控。

图 7-47　跌倒检测功能示意

视频丢失

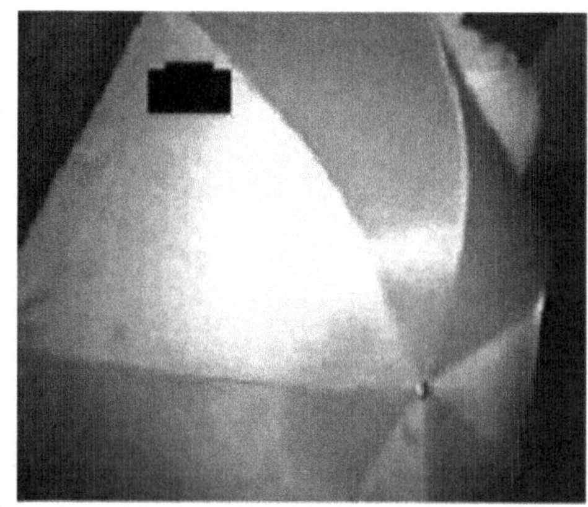

视频被遮挡

视频干扰

亮度过高

图 7-48　视频异常检测功能示意

13. 火焰、烟雾检测

对视频监控区域内火焰、烟雾及扬尘浓度超标进行检测，发现异常及时进行预警并跟踪监视，当烟雾特征和运动特性满足设定的阈值时自动报警。当火焰特征和运动特性满足设定的阈值时自动报警，报警后及时采取措施，判断事件，控制事态恶化。非专业烟火识别摄像机，且缺少场景训练，检测会有一定的偏差和误报。

14. 不文明行为检测

对乱刻乱画、毁坏物品、乱丢垃圾等不文明行为进行检测，及时进行预警并跟踪监视。需要事先划定视频检测区域和检测角度，避免人员密度大和遮挡严重的区域，发现后及时预警并采取措施，及时纠正不文明行为和进行后续处理、处置。检测视频的角度、视频质量、人员密度、遮挡情况，需要大量的场景训练，提高预警的准确率。

图 7-49　火焰、烟雾检测功能示意

图 7-50　不文明行为检测功能示意

五、软件平台

基于八达岭智能监测需求，将结构健康实时监测、现场气象信息采集、视频智能分析功能整合在统一的软件平台上进行实时展示，软件平台通过访问服务器数据，实现对八达岭长城智能监测。

如图所示，通过软件平台可观察各监测点实时数据及长期变化趋势，协助对长城

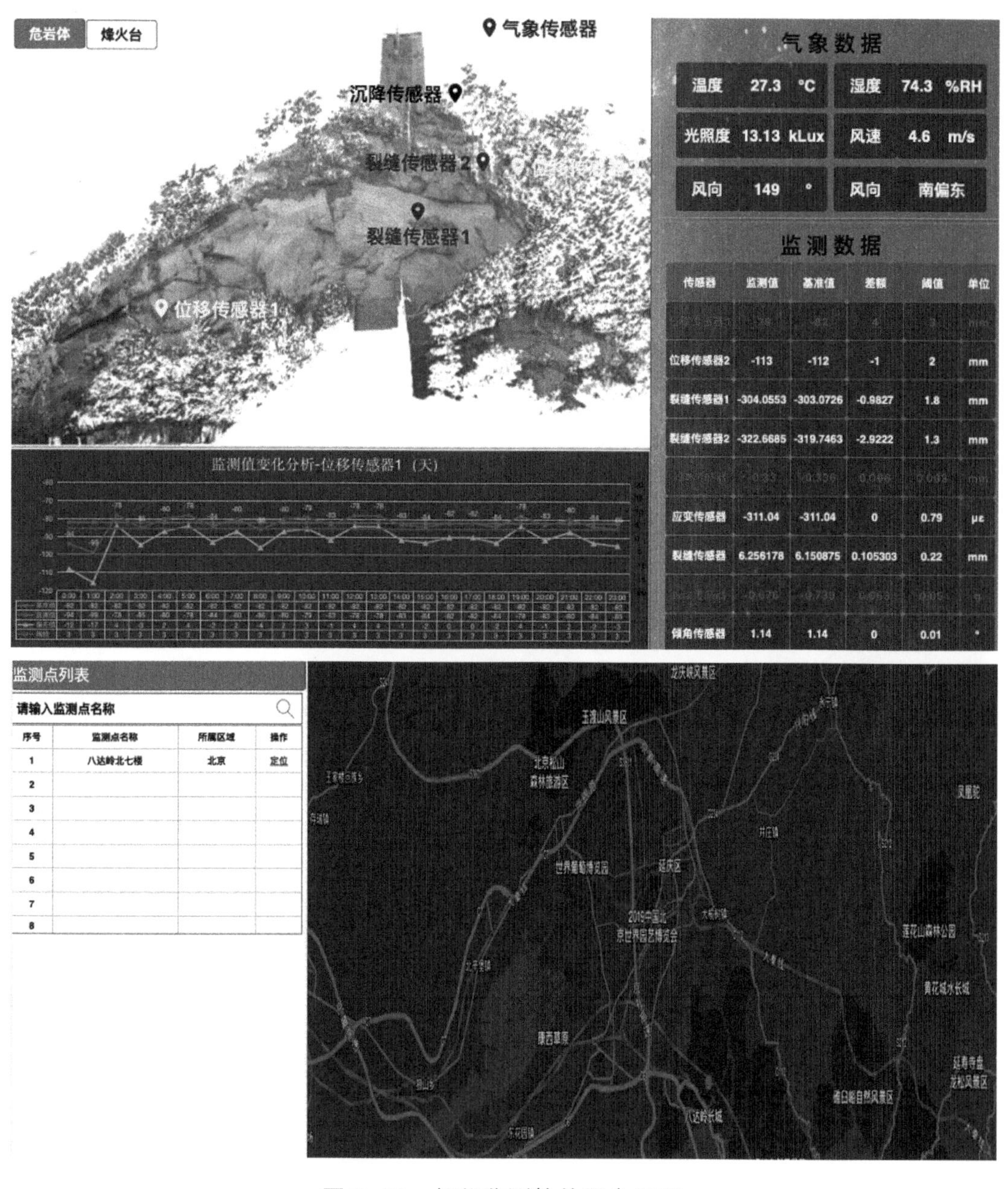

图 7-51　智能监测软件平台界面

结构的健康状况进行诊断和预警；并可通过现场视频监控，实现对现场人员各类非法入侵及不规范行为的实时监测，协助管理人员进行制止及执法取证等管理工作。

六、小结

本项目是利用光纤传感、超声波传感、视频实时采集等技术手段对八达岭长城北七楼与北八楼间的烽火台及下方危岩体结构安全隐患部位、现场气象环境参数、限定区域内人员非法入侵及不规范行为进行实时监测。

通过对监测试点连续四个月的现场结构健康采集数据进行分析得出：

1. 烽火台外墙倾角有明显扩大趋势，倾角传感器采集数据相对于测试起始点基准值已扩大 2.5° 左右，虽然倾角增大速度变缓，但仍有明显继续扩大趋势；裂缝传感器布置于烽火台外墙与边墙之间，在 4 个月的监测期内，裂缝相对于测试起始基准值已扩大 6mm 左右，烽火台外墙与边墙间裂缝有明显扩大趋势，其监测数据变化趋势与外墙倾角传感器相互对应。因此，烽火台外墙结构变化趋势需密切关注，建议采用加固措施。

2. 烽火台外地基沉降监测值除在 12 月中旬开始有 0.025mm 的增大，整体发展趋势较为稳定。

3. 烽火台应变监测点监测数据从 11 月份开始应变监测值略有增大，围绕 -30με 波动，波动范围在 60με，表明应变监测点结构整体变化趋势稳定，监测点无明显形变发生。

4. 烽火台振动监测点采集数据自 12 月初波动略微变大，整体发展趋势较为稳定，自然环境及风载荷振动、工业振动等外部环境振动情况整体稳定。

5. 断崖位移 1 监测点监测数据平均值增加了 2mm，整体波动范围由 3mm 增加到 4mm，波动范围逐步变大证明断崖位移 1 监测点裂缝已有所松动，建议采取加固措施。

6. 断崖裂缝 1 监测点监测数据波动范围有扩大趋势，由 0.5mm 已扩大至 2.5mm 左右，波动范围逐步变大证明断崖裂缝 1 监测点裂缝已有所松动，并且松动范围已明显有不断扩大趋势，建议采取加固措施。

7. 断崖裂缝 2 监测点每天监测数据的平均值 4 个月以来已扩大了超过 10mm，继续扩大趋势十分明显，建议采取加固措施。

上述监测结果分析表明：本项目所选用的光纤传感、超声波传感、视频实时采集等技术监测手段能有效记录长城烽火台及下方危岩体在外界应力和环境因素的影响下的地基沉降、墙体裂缝、局部结构形变、墙体倾斜、裂缝、岩体脱落等结构安全隐患微小变化情况。

通过对 4 个月的现场结构健康数据采集，进行统计分析发现烽火台外墙倾斜、断崖位移 1 监测点裂缝松动、断崖裂缝 1 监测点裂缝松动、断崖裂缝 2 监测点裂缝扩大已有明显扩大趋势，建议采用加固措施。

通过对微小变换进行长期监测和分析，可对长城结构的健康状况进行诊断和预警，并对结构健康恶化的原因进行简单分析。由于长城结构健康情况的变化是一个缓慢的过程，需要长期监测才能使监测结果的分析更加科学和可靠。

参考文献

[1][春秋]左丘明. 左传[M]. 上海：上海古籍出版社，1997.

[2][汉]司马迁. 史记[M]. 北京：中华书局，1959.

[3][汉]班固. 汉书[M]. 北京：中华书局，1962.

[4][北齐]魏收. 魏书[M]. 北京：中华书局，1974.

[5][北魏]郦道元原著，陈桥驿等译注. 水经注全译[M]. 贵阳：贵州人民出版社，1996.

[6][北宋]欧阳修、宋祁. 新唐书[M]. 北京：中华书局，2006.

[7][元]脱脱等. 金史[M]. 北京：中华书局，1975.

[8][清]万斯同等. 明史[M]. 北京：中华书局，1974.

[9]顾迁译. 淮南子[M]. 北京：中华书局，2009：263.

[10]明宪宗实录[M]. 苏州：江苏国学图书馆，1940.

[11][唐]李泰等. 括地志辑校[M]. 北京：中华书局，2005.

[12]陈振. 宋史[M]. 上海：上海人民出版社，2017.

[13][宋]范晔. 后汉书[M]. 北京：中华书局，2012.

[14][宋]司马光. 资治通鉴[M]. 北京：北京联合出版社 .2016.

[15][后晋]刘昫等. 旧唐书[M]. 北京：中华书局，1975.

[16][明]宋应星. 天工开物[M]. 江苏：江苏广陵书社有限公司，2009.

[17]李龙彬. 东北地区燕秦汉长城及城址研究[D]. 吉林大学，2020.

[18]薛程. 中国长城墙体建造技术研究[D]. 西北大学，2018.

[19]沈旸，相睿，常军富. 明代夯土长城的建造技术特征及其保护——以大同镇段为例[J]. 建筑学报，2018（02）：14-21.

[20]沈旸，周小棣，常军富. 明代夯土长城的城墙材料与构造——以大同镇段为

例[J]. 东南大学学报（自然科学版），2014,44（01）：205–210.

[21]郑齐，王灿. 糯性植物用于北京古北口明长城建筑粘合剂的淀粉粒证据[J]. 第四纪研究，2013,33（03）：575–581.

[22]赵海英，李最雄，韩文峰，孙满利，王旭东. 甘肃境内长城遗址主要病害及保护研究[J]. 文物保护与考古科学，2007（01）：28–32.

[23]李最雄，赵海英，韩文峰，王旭东，谌文武. 甘肃境内长城保护研究[J]. 敦煌研究，2006（06）：219–228.

[24]Diz–Mellado Eduardo, Mascort–Albea Emilio J.,Romero–Hernández Rocío, Galán–Marín Carmen, Rivera–Gómez Carlos, Ruiz–Jaramillo Jonathan,Jaramillo–Morilla Antonio. Non–destructive testing and Finite Element Method integrated procedure for heritage diagnosis: The Seville Cathedral case study[J]. Journal of Building Engineering, 2021, 37:

[25]Moise Cristian, Dana Negula Iulia,Mihalache Cristina Elena, Lazar Andi Mihai, Dedulescu Andreea Luminita, Rustoiu Gabriel Tiberiu,Inel Ioan Constantin, Badea Alexandru. Remote Sensing for Cultural Heritage Assessment and Monitoring: The Case Study of Alba Iulia[J]. Sustainability, 2021,13（3）:

[26]Matias Manuel, Almeida Fernando, Moura Rui, Barraca Nuno. High resolution NDT in the characterization of the inner structure and materials of heritage buildings walls and columns[J]. Construction and Building Materials, 2021, 267:

[27]Gopinath Vinoth Kanna, Ramadoss Ravi. Review on structural health monitoring for restoration of heritage buildings[J]. Materials Today: Proceedings, 2021,43（P2）:

[28]Solla Mercedes, Gonçalves Luisa M. S.,Gonçalves Gil, Francisco Carina, Puente Iván, Providência Paulo,Gaspar Florindo, Rodrigues Hugo. A Building Information Modeling Approach to Integrate Geomatic Data for the Documentation and Preservation of Cultural Heritage[J]. Remote Sensing, 2020,12（24）:

[29]Adamopoulos Efstathios, Volinia Monica, Girotto Mario, Rinaudo Fulvio. Three–Dimensional Thermal Mapping from IRT Images for Rapid Architectural Heritage NDT[J]. Buildings, 2020,10（10）:

[30]Nursen Işık, Fatma Meral Halifeoğlu, Süleyman İpek. Nondestructive testing

techniques to evaluate the structural damage of historical city walls[J]. Construction and Building Materials, 2020,253:

[31]Kyriacos Themistocleous, Chris Danezis, Vassilis Gikas. Monitoring ground deformation of cultural heritage sites using SAR and geodetic techniques: the case study of Choirokoitia, Cyprus[J]. Applied Geomatics, 2020 (prepublish):

[32]Alessandro Grazzini, Sara Fasana, Marco Zerbinatti, Giuseppe Lacidogna. Non-Destructive Tests for Damage Evaluation of Stone Columns: The Case Study of Sacro Monte in Ghiffa (Italy) [J]. Applied Sciences, 2020,10 (8):

[33]WW/T 0063-2015 石质文物保护工程勘察规范

[34]GB/T 50123-2019 土工实验方法

[35]WW/T 0065-2005 砖石质文物吸水性能测定表面毛细吸收曲线法

[36]WW/T 0052-2014 文物建筑维修基本材料——石材

[37]WW/T 0049-2014 文物建筑维修基本材料——青砖

[38]WW/T 0063-2015 石质文物保护工程勘察规范

[39]GB/T 30688-2014 馆藏砖石文物病害与图示

[40]WW/T 0002-2007 石质文物病害分类与图示

[41]GB/T 50452-2008 古建筑防工业振动技术规范

[42]Ju Feng,Tianhua Meng,Yuhe Lu, Jianguang Ren, Guozhong Zhao, Hongmei Liu,Jin Yang, Rong Huang. Nondestructive Testing of Hollowing Deterioration of the Yungang Grottoes Based on THz-TDS[J]. Electronics, 2020,9 (4):

[43]Ali Bozdağ, İsmail İnce, Ayla Bozdağ, M. Ergün Hatır,M. Bahadır Tosunlar, Mustafa Korkanç. An assessment of deterioration in cultural heritage: the unique case of Eflatunpınar Hittite Water Monument in Konya, Turkey[J]. Bulletin of Engineering Geology and the Environment: The official journal of the IAEG, 2020,79 (6):

[44]Dante Abate. Built-Heritage Multi-temporal Monitoring through Photogrammetry and 2D/3D Change Detection Algorithms[J]. Studies in Conservation, 2019,64 (7):

[45]Moropoulou Antonia, Zendri Elisabetta,Ortiz Pilar, Delegou Ekaterini T,Ntoutsi Ioanna, Balliana Eleonora,Becerra Javier, Ortiz Rocío. Scanning Microscopy Techniques as an Assessment Tool of Materials and Interventions for the Protection of Built Cultural

Heritage.[J]. Scanning, 2019,2019:

[46] Kasnesis Panagiotis, Tatlas Nicolaos-Alexandros, Mitilineos Stelios A, Patrikakis Charalampos Z, Potirakis Stelios M. Acoustic Sensor Data Flow for Cultural Heritage Monitoring and Safeguarding.[J]. Sensors (Basel, Switzerland) , 2019,19 (7):

[47] Xishihui Du,Zhaoguo Wang. Optimizing monitoring locations using a combination of GIS and fuzzy multi criteria decision analysis, a case study from the Tomur World Natural Heritage site[J]. Journal for Nature Conservation, 2018,43:

[48] Paolo Clemente. Extending the life-span of cultural heritage structures[J]. Journal of Civil Structural Health Monitoring, 2018,8 (2):

[49] Maria-Giovanna Masciotta,Luís F. Ramos, Paulo B. Lourenço. The importance of structural monitoring as a diagnosis and control tool in the restoration process of heritage structures: A case study in Portugal[J]. Journal of Cultural Heritage, 2017,27:

[50] P Theodorakeas, E Cheilakou, E Ftikou,M Koui. Passive and active infrared thermography: An overview of applications for the inspection of mosaic structures[J]. Journal of Physics: Conference Series, 2015,655 (1):

[51] Wei Zhou,Fulong Chen, Huadong Guo. Differential Radar Interferometry for Structural and Ground Deformation Monitoring: A New Tool for the Conservation and Sustainability of Cultural Heritage Sites[J]. Sustainability, 2015,7 (2):

[52] Mariateresa Guadagnuolo, Giuseppe Faella, Alfonso Donadio, Luca Ferri. Integrated evaluation of the Church of S. Nicola di Mira: Conservation versus safety[J]. NDT and E International, 2014,68:

[53] Xie Zhijun,Huang Guangyan, Zarei Roozbeh, He Jing, Zhang Yanchun,Ye Hongwu. Wireless sensor networks for heritage object deformation detection and tracking algorithm.[J]. Sensors (Basel, Switzerland) , 2014,14 (11):

[54] Sonia Santos-Assunçao, Vega Perez-Gracia, Oriol Caselles,Jaume Clapes, Victor Salinas. Assessment of Complex Masonry Structures with GPR Compared to Other Non-Destructive Testing Studies[J]. Remote Sensing, 2014,6 (9):

[55] V. P é rez-Gracia,J.O. Caselles, J. Clap é s,G. Martinez, R. Osorio. Non-destructive analysis in cultural heritage buildings: Evaluating the Mallorca cathedral

supporting structures[J]. NDT and E International, 2013,59:

[56] Eberhard H. Lehmann, Peter Vontobel, Eckhard Deschler-Erb, Marie Soares. Non-invasive studies of objects from cultural heritage[J]. Nuclear Inst. and Methods in Physics Research, A,2005,542 (1):

[57] Cultrone, G., de la Torre, M. J., Sebastián, E., Cazalla, O.. Evaluation of bricks durability using destructive and nondestructive methods (DT and NDT) [J]. Materiales de Construccion, 2003,53 (269):

[58] K. Themistocleous. Local monitoring techniques for cultural heritage sites affected by geo-hazards[P]. International Conference on Remote Sensing and Geoinformation of Environment, 2018.

[59] Nirvan Makoond,Luca Pelà, Climent Molins, Pere Roca,Daniel Alarcón. Automated data analysis for static structural health monitoring of masonry heritage structures [J]. Structural Control and Health Monitoring, 2020,27 (10):

[60] Luigia Ruga, Fabio Orlandi,Marco Fornaciari. Preventive Conservation of Cultural Heritage: Biodeteriogens Control by Aerobiological Monitoring[J]. Sensors, 2019,19 (17):

[61] Esequiel Mesquita, António Arêde, Ruben Silva, Patrício Rocha,Ana Gomes, Nuno Pinto, Paulo Antunes,Humberto Varum. Structural health monitoring of the retrofitting process, characterization and reliability analysis of a masonry heritage construction[J]. Journal of Civil Structural Health Monitoring, 2017,7 (3):

[62] Filippo Lorenzoni, Filippo Casarin,Mauro Caldon, Kleidi Islami,Claudio Modena. Uncertainty quantification in structural health monitoring: Applications on cultural heritage buildings[J]. Mechanical Systems and Signal Processing, 2016,66-67:

[63] WW/T 0080-2017 考古发掘现场环境监测规范

[64] HJ/T 193-2005 环境空气自动监测技术规范

[65] QX/T 61-2007 地面气象观测规范

[66] 刘洋，廖东军，王朝刚，谭钿，刘云锋，后腾辉．无人机近景摄影支持下的古建筑三维建模[J]．测绘通报，2020 (11): 112-115.

[67] 杜超群，王菊琳，张涛．宛平城墙病害勘测及保护材料试验研究[J]．科学

技术与工程，2020,20（20）：8316–8324.

［68］刘成，孙文静，黄继忠，任建光. 云冈石窟顶部土层水盐分布特征研究［J］. 文物保护与考古科学，2020,32（03）：70–81.

［69］白禹，张中俭，刘鹏辉，冯智深. 古城墙古砖的病害分类［J］. 山西建筑，2020,46（01）：30–32.

［70］何原荣，陈平，苏铮，王植，李权海. 基于三维激光扫描与无人机倾斜摄影技术的古建筑重建［J］. 遥感技术与应用，2019,34（06）：1343–1352.

［71］赵莉莉，王京卫，马占奎. 基于LiDAR遥感和BIM的古建筑本体保护方法研究［J］. 山东建筑大学学报，2019,34（06）：85–89.

［72］李兵，张兵峰，旺久. 紫禁城城墙无损检测方法的应用研究［J］. 中国文化遗产，2019（04）：87–90.

［73］朱才辉，刘钦佩，周远强. 古建筑砖——土结构力学性能及裂缝成因分析［J］. 建筑结构学报，2019,40（09）：175–186.

［74］曹峰，王菊琳. 北京明长城原青砖的超声波测强［J］. 无损检测，2019,41（06）：21–24.

［75］赵凡. 四川广汉龙居寺中殿建筑墙体结构特征调查研究［J］. 建筑结构，2019,49（S1）：629–633.

［76］崇金玲. 地铁运营对沿线古建筑的振动影响分析与研究［J］. 工程质量，2019,37（01）：78–81.

［77］孙磊，汤永净. 古砖砌体冻融循环下轴心受压试验及超声波测试［J］. 结构工程师，2018,34（04）：128–134.

［78］何海平，徐树强，王菊琳. 乾隆御制碑病害的现场检测与评估［J］. 文物保护与考古科学，2018,30（04）：60–69.

［79］胡春梅，张方. 基于扫描点云和标准参数的古建筑构件正逆向建模方法研究［J］. 激光杂志，2018,39（04）：34–39.

［80］朱才辉，郭炳煊. 古建筑台基水害探测分析及防渗措施［J］. 自然灾害学报，2018,27（02）：59–67.

［81］李恭. 陕西明长城城堡初步研究［J］. 考古与文物，2018（02）：102–109.

［82］宋阳. 基于三维激光扫描的关中地区古塔数字模型库构建技术研究及应用

[D]. 西安建筑科技大学，2017.

[83]屈松，张涛，赵丙倩，王菊琳. 长城居庸关云台病害现状与原因研究[J]. 北京化工大学学报（自然科学版），2017,44（05）：58-65.

[84]汤永净，章丞. 一种不规则形状砖孔隙率和体积密度的实验方法[J]. 结构工程师，2017,33（03）：174-178.

[85]朱才辉，李宁，郭炳煊，刘钦佩. 某古建筑砖土结构基座病害探测分析[J]. 岩土工程学报，2018,40（01）：169-176.

[86]吴玉清，张涛，李杰，王菊琳. 故宫石质螭首健康状况无损检测及评估预研究[J]. 表面技术，2017,46（02）：33-39.

[87]余腾飞. 重庆南宋衙署遗址高台建筑基址生物病害的防治[D]. 西北大学，2016.

[88]陈港泉. 敦煌莫高窟壁画盐害分析及治理研究[D]. 兰州大学，2016.

[89]戴仕炳，刘斐，周月娥，居发玲，周蕗露. 古建筑烧结黏土砖性能检测的超声波方法研究[J]. 文物保护与考古科学，2016,28（02）：16-23.

[90]柳君君，张晓东，马庆珍，许德臣，徐晓君，张翔，陈颖. 嘉峪关长城第一墩病害成因及监测技术探寻[J]. 甘肃科技纵横，2016,45（03）：62-65+41.

[91]赵鹏. 荷载与环境作用下青砖及其砌体结构的损伤劣化规律与机理[D]. 东南大学，2016.

[92]周霄，高峰. 石质文物风化病害研究及无损微损检测方法[J]. 中国文物科学研究，2015（02）：68-75.

[93]韩向娜，黄晓，罗宏杰. 用于紫禁城清代建筑琉璃瓦保护的桥式硅氧烷的制备及性能研究[J]. 无机材料学报，2014,29（06）：657-660.

[94]刘成禹，何满潮. 古建筑风化石质构件力学参数的确定方法[J]. 岩土力学，2014,35（02）：474-480.

[95]陈君梅，黄培奎，赵祚喜. 基于激光测距仪和Matlab的水田平整度检测方法[J]. 广东农业科学，2014,41（01）：173-177.

[96]郭力群，李安露，彭兴黔. 福建土楼墙身夯土材料抗压强度无损检测方法研究[J]. 工业建筑，2013,43（12）：167-172.

[97]张慧慧. 红外热成像无损检测技术原理及其应用[J]. 科技信息，2013

（35）：181+262.

［98］周伟，李奇，李畅．利用激光扫描技术监测大型古建筑变形的研究［J］．测绘通报，2012（04）：52-54.

［99］曹勇．全站仪和三维激光扫描仪在古建筑测绘中的应用及比较［J］．广东建材，2011,27（05）：10-12.

［100］黄文铮，郑力鹏．古建筑旧青砖回弹测强曲线的建立［J］．科学技术与工程，2011,11（13）：3111-3113+3118.

［101］闫晨曦，黄伟．天水市古建筑的生物危害状况调查分析［J］．安徽农业科学，2009,37（32）：16132-16134.

［102］汪万福，赵林毅，杨涛，马赞峰，李最雄，樊再轩．西藏古建筑空鼓病害壁画灌浆加固效果初步检测［J］．岩石力学与工程学报，2009,28（S2）：3776-3781.

［103］白宪臣，张大伟，张义忠．古建筑砖砌墙体粉化成因分析与防治［J］．建筑技术，2009,40（07）：626-628.

［104］张靖华，陶承洁，吴从宝．遥感技术在古聚落研究中的应用——以巢湖“九龙攒珠”移民村落为例［J］．国土资源遥感，2008（04）：58-60.